KB066856

파워풀한
교과서 과학 토론

파워풀한 교과서 과학 토론

인문학적 상상력과 과학기술 창조력을 배우다

남숙경 · 이승경 · 이은주 · 안수영 공저

특별한서재

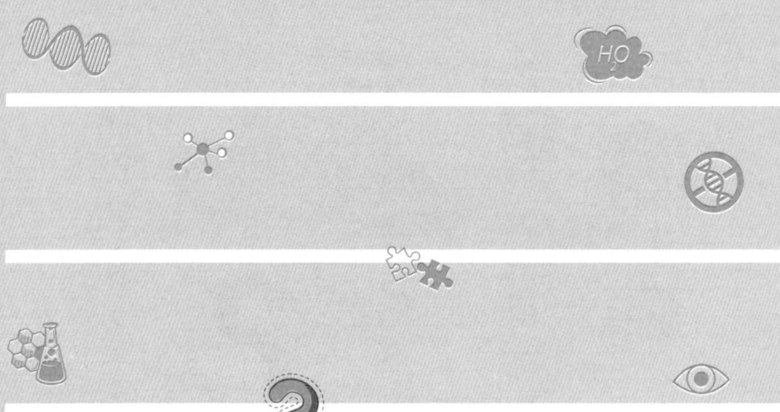

차례

제1부 / **이론편**

제2부 / 실천편

지구온난화, 미세먼지, 빛공해 등 교과서 과학이슈 12가지로 논쟁을 시작하다

"왜 이렇게 기록적인 폭염이 지구촌을 덮친 것일까요?"

올 여름 우리나라와 지구촌 전역은 극심한 더위로 몸살을 앓았습니다. 지난 2018년 8월 14일(현지 시간) 프랑스·미국 공동 연구진은 올해 전 세계에 몰아친 폭염이 2022년까지 이어질 수 있다는 연구 결과를 발표했습니다. 이런 기후변화에 다양한 측면으로 해결방안을 모색하기 위해서는 어떤 노력을 해야 할까요?

이것이 바로 이 책의 집필 목적입니다. 저는 그동안 현장에서 꽤 오랜 시간 아이들에게 인문학을 주제로 독서토론을 지도해왔습니다. 하지만 인문학과 달리 과학은 예상을 뛰어넘는 속도로 발전하고 있고, 이에 따른 문제점들을 보면서 생각이 많아졌습니다. 현재 우리 주변을 돌아보면 유전공학이나 생명과학과 같은 거창한 주제가 아니더라도 과학 기술에 연관되지 않은 것이 없습니다.

이런 현실을 잘 알기에 그동안 진행했던 인문학에서 과학으로 주제를 바꿔서 토론을 지도하려고 시도했었습니다. 그런데 막상 과학 주제로 토론을 진행하려고 하니 "과학은 생각만 해도 머리가 지끈지끈 아파요. 말이 어려워 이해하기도 힘들고 외울 것은 또 얼마나 많은데요"라며 아이들에게서 불평이 터져 나왔습니다. 과학은 자연 세계를 이해하는 학문입니다. 하지만 많은 아이들이 과학은 단순히 어려운 공식을 외워서 문제를 푸는 것이며 실생활과는 거의 관련이 없다고 생각하고 있었습니다. 과학에 대한 진지한 고민은 과학자의 몫이라고 생각하거나 고민할 필요성을 느끼지 못하고 있습니다.

하지만 현대 사회를 살아가는 우리에게 과학은 일상이 된 지 오래입니다. 나날이 발전하는 과학기술 덕분에 우리는 그 어느 때보다 편리한 삶을 살고 있습니다. 이와 더불어 과학기술과 관련된 새로운 문제들이 발생해 위험한 상황과 예측할 수 없는 일이 자주 생기고 있습니다. 실제로 2018년은 탈원전, 지구온난화, 기후변화, 플라스틱 해양오염 등과 같은 많은 과학적 이슈가 화두가 되어 우리를 혼란스럽게 만들었습니다.

이렇게 앞만 보고 달려가는 과학기술과 함께 살아가기 위해서는 우리 사회에서 발생되는 여러가지 문제들에 대해 꼼꼼하게 살펴보고 진지하게 고민해야 합니다. 그리고 우리 사회 구성원 모두가 과학에 더 관심을 가져야 합니다.

토론은 힘이 셉니다. 토론을 통해 생각을 나누면 힘에 가속도가 붙습니다. 과학기술처럼 우리에게 많은 쟁점을 부각시키는 주제에 대해 논의와 토론이 필요한 시점입니다. 그런 의미에서 과학 토론은 현대 사회의 핵심 역량입니다. 그 중심에 우리 학생들이 있기를 간절히 바랍니다.

이 책은 과학과 사회의 관계를 둘러싼 쟁점들을 토론을 통해 제대로 이해해보기 위해 12가지 교과 주제를 다루고 있습니다. 주제를 정하기 전 과학 교과서를 먼저 꼼꼼히 분석하고 교과서와 연계된 뜨거운 논쟁들 중 12개의 주제를 선정했습니다. 그리고 제가 운영하는 'K디베이트 일산센터' 아이들을 대상으로 여러 번 수업을 진행하면서 최종적으로 논제를 정했습니다.

과학 토론을 진행하면서 열심히 참여하는 아이들이 어떤 부분을 힘들어하는지 자세히 살펴보았습니다. 그것은 바로 과학 용어에 대한 이해였습니다. "과학 용어만 제대로 알아도 과학 공부가 절반은 끝난 것이다"라는 말이 있습니다. 그만큼 과학에서 용어가 차지하는 비중이 크다는 뜻입니다.

이 책에는 용어에 대한 제대로 된 이해를 돕기 위해 12개의 주제마다 용어사전을 수록하였습니다. 그리고 과학적 호기심을 독서를 통해 기를 수 있도록 초등 중학년, 초등 고학년, 중고등학생으로 분류하여 친절하게 필독서를 추천해줍니다. 또 중고등학생 필독서를 중심으로 적절한 논제와 '찬성과 반대 입론서' 12편을 모두 수록했습니다. 따라서 과학 주제의 토론을 어려워하는 친구들, 과학 토론을 접목하고 싶어 하는 선생님, 그리고 자녀에게 과학 토론을 지도하고 싶은 학부모님께 큰 도움이 될 것입니다.

이 책을 통해 열정적으로 토론을 하며 과학의 긍정적인 측면과 부정적인 측면을 진지하게 고민하고 과학이 어떤 방향으로 나아가야 할지 깊이 사색하기를 바랍니다. 끝으로 이 책을 출간하기 위해 오랜 시간 함께 고생하신 승경 선생님, 은주 선생님, 수영 선생님과 이 책을 출간해주신 '특별한 서재'에 진심 어린 감사를 드립니다.

2018년 여름

남숙경

제1부

이론편

01

4차 산업혁명 시대, 과학 토론이 왜 중요할까?

인공지능, 로봇기술, 생명공학이 주도하는 4차 산업혁명 시대에 우리 사회는 어떤 인재가 필요할까?

2015 개정 교육과정에서 명시한 교육목표는 "인문학적 상상력과 과학기술 창조력을 갖춘 창의 융합형 인재양성"이다. 하지만 교육부가 2009 교육과정에서 명시한 목표는 '창의적인 인재 양성'이었다. 시대의 흐름에 따라 달라진 인재상의 변화 과정을 살펴보면 우리 아이들을 어떻게 키워야 하는지 답을 짐작할 수 있다.

2009 교육목표와 2015 교육목표를 비교해보면 가장 눈에 띄는 변화가 바로 과학기술 창조력이 추가되었다는 것이다. 오늘날 우

리 사회를 발전, 변화시키는 지식의 중심이 바로 과학이라는 사실을 교육목표에서 인정하고 있는 셈이다.

그러나 과학을 단순히 암기하는 현재의 교육법으로는 과학기술 창조력을 키울 수 없다. 단순한 암기 위주, 문제풀이 중심 교육은 교과에 대한 흥미와 자신감을 떨어뜨린다. 현재 교육 현실을 지켜보면서 주입식 교육으로는 이러한 창의 융합형 인재를 양성할 수 없다는 것은 누구나 공감하고 있는 문제가 아닌가? 그렇기 때문에 2015 개정 교육과정에서도 '많이 아는 교육'에서 배움을 즐기는 '행복 교육', '참여자 중심 교육'으로 교육 현장을 변화시키겠다고 공언하고 있다. 이 같은 교육 현장의 변화를 따라가기 위해서는 과학 교육, 그 가운데서도 특히 토의와 토론을 통한 과학 교육이 무엇보다 필요하다.

토의·토론 수업은 학생들 간의 상호작용을 통하여 직접 사고하고 판단하기 때문에 학생들의 적극적인 수업 참여로 이루어진다. 이로 인해 사회 능력 발달, 학습 능력 발달, 의사소통 능력 발달로 개인과 사회 문제를 과학적이고 창의적으로 해결하기 위한 소양을 기를 수 있다. 특히 과학 교육에서 토론은 결과로서만 의미를 갖는 것이 아니라 문제의 원인에 대한 정확한 인식을 시작으로 해결 방안의 중요성을 깨닫게 해준다.

최근 미세먼지가 한반도를 감싸 하늘이 뿌연 날이 지속되고 있다. 실제로 유치원생 자녀를 둔 어머니는 아이를 등원시키지 않을 만큼 우리나라의 대기오염은 심각해졌다. 과학 토론은 이런 문제 상황을 제대로 인식하는 것에서부터 시작한다. 문제의 인식이란 바로 미세먼지 발생 원인을 제대로 아는 것이다. 발생 원인을 제대로 안다면 이후 이를 해결하기 위해 어떤 노력을 해야 할지, 해결 방안은 무엇인지에 대해서 저절로 답을 찾게 될 것이다.

과학은 결과물에 앞서 사고의 과정이 우선되어야 한다. 토론의 과정 또한 사고 과정의 연속이다. '왜 그럴까?', '어떤 일이 생길까?' 하는 질문을 의식적으로 제기하는 과정이 사고의 연속인 것이다. 문제 상황에 대한 정확한 인식 후 다양한 해결 방안의 모색은 불꽃 튀는 토론의 질문에서 시작된다. 토론은 질문을 매개로 답을 찾는 과정이다. 이 과정에서 주제에 대한 자신의 생각이나 문제의식을 논리적으로 생각하고 정리하게 된다. 그리고 평소에 생각하지 못했던 다양한 생각들을 떠오르게 하며 주제에 깊은 관심을 갖게 만든다.

이렇게 과학 토론은 진지한 학습자의 길로 안내하는 질문과 호기심이 되어 자연 현상, 과학기술뿐만 아니라 사회 전반적인 문제들에 대해 깊게 사고하게 한다. 그래서 우리가 겪고 있는 여러 가지 문제들을 해결하기 위한 창의적 인재로 성장시킨다. 따라서 현 시점이야말로 과학 토론이 절실히 필요하다.

02

과학, 찬반 대립 토론이 왜 필요할까?

첨단 과학기술의 발달로 현대사회는 이전에 상상할 수 없었던 편리한 삶을 살 수 있게 되었다. 하지만 과학기술이 발전하며 사회, 정치, 경제, 환경과 같은 다양한 영역과 관련되어 여러 가지 도덕적 · 윤리적 문제가 발생하고 있다. 이런 이유로 2009 개정 교육과정부터 '과학과 교육과정'에서는 과학-기술-사회 3가지 영역의 상호 의존적 관계를 학생들에게 가르치고자 하는 움직임이 시작되었고 그 중요성은 이미 강조되었다.

현재 초·중등 과학 교과 교육과정을 보면 통합 주제로 초등학교에서는 물의 여행, 에너지와 생활을 다루고, 중학교에서는 재해·재난과 안전, 과학기술과 인류 문명, 과학과 나의 미래를 다룬다. 이는 영역 간 연계로 이 시대를 살아가는 학생들이 과학과 관련된 사회·문화적 논쟁에서 더 나은 해결 방안을 모색하고 갈등을 해결할 수 있는 능력을 키우려는 것이다.

그렇다면 과학과 관련된 이슈에 사회적 논쟁이 필요한 이유는 무엇일까? 첨단 과학기술이 우리에게 편리한 삶과 더불어 지대한 영향을 끼친 것은 사실이나 꼭 긍정적인 영향만 끼치는 것은 아니다. 과학기술 시대인 현대사회에서 우리는 단 하루도 과학기술을 떠나서는 살 수 없게 되었다. 하지만 그 과학기술로 인해 생명 윤리와 맞춤아기, GMO 완전표시제, 플라스틱 해양오염 등 뜨거운 이슈들과 쟁점들이 끊임없이 생겨나고 있다.

이렇게 현대사회는 과학기술의 시대인 동시에 그로 인한 사회적 리스크를 짊어져야 하는 시대다. 리스크를 최대한 줄이려면 과학기술과 사회의 관계를 둘러싸고 제기되는 다양한 논제들을 깊이 있게 생각하고 질문하는 경험이 반드시 필요하다. 질문은 문제해결의 시작이며 연구, 발명, 발견의 모태이다. 의문을 제기하고 질문을 던질 때 자율적 탐구가 가능해진다. 이제 우리는 과학기술의 진보 과정에서 생긴 사회적 갈등과 그에 따른 문제점을 해결하기 위해 매일매일 질문해야 한다.

유전자 가위 기술, 혁명인가, 위협인가?

최근 과학계의 최대 이슈는 유전자 가위다. 국내에서도 미국과 영국처럼 사람의 수정란에서 유전자를 교정하는 연구를 허용할 방침이다. 이에 따라 인간의 질병과 관련한 유전자를 잘라내거나 특정 유전자를 집어넣는 등 유전자 편집에 대한 연구가 활발히 이루어질 전망이다. 이 기술이 허용되면 희귀 혈액질환이나 암 등을 앓고 있는 자녀를 치료하는 것은 물론 치명적인 유전질환을 피하기 위해 착상 전 유전자 검사를 실시하여 부합하지 못하는 수정란을 골라낼 수 있다. 또 머지 않아 특정 유전자를 집어넣어 부모가 바라는 대로 아이를 '디자인'하는 시대를 맞을 수 있다.

하지만, 유전자 가위 기술은 인간의 생식을 출생이 아니라 제조의 개념으로 바꾸어놓음으로써 전통적인 가족 관계를 붕괴시킬 우려가 있어 논란의 중심에 서 있다. 또 부모가 태어날 아기의 유전자를 선택함으로써 이른바 소비자의 입장을 먼저 내세울 수 있다. 부모는 구매자로서 똑똑한 아이를 주문하지만 투자한 만큼 원하는 결과를 얻지 못해 '구매자의 후회'로 이어지는 결과를 초래할 수 있다. 따라서 '인간이 만든 아이'를 둘러싼 논쟁이 더욱 뜨거워질 것이다.

GMO, 우리에게 축복인가, 끔찍한 재앙인가?

현재 우리나라는 세계에서 가장 많은 GMO 곡물을 소비하는 국가 중 하나이다. 매년 1000만 톤 이상의 GMO 곡물을 수입하고 있으며 그중 240만 톤이 식용 GMO 곡물이다. 현재 식량자급률이 23.4%로 세계 최하위권인 우리나라는 값싼 GMO 곡물 수입에 의존할 수밖에 없다. 하지만 우리의 건강과 직결되는 안정성에 대한 논란이 끊이지 않고 있다. 2012년 프랑스 칸 대학 연구진은 GMO 옥수수를 먹은 쥐의 사망률이 2~3배 높고 종양도 생겼다는 연구 결과를 발표했다. 또 GMO로 인한 알레르기 유발이나 면역력의 감소 등을 주장하고 있다. GMO 작물의 상업적 재배를 시작한 지 20년이 지났지만 안정성과 유해성에 대한 논란은 멈추지 않고 있다.

건강한 먹거리를 선택할 수 있는 'GMO 완전표시제' 도입에 대해 국민적 여론이 뜨겁다. GMO 완전표시제를 주장하는 측은 현행 제도는 적용 예외 대상이 많아 소비자에게 충분한 정보를 제공하지 못하고 있다는 입장이다. 반면 GMO 완전표시제를 반대하는 측은 GMO에 대한 여론이 부정적인 상태에서 완전표시제를 도입하는 것은 시기상조이며 GMO 식품의 기피 현상으로 인해 식품 회사들이 원료를 대체하게 되면서 가공식품의 가격이 상승해 소비자의 부담이 커질 수 있다고 주장하고 있다. 완전표시제를 둘러싼 논쟁의 양상은 더욱 복잡해지고 있다.

플라스틱, 20세기 기적의 물건인가, 과잉소비를 이끄는 부메랑 화학 폭탄인가?

우리는 현재 플라스틱 시대에 살고 있다. 플라스틱 섬유로 만든 옷을 입고, 플라스틱 냉장고 안에 보관된 음식을 먹으며, 플라스틱으로 만든 가구에 둘러싸여 잠든다. 또 플라스틱 스마트폰, 플라스틱 PC로 연락을 주고받으며 일을 한다. 가볍고 잘 깨지지 않아 폭발적인 사용량을 기록하고 있는 플라스틱. 우리는 단 하루도 플라스틱을 사용하지 않고 살아갈 수 없는 시대에 살고 있다.

하지만 인류가 만들어낸 신물질인 플라스틱은 대재앙으로 돌아와 바다를 신음하게 하고 있다. 현재 해양쓰레기의 약 80%를 플라스틱이 차지한다. 이 해양쓰레기는 인공 섬이 되어 바다 위를 떠돌며 바다 생물을 고통스럽게 하고 있다. 2012년 전 세계 플라스틱 생산량은 2억 8000만 톤에 달한다. 현재 추세라면 2050년까지 330억 톤에 이를 것으로 추정하고 있다. 플라스틱의 홍수 속에서 우리는 플라스틱의 재활용 강화와 사용 금지 중 어떤 선택을 해야 할까?

과학기술에 대한 인간의 태도는 양면적이다. 현재 우리 사회는 과학기술과 관련된 사회 문제에 대하여 집단마다 서로 다른 가치와 해결 방안을 제시하고 있다. 하지만 과학과 관련된 사회·문화적 쟁점은 비구조화된 문제로 정답이 없으며 복잡하고 다양한 이해관계를 포함하고 있다. 특히 사회·윤리적 측면을 내포하고 있기에 무엇이 올바른 의사결정인지 판단하기 매우 어렵다. 따라서 다양한 시각에서 문제를 바라보고 대립된 입장에 대해 깊이 생각해보는 토론을 통해 가치판단과 의사결정을 해야 한다.

이렇게 복합적인 차원에서 바라보고 올바른 판단을 하기 위해서는 현재 발생하고 있는 문제의 원인에 대한 정확한 분석이 먼저다. 과학기술과 관련된 사회 문제는 순수 과학 지식뿐만 아니라 과학의 응용분야와 함께 현실에서 얽혀 있기 때문에 깊이 있고 신뢰할 수 있는 정보를 찾는 것이 중요하다.

이에 대한 해답이 바로 '과학 독서토론'이다. 그동안 과학교육은 학문 중심으로 과학의 속성을 지나치게 중시하여, 학생들에게 과학 지식만 강조해왔다. 학교 과학교육에서 다루는 내용은 추상적이고 일상생활과 관련이 적기 때문에 학생들이 과학 과목에 흥미를 잃고 과학을 매우 어렵게 인식하고 있다.

하지만 과학 독서토론을 준비하는 과정에서 아이들은 추상적인 과학 이론들을 담은 과학 도서도 흥미롭게 읽을 수 있다. 또 자신이 찾은 주장에 대한 근거를 책에서 찾으며 내용을 꼼꼼하게 파악한 후 이를 토대로 상대팀과 논쟁하면서 재미있게 과학 지식을 익힐 수 있다. 과학의 역사가 논쟁에서 시작되었듯이 과학 독서토론을 통해 과학적 지식을 쉽게 습득할 수 있으며 단편적인 지식의 암기보다는 새로운 지식 창출을 위한 창의력과 사고력을 기를 수 있다. 평상시에 과학책을 멀리하던 아이들도 토론이라는 도구가 있으면 책을 더 집중해서 읽는다. 이렇게 과학 책을 읽고 토론을 하면 과학에 대한 흥미도 생기고 사회 문제에 대한 해결책에 대해서도 진지하게 생각하는 것이다.

토론은 힘이 세다. 토론을 통해 생각을 모으면 답을 찾을 수 있다. 그 토론의 방법으로 과학 찬반 대립 토론을 추천한다. 과학 찬반 대립 토론이란 교육을 목적으로 하는 아카데미 토론이다. 논제의 쟁점을 분석하여 자신에게 주어진 입장에서 적절한 근거를 들어 주장을 펼치며 상대방을 설득하고자 노력하는 의사 결정의 과정이다. 여기에는 입론-확인 질문-반론-결론의 일정한 형식과 절차가 있다. 각 단계마다 발언 시간, 발언 방법 등 토론자가 숙지해야 할 요소가 있다.

아카데미 토론은 준비 과정에서 찬성, 반대의 쟁점을 명확히 구분해서 2가지 입장을 다 준비해야 하며 토론 직전 팀의 입장이 정해진다. 또한 토론 후 승패의 결과는 심판의 평가로 이루어지며 점수로 산정된다.

◈ 토론 방법은 다음과 같다

입론이란 논제에 대해 자기 팀의 주장을 펼치는 과정이다. 이 과정에서는 논제에 대한 배경 설명, 토론의 필요성, 논제에 담긴 주요 용어에 대한 개념 정의 및 자기 팀의 주장과 근거, 기대 효과를 제시한다.

확인 질문이란 상대 팀 입론을 토대로 상대 토론자의 발언 내용에 대해 확인하기 위해 질문을 하는 과정이다. 이 과정에서 상대 토론자의 발언 내용 중 논리적 오류가 있거나 문제가 있는 부분을 찾아 반박할 수 있는 실마리를 찾아야 한다. 또 확인 질문은 잠시 뒤에 이어질 반론에서 상대 팀의 주장과 근거에 문제를 제기할 수 있는 부분을 찾아 반박을 구성하는 과정이라고도 할 수 있다.

반론이란 확인 질문을 통해 준비해두었던 문제들을 체계적으로 풀어냄으로써 상대 팀 주장에 대해 이의를 제기하고 이를 바탕으로 자기 팀의 주장의 타당성을 드러내는 과정이다. 반론은 주로 상대방이 규정한 개념 정의 및 논거로 이용된 자료의 타당성, 관련성에 대해 문제를 제기하는 것이다. 그리고 인용 자료에 대한 시기의 적절성, 전문가의 신뢰성 있는 자료를 바탕으로 오류가 없는 정확한 내용인가에 대해 반박한다.

결론은 토론의 마지막 과정으로 자기 팀의 주장을 최종적으로 진술하는 과정이다. 입론과 반론, 확인 질문을 통해 자기 팀 주장의 요점과 타당성을 마지막으로 정리한다. 아울러 상대 팀이 제기했던 반론의 문제점을 함께 요약 진술함으로써 토론 평가를 앞둔 평가자에게 자기 팀 주장의 정당성을 마지막으로 호소해야 한다. 이때는 지금까지의 논리성과 내용에 대한 증명을 효과적으로 전달하기 위해 자기 팀의 주장을 함축한 적절한 비유나 일화, 명언, 속담 등 수사적 표현을 활용한다. 이런 순서와 절차를 통해 과학을 둘러싸고 일어나는 사회적·윤리적 문제에 대해 진지하게 고민하는 시간을 가질 수 있다.

역사를 보면 우리는 과학기술과 함께 살아왔고 과학기술과 함께 변화를 겪고 있다. 앞으로 과학기술과 균형 있게 살아가기 위해서는 그동안 우리가 무심코 지나쳤던 과학·사회 문제들에 대해 적극적으로 관심을 가져야 한다. 그리고 그 관심을 사람들과 함께 나누어야 한다. 관심을 가지고 문제를 살펴볼 때, 그리고 그 생각을 다른 사람과 나눌 때 문제 해결이 가능할 것이다. 이 책이 소개하는 과학 독서토론은 그러한 훈련의 첫걸음이다.

제2부

실천편

• **일러두기** _ 교과서 수록 부분은 2015년 개정 '과학과 교육과정'을 참조했습니다.
토론 요약서의 입론은 중고등 추천 도서를 바탕으로 작성했습니다.

01 원자력발전

교과서 수록 부분
초등 과학 5~6학년 17단원 에너지와 생활
중등 과학 1~3학년 5단원 물질의 상태 변화 / 15단원 열과 우리 생활/ 22단원 에너지 전환과 보존

학습목표

1. 원자력발전의 역사에 대해 알아본다.
2. 원자력발전의 장·단점을 분석하고, 우리 사회에 미치는 영향에 대해 알아본다.
3. 우리나라 상황에 적합한 원자력 대체에너지의 발굴 방안을 조사한다.

논제 정부의 탈원전 정책은 바람직하다.

한울원자력발전소의 모습. 비교적 작은 규모의 발전소에 속한다.

논제성립배경

★ 이야기 하나

중학생 A군은 후쿠시마 원전 사고 이후 2011년 8월, 후쿠시마에서 요코하마로 이주했다. 전학을 간 학교의 친구들은 당시 초등학교 2학년이던 A군의 이름 끝에 '균'을 붙이거나 '방사능'이라고 부르며 A군을 괴롭혔다. 또한 5학년 때는 같은 학년 친구들이 A군을 두고 "원전 사고 보상금을 받지 않느냐"며 놀이공원이나 게임방에서 유흥비와 식사비 등 1년간 총 150만 엔(약 1520만 원)을 부담시키기도 했다.

B군 역시 후쿠시마 원전 사고로 하루아침에 모든 걸 잃고 다른 지역으로 피난을 하게 되었다. 그곳에서 친구들에게 '기분 나쁘다. 가까이 오지 마라'라고 적힌 쪽지를 받았고, '후쿠시마'라는 별명으로 불리기도 했다. 사고가 일어난 지 6년이 지났지만 피해자들의 상처는 오히려 깊어지고 있다. 그것은 바로 방사능 누출만큼이나 무서운 차별과 따돌림 때문이다.

★ 이야기 둘

성북구 한 아파트 주차장에 장터가 들어선 날, 장터에 모인 주민들은 전기 요금 이야기가 나오자 얼굴에 그늘이 드리웠다. 부채질을 하고 있던 이모 씨(43세, 남)는 "올봄 에어컨을 구매했지만 요금 폭탄이 두려워 엄청 더울 때 빼고는 잘 켜지 않는다"며 선풍기를 틀어 더위를 식히고 있다고 말했다.

돌이 갓 지난 아이를 키우고 있는 정모(32세, 여) 씨는 "작년에 아이가 땀띠가 나지 않도록 하루 종일 에어컨을 켜다 보니 전기요금이 50만 원

가까이 나왔다"며 올 여름에도 전기 요금이 걱정되는 상황이라고 한숨 쉬며 말했다.

산업통상자원부는 2016년 12월부터 주택용 누진제 구간을 6단계에서 3단계로 줄이고 배율도 11.7배에서 3배로 낮췄다. 따라서 전기 사용자가 내는 요금이 적어진 것은 사실이다. 하지만 그것은 하루 8시간 사용했을 때를 기준으로 한 것으로, 영유아나 수험생, 노약자 등 장시간 에어컨을 가동해야 하는 가정의 경우에는 수십만 원의 요금 폭탄을 맞을 수밖에 없다.

2011년 후쿠시마 원전 사고가 먼 나라가 아닌 바로 이웃 나라 일본에서 발생했다는 데서 우리나라 사람들이 느끼는 불안감은 과거의 체르노빌 사고 때와는 다르다. 만약 우리나라에서 후쿠시마와 같은 원전 사고가 발생한다면 일본 국토의 3.8분의 1(한국 면적〈북한 제외〉 : 98,480km², 일본 면적 : 378,000km²)에 불과한 우리나라는 대부분이 죽음의 땅이 될 것이다. 이러한 불안감이 증폭하는 상황에서 2016년 9월 12일 경상북도 경주시에서 규모 5.8의 지진이 발생했다. 이는 1978년 지진 관측을 시작한 이래 한반도에서 발생한 최대 규모의 지진이다. 경주는 여러 개의 원자력발전소와 중저준위 방폐장이 있는 곳이다. 이제 우리도 원자력을 포함한 에너지 전반의 미래에 대해서 심각하게 고민해보아야 한다.

초등 중학년 추천도서

『WHAT 핵과 원자력』 황근기 글, 송진아 그림 / 왓스쿨

『WHAT 핵과 원자력』에서는 원자가 어떻게 생겼는지, 원자력발전소는 정말로 안전한지, 방사선이 무엇인지에 대해 쉽고 재미있게 풀어내고 있다. 핵과 원자력에 대한 과학 원리를 하나씩 살펴보면서 어린이들은 과학에 대한 기초 지식을 탄탄히 쌓을 수 있다.

서희를 좋아하는 주인공 지우는 서희에게 잘 보이고 싶은 마음에 물리학자인 할아버지를 따라다니며 핵과 원자력에 대해 배워 나간다. 주인공 지우를 통해서 어린이들은 원자력에 관한 과학적 지식을 확장·심화시켜 나갈 수 있다.

초등 고학년 추천도서

『두 얼굴의 에너지, 원자력』 김성호 / 길벗스쿨

이 책은 2011년 후쿠시마 원자력발전소 사고에 대한 이야기로 시작해서, 원자력의 개념, 원자력발전의 작동 원리 등에 대해 설명하고 있다. 원자력발전을 유지하자는 쪽과 폐지하자는 쪽의 주장을 균형 있게 다루고 있어 원자력에 대해 심도 있게 생각해볼 수 있다.

죽음의 땅이 된 체르노빌과 후쿠시마 참사는 물론, 밀양 시민들이 송전탑을 반대하는 이유, 월성 1호기와 고리 1호기 원전 사고, 원전 납품 관련 비리 등에 대해서도 설명하고 있다.

『한국 탈핵』 김익중 / 한티재

후쿠시마 핵사고, 핵사고의 확률, 한국의 위험 정도, 방사능이 건강에 미치는 영향, 핵폐기물 처리, 핵재처리, 원자력의 대안 등에 대해 자세히 소개하고 있어 큰 틀에서 원자력을 보는 시각을 정립하는 데 도움을 준다.
그동안 우리는 원자력은 안전하며, 경제적이고, 친환경적인 에너지라는 이야기를 수없이 들어왔다. 하지만 이 책에서는 그것이 거짓임을 각종 도표와 그림을 제시하며 반박하고 있다. 원자력은 위험하고, 비경제적·반환경적이며, 미래세대에 엄청난 부담을 주는 산업이라는 사실을 알려준다. 또한 우리도 탈핵이 가능하다는 주장과 함께 그에 대한 방안도 제시해준다.

『원자력 논쟁』 오승현 / 풀빛

찬성과 반대 입장을 대변하는 아이들의 논쟁을 통해 원자력발전에 대해 깊이 있게 이해할 수 있도록 구성한 책이다. 1장에서는 원전의 안전성과 지진 발생 가능성, 2장에서는 원전의 경제성에 대한 논란, 3장에서는 원전이 친환경적인 에너지인지 대해 알려준다. 그리고 4장에서는 원전을 대신할 대체 에너지, 5장에서는 원전이 어떤 사회적 갈등을 불러일으키는지에 대해 살펴본다. 이 책을 통해 원자력이 정말로 인류에게 필요한 에너지인지, 아니면 다른 에너지로 대체할 수 있는지 고민해볼 수 있다.

• 용어 사전

원자력발전 : 핵분열을 통해서 발생한 에너지로 물을 끓여 수증기를 발생시키고, 그 수증기로 터빈을 돌려 전기를 생산하는 방식.

탈핵 : 핵무기 사용, 방사능 오염, 원자력발전소 건설 등을 반대하는 운동을 총칭하는 말. 반핵이라고도 한다.

찬핵 : 원자력발전소의 건설이나 핵무기의 사용 등을 찬성하는 일.

원자로 : 핵분열이 일어나는 곳. 원자로에 우라늄을 넣고 핵분열을 일으켜 열을 발생시킨다. 원자로는 크게 세 부분으로 나뉜다.

① **1차 계통** : 핵분열에 의해 열을 발생시키는 부분.

② **2차 계통** : 물을 끓여서 증기를 만들고, 그 증기로 터빈을 돌리는 부분.

③ **3차 계통** : 증기를 식혀 다시 물로 바꾸는 부분.

원자로의 종류

① **가압형 경수로** : 1차 계통과 2차 계통이 분리된 형태. 구조가 비등형 경수로에 비해 복잡하고 비용도 많이 들지만 안전하다(한국형. 우리나라뿐 아니라 세계 원전의 60%를 차지).

② **비등형 경수로** : 1차 계통과 2차 계통이 결합된 형태로, 격납용기 안에서 물을 끓여 증기를 만든다(일본형).

비등형 경수로(일본)

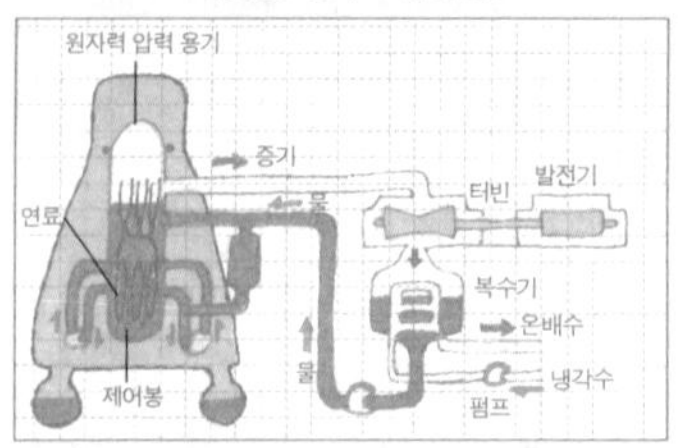

가압형 경수로(한국)

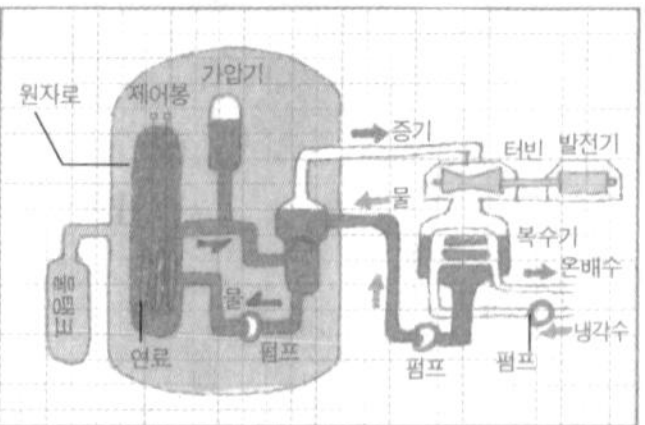

출처 :『두 얼굴의 에너지, 원자력』(길벗스쿨)

핵연료 : 핵분열을 일으켜 에너지를 얻게 하는 물질.

① **우라늄** : 핵분열을 일으키는 우라늄-235를 원자력발전이나 핵무기 제조에 사용. 대부분 농축 우라늄을 핵연료로 사용한다.

② **플루토늄** : 우라늄보다 핵분열 특성이 우수해 원자폭탄, 수소폭탄을 만드는 데 쓰이는 핵연료.

농축 : 천연 우라늄에 0.7%밖에 들어 있지 않는 우라늄-235의 비율을 높여 원자력발전의 연료로 만드는 과정. 우리나라 원자력발전소는 3~5% 농축한 우라늄을 사용한다. 농축 비율을 90%로 올리면 핵폭탄 원료가 만들어진다.

핵분열 : 우라늄의 원자핵에 중성자를 쏘면 2개의 다른 원자핵으로 분열하는 것. 이때 원자핵은 끝없이 분열하면서 엄청난 열을 발생시킨다.

핵융합 : 원자핵끼리 결합하여 새로운 원자핵을 만드는 과정. 이러한 과정을 통해 수소폭탄이 만들어졌다.

감속재 : 핵분열을 지속시키기 위해 중성자의 속력을 느리게 하는 물질. 감속재로는 물(경수), 중수, 흑연, 베릴륨 등을 사용한다.

냉각재 : 열에너지에 의해 노심이 파손되는 것을 방지하기 위해 노심을 냉각하는 물질.

노심 : 원자로의 중심부로, 핵분열을 일으켜 에너지를 얻는 곳. 노심 안에는 핵연료와 제어봉이 있다.

노심용융 : 원자력 사고 발생 시 원자로 중심부의 핵연료봉이 녹아 대량의 방사능 물질이 1차 계통으로 방출되는 현상.

멜트스루Melt Through : 원자로가 녹아 구멍이 나고, 원자로 안에 있던 녹아버린 핵연료가 원자로 밖으로 흘러내리는 현상.

차이나신드롬 : 원자로 아래쪽에 있는 콘크리트 바닥으로 흘러내린 핵연료가

콘크리트를 녹여가면서 더 아래쪽으로 파고 들어가는 현상.

세계 3대 원전사고

① **스리마일 원전 사고** : 1979년 미국의 스리마일 섬에 있는 원자력발전소에서 원자로를 식히는 냉각장치 고장으로 노심용융이 발생한 사고.

② **체르노빌 원전 사고** : 1986년 우크라이나 체르노빌 원자력발전소에서 직원들의 실수에 의해 발생한 20세기 최악의 원전 사고.

③ **후쿠시마 원전 사고** : 2011년 발생한 동일본대지진에 의한 쓰나미로 후쿠시마 현에 위치해 있던 원전의 방사능이 누출된 사고. 지난 5년 동안 340조에 달하는 비용이 복구하는 데 쓰였다.

격납용기 : 원자로를 담고 있는 커다란 용기로, 방사선이나 방사성 물질이 외부로 유출되는 것을 막아 주는 구조물.

방사성폐기물

① **중·저준위 방사성폐기물** : 방사능을 다소 적게 배출하는 폐기물. 원전 직원들이 사용했던 모자와 신발, 마스크, 장갑, 방호복 등이 이에 속한다.

② **고준위 방사성폐기물** : 사용후핵연료, 즉 원자로에서 에너지 연료로 사용한 우라늄과 원전 해체 폐기물을 가리킨다. 다 쓴 우라늄이라 하더라도 매우 뜨겁고 방사능을 내뿜기 때문에 상당히 위험하다.

③ **사용후핵연료** : 원자로에서 연료로 사용된 후 배출되는 고준위 방사성폐기물. 해마다 750톤 정도 발생하는 사용후핵연료는 각 원전 내에 임시 저장 중이다.

방사선 : 핵분열 시 나오는 아주 작은 입자나 전자기파 등을 말한다.

방사능 : 방사선의 세기.

베크렐Bq : 방사선의 양을 측정하기 위한 국제 단위. 식품을 비롯한 물질에 묻은 방사능 오염도를 측정한다.

시버트Sv : 인체가 피폭된 정도를 측정하는 단위.

세슘 : 후쿠시마 원전 사고 때 유출되어 유명해진 원소. 사용후핵연료를 수년간 냉각시킨 후에도 방사능이 방출되는 가장 위험한 방사능 오염 물질.

반감기 : 방사성 물질의 양이 처음의 수의 절반으로 줄어드는 데 걸리는 시간.

핵재처리 : 사용후핵연료를 재활용하는 방법. 사용후핵연료를 재처리하면 플루토늄이라는 물질을 추출할 수 있다.

핵확산금지조약NPT : 핵을 보유하고 있지 않은 나라가 새로 핵무기를 보유하는 것과 이미 핵을 보유한 나라가 핵을 보유하지 않은 나라에게 핵무기를 넘겨주는 것을 동시에 금지하는 조약.

낙진 : 핵폭발로 생겨나 주변 땅에 떨어지는 방사성 물질. 생물이나 생태계를 파괴하고 심각한 오염을 일으킨다.

온칼로 : 핀란드의 올킬루오트 섬에 위치한 세계에서 단 하나뿐인 고준위 방폐장. 지을 땅을 고르는 데만 16년이 걸렸고, 그 후 안전검사에 10년이 걸렸다. 2004년에 공사에 들어가 100년을 넘어서 22세기가 되어야 공사가 끝나는 거대한 핵연료 무덤이다.

기저발전 : 24시간 동안 연속적으로 운전되어 전력의 기반을 이루는 발전. 발전 원가가 적게 드는 석탄이나 원자력에 의한 발전을 말한다.

블랙아웃 : 넓은 지역에서 전기가 한꺼번에 나가는 대규모 정전 사태.

세계 원전 현황(2018.2.)

구분	기수	설비용량(MWwe)	국가수
운전 중	448	391,744	30개국
건설 중	58	59,123	15개국
계획 중	159	164,117	23개국
영구정지	165	65,179	20개국

참고 자료 : 한국원자력산업회의

주요 국가 원전 현황(2018.2.)

번호	국가명	운전	정지	건설	계획
1	미국	99	34	4	18
2	프랑스	58	12	1	
3	일본	42	17	2	9
4	중국	38		19	39
5	러시아	36	6	6	26
6	대한민국	24	1	4	
7	인도	22		6	19
8	캐나다	19	6		2
9	영국	15	30		4
10	우크라이나	15	4	2	2

참고 자료 : 한국원자력산업회의

발전원별 발전소 수

	원자력	화력	태양광	풍력	수력	바이오	폐기물
발전소 수(개소)	24	61	19,890	54	136	86	35

화력 2017년, 원자력 2018년 기준, 그 외 2016년 기준(단위 : MW)

참고 자료 : 한국에너지공단 신재생에너지센터

국내 전력원별 비중(발전량 기준) : 원자력 28.7%, 석탄 42.4%, 가스 23.9%, 석유 3.2%, 수력 0.5%, 신재생 등 1.1%(2014년 기준, 월드뱅크).

한국 원자력발전소 현황 : 2018년 현재 우리나라 원전은 총 24기이며, 국내 전력 생산의 3분의 1을 이곳에서 담당하고 있다.

참고 자료 : 한국수력원자력(주)

우리나라의 에너지 발전 단가

	태양력	천연가스 (LNG)	풍 력	석 유	석 탄	원자력
발전 단가 (1kWh)	716원	162원	107원	91원	43원	39원

참고 자료 : 『두 얼굴의 에너지, 원자력』(길벗스쿨)

토론가능논제

1 원자력발전은 유지되어야 한다.
2 신고리 5, 6호기 건설 재개는 올바른 결정이다.
3 원자력 에너지를 신재생에너지로 대체할 수 있다.

관련 과학자

알베르트 아인슈타인

Albert Einstein, 1879~1955, 독일

독일 태생의 이론물리학자인 아인슈타인은 특수상대성이론을 연구하여 1905년에 발표하였으며, 1916년에는 일반상대성이론을 발표하였다.
미국은 독일보다 먼저 원자폭탄을 만들기 위해 맨해튼 프로젝트를 계획하였다. 아인슈타인을 비롯한 여러 과학자들은 약 5년간의 연구 끝에 우라늄의 엄청난 에너지를 이용하여 원자폭탄을 발명해냈다. 미국은 원자폭탄을 제2차 세계대전 때 일본의 히로시마와 나가사키에 떨어뜨려 수많은 사람들을 죽고 다치게 했다. 자신의 발명품이 평화를 위해 쓰이기를 바랐던 아인슈타인은 이 일로 무척이나 괴로워했다고 한다. 그리하여 전후에는 반핵 평화운동가로 활동하게 된다.
오늘날 우라늄을 이용한 원자력은 의학, 물리학, 생명 공학은 물론 전기를 만드는 데도 이용되고 있다. 현재 우리나라에 공급되는 전력의 약 30%를 차지하는 원자력발전 역시 원자폭탄을 만드는 것과 같은 원리를 이용한 것이다.

마인드맵

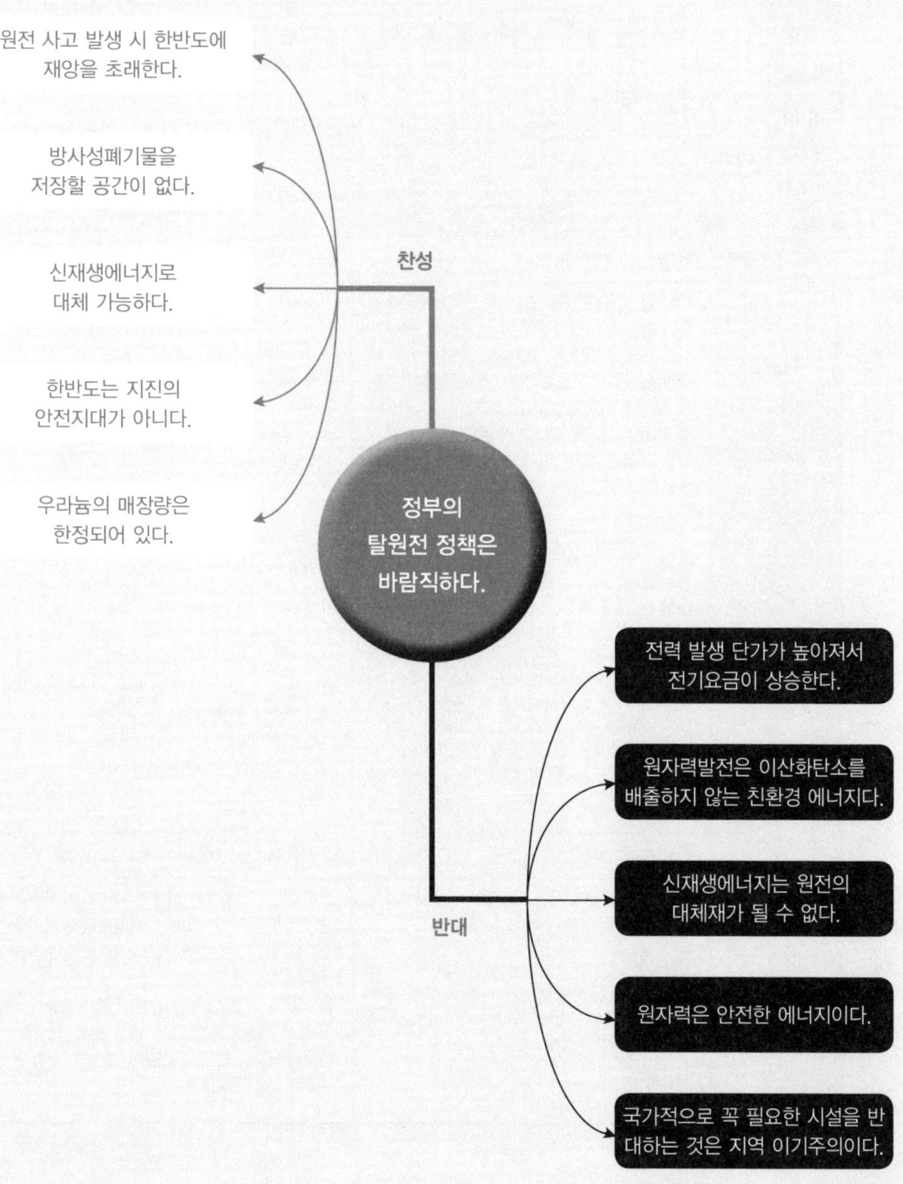
원전 사고 발생 시 한반도에
재앙을 초래한다.
방사성폐기물을
저장할 공간이 없다.
신재생에너지로
대체 가능하다.
한반도는 지진의
안전지대가 아니다.
우라늄의 매장량은
한정되어 있다.
찬성
정부의
탈원전 정책은
바람직하다.
반대
전력 발생 단가가 높아져서
전기요금이 상승한다.
원자력발전은 이산화탄소를
배출하지 않는 친환경 에너지다.
신재생에너지는 원전의
대체재가 될 수 없다.
원자력은 안전한 에너지이다.
국가적으로 꼭 필요한 시설을 반
대하는 것은 지역 이기주의이다.

토론 요약서

논제	정부의 탈원전 정책은 바람직하다.
용어 정의	1) 정부의 탈원전 정책 : 원자력발전소의 수명(30년)을 연장하지 않고 신규 건설을 금지한다는 정부의 정책. 60년에 걸쳐 점차적으로 원전을 줄이고, 2030년까지 신재생에너지의 비중을 20%까지 늘리겠다는 방침이다. 2) 바람직하다 : 원전이 사양화되고 재생에너지 비중이 커지는 세계적 에너지 전환 흐름에 동참하는 것.

		찬성측	반대측
주장 1	주장	한반도는 지진의 안전지대가 아니다.	전력 발생 단가가 높아져서 전기 요금이 상승한다.
	근거	2016년 경주 지진과 2017년 포항 지진으로 우리나라가 지진으로부터 안전하지 않다는 사실이 확인되었다. 그런데 동해 남부에는 18기의 원자력발전소가 있어, 지진이 발생할 경우 엄청난 위험을 초래할 수 있다. 게다가 이곳 반경 30km 이내에는 수백만 명의 사람들이 거주하고 있다. 만약 원전 사고가 발생한다면 그 피해는 예측하기 어려울 것이다.	원자력은 태양광이나 LNG에 비해 전력 단가가 저렴한 안정적인 에너지 공급원이다. 정부가 비중을 늘리고자 하는 LNG는 전량 수입에 의존해야 한다. 이것은 전력 단가 상승으로 이어질 뿐 아니라 자원 빈국인 우리나라의 에너지 안보에도 악영향을 줄 수 있다.
주장 2	주장	방사성폐기물을 저장할 공간이 없다.	원자력발전은 이산화탄소 배출이 없는 친환경 에너지다.
	근거	10만 년 이상 위험한 방사능을 내뿜는 고준위 방사성폐기물을 안전하게 보관할 기술이 우리에게는 아직 없다. 현재 원전 내에 임시보관 중인 고준위 방사성폐기물이 곧 포화 상태에 이르러 더 이상 방사성폐기물을 저장할 공간이 없다. 이러한 상황에서 수십 년 혜택을 누리기 위해 원전을 늘리는 것은 후대인들에게 골치 아프고 위험한 쓰레기를 떠넘기는 무책임한 일이다.	전 세계적으로 온실가스로 인한 지구온난화 문제가 점점 심각해지고 있다. 발전소들은 전기를 생산해내는 과정에서 다량의 온실가스를 배출하고 있다. 하지만 원자력은 온실가스를 거의 배출하지 않는 청정에너지이다. 따라서 원자력발전은 지구온난화를 해결할 수 있는 중요한 에너지원이 될 수 있다.
주장 3	주장	신재생에너지로 대체 가능하다.	신재생에너지는 대체재가 될 수 없다.
	근거	전기 수요 관리와 재생가능에너지 개발이라는 2가지 방법을 통해 우리는 탈핵의 길로 갈 수 있다. 지나치게 낮은 전기 요금을 현실화하고 에너지 효율을 높여 소비를 줄이는 한편, 태양광, 풍력 등 무한히 재생 가능한 에너지 분야에 대한 개발이 이루어져야 한다.	간헐적이고 부정확한 신재생 에너지는 기저발전의 역할을 할 수 없다. 신재생에너지 정책을 펼치고 있는 나라들은 모두 나름대로의 대안이 있었다. 신재생에너지의 입지 조건은 충분한 일조량이나 풍력 자원이 있으면서 환경 문제, 안전성, 소음 문제를 피할 수 있는 곳이어야 하는데, 우리나라 실정에는 맞지 않다.

◐ 찬성측 입론서

• **논의 배경**

2011년 3월 11일, 일본 동북부 지역을 강타한 규모 9.0의 지진으로 후쿠시마 현에 거대한 쓰나미가 덮쳤다. 전원이 중단되면서 원자로를 식혀주는 노심냉각장치가 작동을 멈추었고, 4개의 원자로가 폭발했다. 후쿠시마 주변은 방사능 수치가 단숨에 1,000배가 넘게 올랐고, 4월 12일 후쿠시마 토양에서는 골수암을 일으키는 스트론튬, 돌연변이를 일으키는 세슘이 검출되었다. 후쿠시마는 이제 아무도 살지 않는 유령 도시가 되었고, 정부는 지난 5년 동안 340조 원에 달하는 금액을 복구 비용으로 지출했다. 후쿠시마와 체르노빌 원전 사고의 경우를 보더라도 원전 사고가 한번 발생하면 그 피해는 상상을 초월한다. 이처럼 위험하고, 비경제적이며, 미래 세대에 엄청난 부담을 안겨주는 원전을 계속 유지해야 하는지 토론해보자.

• **용어 정의**

1_ 정부의 탈원전 정책 원자력발전소의 수명(30년)을 연장하지 않고 신규 건설을 금지한다는 정부의 정책. 60년에 걸쳐 점차적으로 원전을 줄이고, 2030년까지 신재생에너지의 비중을 20%까지 늘리겠다는 방침이다.

2_ 바람직하다 원전이 사양화되고 재생에너지 비중이 커지는 세계적 에너지 전환 흐름에 동참하는 것.

주장 1 한반도는 지진의 안전지대가 아니다.

2016년 경주에서 규모 5.8의 지진이 발생함에 따라 한반도가 지진에서 결코 안전하지 않다는 사실이 확인되었다. 이에 앞서 1978년 홍성 지진으로 한반도에 지진을 유발하는 활성단층이 존재함이 알려졌다. 하지만 고리와 월성에 설립된 원자력발전소는 활성단층이 존재하지 않는다는 전제하에 설립된 것이다. 그렇다면 이곳 원전에 대한 지진 대비가 충분히 이루어져야 하는데, 현재로서는 매우 미흡한 수준이다. 우리나라 원전은 일부를 제외하고 규모 6.5의 지진에 견딜 수 있도록 내진 설계가 되어 있다. 그러나 과거 한반도에서 발생한 지진의 사례를 보면 규모 7.0에 육박하는 지진이 다수 발생했다는 사실을 알 수 있다. 과거에 큰 규모의 지진이 발생했다면 또 다시 지진이 발생할 확률이 높다.

더욱 위험한 것은 규모 5.8의 경주 지진이 일어났던 동해 남부 해안에 18기의 원전이 몰려 있다는 사실이다. 후쿠시마의 경우 반경 30km 이내에 인구 약 17만 명이 거주하고 있었다. 반면 경주는 진원지와 가까운 월성원전 인근에만 130만 명이, 50km 떨어진 고리원전을 포함하여 380만여 명이 거주하고 있다. 이곳에서 지진으로 인한 원전 사고가 발생한다면 후쿠시마 원전 사고 때보다 더 큰 피해를 초래할 것은 불을 보듯 뻔한 일이다.

주장 2 방사성폐기물을 저장할 공간이 없다.

방사능을 다소 적게 배출하는 중·저준위 방사성폐기물은 관리 기간이 300년 정도인데 반해, 고준위 방사성폐기물인 사용후핵연료는 10만~100만 년이다. 생태계에 치명적인 방사선을 배출하는 고준위 폐기물은 매우 위험해서 안전하게 격리시켜야 한다. 하지만 인류는 이러한 기술을 아직까지 확보하지 못한 상태이다. 우리나라 역시 23기의 원전에서 매년 약 750톤씩(경수로 19기 350톤, 중수로 4기 400톤, 2016년 6월 기준) 발생되고 있는 고준위 핵폐기물을 원전 내 수조에 임시로 보관하고 있다. 그런데 2013년 한수원 자료에 따르면 사용후핵연료 저장소가 거의 포화 상태에 이르렀다고 한다. 영광은 2018년, 울진 2019년, 경주 2018년에 포화에 이른다. 포화 시점이 되면 더 이상 원자로에서 나오는 사용후핵연료를 담아둘 공간이 없다. 또한 한국의 좁은 땅에서 사용후핵연료 처분장을 확보할 가능성도 거의 없다.

핵폐기물 처리 기술도 없는 상황에서 단지 50~60년 동안 핵에너지의 혜택을 누리기 위해 후대인들에게 수십만 년 이상 골치 아프고 위험한 쓰레기를 남겨주는 것이 과연 바람직한 것인지 진지하게 고민해보아야 할 것이다.

주장 3 신재생에너지로 대체 가능하다.

일본 후쿠시마 원전 사고 이후, 신재생에너지가 대체재로 주목을 받고 있다. 신재생에너지는 고갈될 우려도 없고, 이산화탄소 배출이 적어 환경에도 무해한 에너지이다. 독일을 비롯한 여러 나라에서는 이미 원전을 줄이고 신재생에너지로 확대해나가고 있는 추세이다. 또한 기술력도 계속 발전하고 있기 때문에 발전단가 비용도 점점 내려가고 있다. 태양광의 경우, 원전을 찬성하는 사람들은 패널을 설치할 땅이 없다고 주장하지만 국토의 2%만 태양광 패널로 덮어도 우리나라에서 원자력으로 생산하는 전기 30%를 대체할 수 있다. 선진국들과 같이 지붕, 주차장, 고속도로 주변 땅, 수상 공간 등을 활용한다면 충분히 패널을 설치할 공간을 확보할 수 있다.

이와 같은 신재생에너지 확대와 함께 에너지 효율화 사업에 박차를 가하면 우리도 탈핵의 길로 충분히 갈 수 있다. 미국 에너지학자 존 번의 연구 결과에 따르면, 단열, 조명, 전동기 등에서 이미 개발된 절전 기술로 기존 기술을 대체하기만 해도 전체 에너지 사용량의 30%를 절약할 수 있다고 한다.

◑ 반대측 입론서

• 논의 배경

일본 후쿠시마 원전 사고 이후 탈원전을 촉구하는 목소리가 높아질 때 '책임성 있는 에너지 정책 수립을 촉구하는 교수 일동'은 후쿠시마 사고는 지진이 아니라 쓰나미가 원인이라고 밝혔다. 또한 경주 지진을 통해 우리나라 원전에서 후쿠시마와 같은 사고가 발생할 확률은 매우 희박하며, 우리나라의 원전 운영능력은 세계적인 수준이라고 주장하며 정부의 탈원전 정책에 대해 불안감을 표출하였다.

최근 프랑스, 영국, 중국 등 세계 여러 나라가 원자력발전소를 새로 짓고 있는 추세다. 이러한 상황에서 무조건 탈원전 정책을 추진하는 것이 과연 바람직한 일인지 진지하게 고민해보고자 한다.

• 용어 정의

1_ **정부의 탈원전 정책** 원자력발전소의 수명(30년)을 연장하지 않고 신규 건설을 금지한다는 정부의 정책. 2030년까지 신재생에너지의 비중을 20%, LNG 발전 비중을 현재 18.8%에서 37%까지 늘리겠다는 방침이다.

2_ **바람직하다** 원전이 사양화되고 재생에너지 비중이 커지는 세계적 에너지 전환 흐름에 동참하는 것.

주장 1 발전 단가가 높아져서 전기 요금이 상승한다.

정부는 원전을 폐쇄하고 신재생에너지를 확대하는 과정에서 LNG의 비중을 높이기로 하였다. 그런데 LNG의 경우 100% 해외 수입에 의존하기 때문에 공급이 부족해지면 LNG 도입 비용이 증가할 우려가 있다. 이에 반해 원자력발전의 원료인 우라늄은 다른 전력원에 비해 가격이 싸면서도 많은 양의 에너지를 얻을 수 있다. 우리나라의 에너지 발전 단가는 KWh(킬로와트시)당 태양력이 716원, 천연가스(LNG)가 162원, 풍력 107원, 석유 91원, 석탄 43원, 원자력 39원으로, 태양력과 LNG의 발전 단가가 원자력에 비해 매우 높다는 것을 알 수 있다.

따라서 원전을 폐쇄할 경우, 전기 요금 상승은 불을 보듯 뻔한 일이다. 지금도 경제적으로 열악한 상황에 있는 사람들은 냉난방을 제대로 가동하지 못해 추위와 더위에 고통받고 있다. 실제로 우리보다 앞서 탈원전 정책을 펼친 독일과 일본의 경우도 2010년~2015년까지 전기 요금이 각각 가정용 21%, 19%, 산업용 25%, 29%씩 올랐다.

주장 2 원자력발전은 이산화탄소를 배출하지 않는 친환경 에너지다.

전 세계적으로 온실가스가 지나치게 많아지면서 지구온난화가 갈수록 심각해지고 있다. 발전소들은 전기를 생산해내는 과정에서 다량의 온실가스를 배출하고 있다. 전기 1KWh(킬로와트시)당 배출하는 온실가스의 양을 살펴보면, 석탄이 991g, 석유 781g, 천연가스 549g, 원자력 10g이다. 이처럼 원자력은 온실가스를 거의 배출하지 않는 청정에너지이다. 따라서 지구온난화를 해결할 수 있는 중요한 에너지원이 될 수 있다.

지구온난화의 심각성을 인식하고 전 세계는 파리기후변화협약 등과 같은 국제협약을 통해 온실가스 감축을 위해 노력하고 있다, 이러한 상황에서 우리나라 정부는 원전을 서서히 없애고 천연가스의 비중을 37%까지 늘리겠다는 방침을 세워놓고 있다. 이렇게 되면 온실가스는 더 늘어날 것이며, 기후변화에 대응하기 위한 국제사회의 흐름에도 역행하게 될 것이다.

주장 3 신재생에너지는 원전의 보완재일 뿐 대체재가 될 수 없다.

신재생에너지는 유용하기는 하지만 간헐적이고 부정확하여 그 한계가 분명하다. 생산된 전기는 즉시 사용하지 않으면 버려야 하고 부족하면 보충을 해야 한다. 신재생에너지 정책을 세운 선진국들은 각자 대안이 있었다. 스위스나 오스트리아는 수력이 발전량의 50% 이상을 차지하고, 독일은 갈탄이 풍부하며, 이탈리아는 산유국이라는 장점이 있었다. 우리나라는 일조량이 적고 풍질이 좋지 않은 등 통제 불가능한 변수로 인해 풍력과 태양광을 기저발전으로 삼기에는 부적합하다.

또한 미국 원자력 에너지 협회에 따르면, 같은 양의 전력을 생산하는 데 원자력보다 태양광은 75배, 풍력은 350배의 땅이 더 필요하다. 따라서 신재생에너지의 입지 조건은 넓은 공간과 충분한 일조량, 풍력 자원이 있으면서 환경 문제, 안전성, 소음 문제를 피할 수 있는 곳이어야 한다. 이는 국토가 좁은 우리나라 실정에는 맞지 않다. 그러므로 신재생에너지로 원자력을 보완하는 것은 가능하나 대체하는 것은 현실적으로 불가능하다.

과학 토론 개요서

참가번호	소속 교육지청명	학 교	학 년	성명

토론논제

후쿠시마 원전 사고 이후 세계는 탈핵을 향해 가고 있으며, 우리나라 또한 새 정부 출범 이후 탈원전 방향으로 에너지 정책이 개편되고 있다. 원자력발전소의 문제점에 대해 분석하고, 우리나라 상황에 적합한 원자력 대체에너지의 발굴 방안에 대해 제시하시오.

관련 영화

〈판도라〉 2016년, 감독 박정우

영화 〈판도라〉는 후쿠시마 원전 사고에서 모티브를 가져왔다. 역대 최대 규모의 강진과 함께 설상가상으로 한반도 전체를 위협하는 원전 사고까지 발생한다. 대한민국 초유의 재난 속에서 최악의 사태를 막기 위해 고군분투하는 사람들을 그렸다. 핵발전소를 소재로 한 최초의 재난 영화로, 긴박한 스토리와 휴머니즘을 담아냈다.
2016년 9월, 경주 지역에서 여러 차례 발생한 지진으로 인해 사람들은 우리나라가 더 이상 지진으로부터 안전하지 않다는 사실에 불안감을 느끼게 되었다. 그 후 새로운 정부의 탄생으로 탈원전에 대한 국가적인 논의가 어느 때보다 활발해졌다. 이러한 현실에서 〈판도라〉는 우리의 원전 사업에 대한 관심을 불러일으키기에 좋은 작품이라고 할 수 있다.

참고도서 및 동영상

『10대와 통하는 탈핵 이야기』 김익중 외 / 철수와영희
『모든 사람을 위한 지진 이야기』 이기화 / 사이언스북스
『원자력 대안은 없다-원전을 멈출 수 없는 이유』 클로드 알레그르 외 / 흐름출판
〈뉴스포차-문재인 정부 원전 정책 끝장 토론〉 동국대 김익중 vs 카이스트 정용훈

02 재생에너지

교과서 수록부분
초등 과학 5~6학년 2단원 태양계와 별 / 17단원 에너지와 생활
중등 과학 1~3학년 14단원 수권과 해수의 순환 / 15단원 열과 우리 생활 / 22단원 에너지 전환과 보존

학습목표

1 화석에너지와 재생에너지의 장·단점을 말할 수 있다.
2 재생에너지의 필요성에 대해 생각해본다.
3 에너지의 형태가 전환됨을 알고 효율적인 에너지 사용 방법에 대해 알아본다.

논제 화석에너지를 재생에너지로 전환해야 한다.

풍력발전은 바람을 에너지로 바꾸는 재생에너지다.

논제성립배경

★ 이야기 하나

평소에 환경문제에 관심이 많았던 김모 씨(39세, 여)는 6개월 전 아파트 베란다에 태양광발전시설을 설치했다. 태양광발전은 전원주택에서나 설치가 가능하다고 생각했는데 아파트 베란다에도 설치가 가능하다는 뉴스를 접하고 김 씨는 바로 구청 환경과로 신청했다.

경제적으로 크게 도움이 되지 않는다며 말리는 주위 사람들도 있었지만 후쿠시마 원전 사고 이후 에너지 문제에 관심이 많았던 김 씨는 아이들에게 좀 더 좋은 환경을 물려주고 싶은 마음으로 신청했다.

260W 발전기 가격은 61만 5,000원이었지만, 서울시와 마포구에서 41만 5,000원을 보조받아 본인 부담 금액은 20만 원에 불과했다. 태양광 패널은 크기가 크지 않아 햇빛이 잘 드는 베란다 창문에 고정시키고 전기 코드만 꼽으면 설치가 끝난다. 창문이 열리는 방향이 아니라 창밖으로 설치해 전혀 불편하지 않고 설치 후 5년간은 무상으로 AS도 받을 수 있다.

태양광발전시설 설치 후 전기 요금이 월 평균 약 5,000원 정도, 전력 사용이 많은 여름에는 1만 원 가까이 할인된다. 이렇게 경제적인 효과가 크지는 않지만 전기가 만들어지는 과정과 환경을 위해 어떤 에너지를 사용해야 하는지에 대해 아이들의 관심이 높아지는 등 교육상 긍정적 효과가 있어 주위에 적극 권장하고 있다.

★ 이야기 둘

거제시 아주동에 살고 있는 권모 씨(47세, 남)는 주민들과 환경단체의 반발로 무산됐던 인근 풍력발전단지 조성사업이 다시 추진되고 있다는 신문기사를 보고 깜짝 놀랐다. 몇 년 전부터 잊을 만하면 한 번씩 이야기가 나오는 풍력발전단지 조성사업에 강력하게 반대하기 때문이다. 주말마다 오르는 인근 산 정상에 대규모 풍력발전소를 건설할 경우 산림 훼손과 생태계 파괴는 불 보듯이 뻔하다. "탄소배출량을 줄이기 위해 풍력발전을 추진하면서 탄소를 흡수하는 울창한 삼림을 없애고, 발전소를 짓겠다는 것은 어불성설"이라며 권 씨는 강하게 불만을 토로했다. 소음 및 저주파 피해도 걱정이다. 특히 2016년 전라남도 영암군과 신안군 주민을 대상으로 실시한 건강 실태조사 결과 "풍력발전시설 인근 지역 주민이 수면 장애, 이명, 어지럼증 등의 증상을 호소하고 있다"는 뉴스를 접한 후 더 반대하는 입장이 됐다. 아들이 다니는 학교에서 멀지 않은 곳에 풍력발전 예정지가 위치해 권 씨는 혹시라도 발전소 건설 허가가 나지 않을까 걱정스럽기만 하다.

2015년 국제에너지기구IEA의 총발전량 대비 재생에너지 발전량 조사에 따르면 아이슬란드는 100%, 노르웨이는 97.9%, 뉴질랜드는 80.1%, 오스트리아는 77.7%, 캐나다는 65.6%에 이른다. 재생에너

지가 풍부한 이들 국가 외에도 이탈리아 39.9%, 독일 31.5%, 영국 25.8%, 일본 16.9%, 프랑스 16.2%, 미국 13.3% 등으로 재생에너지 확산은 이제 세계적인 흐름이 되고 있다. 반면 우리나라는 1.5%(폐기물 에너지 제외)로 조사 대상 46개국 가운데 45위를 기록하며 세계 최하위에 머물러 있다. 하지만 최근 새 정부의 탈원전, 탈석탄에너지 정책 변화에 힘입어 재생에너지에 대한 관심은 높아지고 있다. 이제 우리나라에서도 재생에너지가 화석에너지를 대신하는 시대가 열릴 수 있을까?

초등 저학년 추천도서

『변신 대왕 에너지』 로렌 리디 / 미래아이

에너지가 어떤 것인지 그림만 봐도 알 수 있도록 에너지 분야를 재미있고 이해하기 쉽게 전달하는 책이다.
순수 에너지 '쎈'은 다양한 모습으로 변신한다. 전기에너지에서 태양에너지로, 수력에너지에서 식물에너지로 왔다 갔다 하며 다양한 에너지에 대해 간략하면서도 명쾌하게 설명해준다. 또 각 에너지 종류별로 '좋은 점'과 '나쁜 점'이 무엇인지 알려주는 것은 물론이고 에너지가 어떻게 발생하는지, 에너지 남용으로 생길 수 있는 환경문제를 극복할 수 있는 실천 방법은 무엇인지 제시하고 있다.

초등 중학년 추천도서

『파워 업! 에너지전쟁』 샤커 팔레자 / 라임

에너지에 대한 정보가 처음부터 끝까지 담긴 에너지 백과사전이다. 현대사회에서 에너지 문제는 어느 한 나라에만 한정되는 문제가 아니다. 특히 국내에서 사용하는 에너지 원료를 90% 이상 수입하는 우리나라의 경우, 에너지 문제에 대한 관심은 선택이 아니라 필수사항이다.
이 책은 에너지와 에너지가 미치는 영향에 대해 우리나라뿐만 아니라 세계 각국의 통계 자료를 제시하며 한눈에 알아볼 수 있도록 잘 설명하고 있다. 그림으로 쉽게 정리되어 있지만 그 깊이는 어른들이 보기에도 부족하지 않다.

초등 고학년 추천도서

『세상에 대하여 우리가 더 잘 알아야 할 교양 – 에너지 위기 어디까지 왔나』 이완 맥레쉬 / 내인생의책

에너지 위기는 나와 전혀 상관없는 일이라고 생각하는 어린이와 청소년들에게 꼭 추천하고 싶은 책이다. 해마다 조금씩 오르는 기온, 느닷없이 쏟아지는 폭우와 폭설, 높아지는 해수면. 책에서는 이 같은 이상 기후가 에너지 위기에서 비롯되었다고 경고한다.

세계 에너지 보유현황에서부터 화석에너지와 재생에너지의 장단점, 그리고 심각한 에너지 위기 문제를 해결하기 위해 무엇을 해야 하는지 고민할 수 있도록 도와준다. 책을 읽다 보면 우리나라의 에너지 미래를 위해 우리나라에 적합한 에너지 전략을 적극적으로 고민하는 시간들이 꼭 필요하다는 사실을 깨닫게 될 것이다.

중고등 추천도서

『왜 에너지가 문제일까?』 신동한 / 생각비행

석탄, 석유, 천연가스로 대표되는 화석연료는 매장 지역이 한정된 에너지원으로 아쉽게도 우리나라는 그 혜택을 누리지 못한다. 그래서 해마다 1년 국가 예산의 절반에 가까운 약 200조 원을 에너지 수입에 사용한다. 현재 우리나라는 에너지 강대국들의 틈에서 언제 다시 에너지 위기를 맞을지 모르는 걱정 속에서 살아가고 있다. 그러한 에너지 위기를 겪지 않도록 하기 위해 우리가 해야 할 일은 무엇인지 대화체로 재미있고 자세하게 설명해주는 책이다.

• 용어 사전

에너지 : 사람이나 물체가 움직일 수 있는 힘, 일을 할 수 있는 능력을 나타낸다.

우리나라 부문별 에너지 흐름

구분	순서
자원	수입 94.7% 〉 국내생산 5.3%
공급	석유 〉 석탄 〉 천연가스 〉 원자력 〉 수력 및 신재생
소비	산업 〉 수송 〉 가정 〉 상업 및 공공

참고 자료 : 에너지 경제연구원 '2017 에너지 통계'

우리나라 부문별 에너지 소비

(단위: 1,000toe)

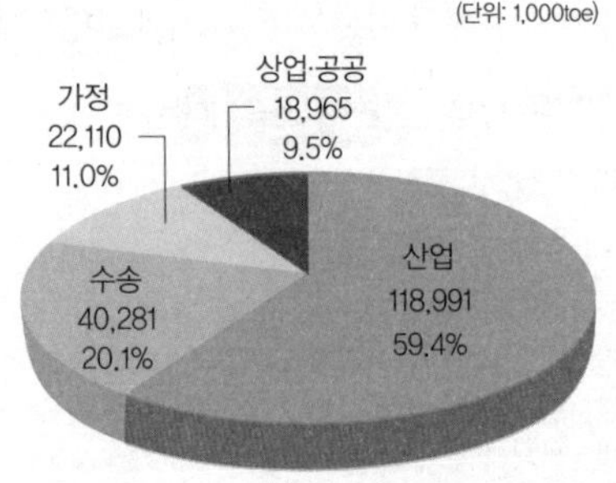

참고 자료: 2014 산업통상자원부 에너지 총조사

화석연료 : 동물과 식물이 화석처럼 오랜 시간 동안 땅속에 묻혀 만들어진 연료. 석탄, 석유, 천연가스 등이 여기에 속하며 태우면 열과 이산화탄소가 발생한다. 현재 세계적으로 총 에너지 85% 정도가 화석연료에 의존하고 있다.

화석연료의 종류

1. 석탄 : 땅속에 묻힌 식물이 높은 열과 압력을 받아 만들어진 암석.

2. 석유 : 땅속에 묻힌 생물의 사체가 높은 열과 압력을 받아 만들어진 기름.

① **전통 석유** : 재래식 방법으로 쉽게 채굴이 가능한 석유.

② **비전통 석유** : 채굴이 어려워 사용하지 못했으나 기술 발전으로 채굴이 가능해진 석유 종류.

예 오일샌드, 셰일오일 등.

오일샌드 : 원유가 섞인 모래나 바위로 증기를 이용해 정제하면 석유를 추출할 수 있다.
셰일오일 : 원유를 함유한 퇴적암(셰일).

3. 천연가스 : 주로 메탄을 주성분으로 하며 석탄이나 석유와 함께 암석층 사이에서 만들어진다. 천연가스는 압축하거나(압축천연가스, CNG) 냉각해서 액체(액화천연가스, LNG)로 만들 수 있다.

① **전통 가스** : 천연적으로 직접 채취한 상태에서 바로 사용할 수 있는 가스.

② **비전통 가스** : 지층에 넓게 퍼져 있어 비싼 채굴비용 때문에 사용하지 않았으나 기술 발전으로 사용 가능해진 가스 종류.

예 셰일가스, 하이드레이트 등.

셰일가스 : 퇴적암 층에 갇혀 있는 천연가스.
하이드레이트 : 메탄이 주성분인 천연가스가 얼음처럼 고체화된 상태. 현재 기술 부족으로 상업적 생산이 많이 이뤄지지 않고 있지만 미래의 에너지원으로 주목받고 있다. 우리나라에서는 독도 근처에서 발견되었는데 이로 인해 독도 영유권 분쟁이 에너지 자원 문제로까지 번지게 되었다.

가채연수 : 자원을 얼마나 채굴할 수 있는지 보여주는 지표로 자원 매장량을 연간 생산량으로 나눈 것.

세계 에너지 가채 매장량 및 가채연수

구분	석유	석탄	천연가스
가채 매장 확인량	1만 6526억 배럴	8609억 톤	208조㎥
가채 연수	54년	112년	63.6년

참고 자료 : BP 에너지 통계 2015

시추 : 지하자원을 탐사하기 위해 땅속 깊이 구멍을 파는 일.

피크오일(석유생산 정점) : 석유 생산이 최고점에 도달한 후 급격하게 감소하는 현상. 석유 수요는 많은 반면 공급은 갈수록 부족해지기 때문에 세계적인 에너지 위기가 발생할 수 있다고 경고하는 이론이다.

오일쇼크 : 석유 값이 갑자기 크게 올라 세계 각국에 경제적 혼란을 준 사건을 말한다. 지금까지 가장 큰 사건은 1973년(제1차 석유 파동)과 1978년(제2차 석유 파동)에 일어났다.

세계 석유 매장량 분포

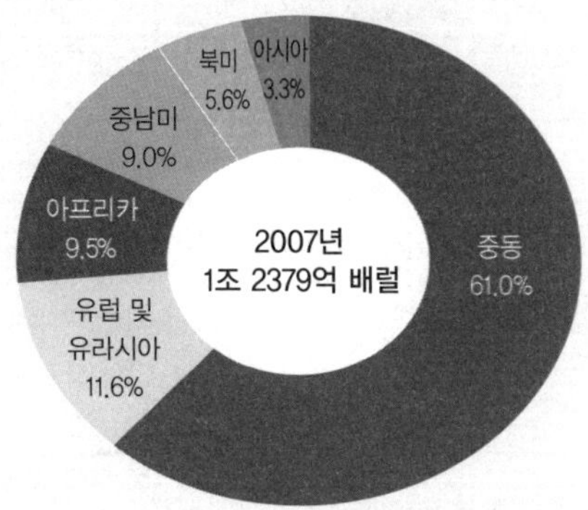

참고 자료 : 대한석유협회

재생에너지 : 고갈되지 않고 지속적으로 이용할 수 있는 에너지로 우리나라에서는 태양열, 태양광, 바이오에너지, 풍력, 소수력, 지열, 해양, 폐기물 등 8종을 가리킨다. 반면 화석 연료는 한번 쓰면 없어지기 때문에 비재생에너지라고도 불린다.

재생에너지의 종류

태양 에너지	태양열	집열판을 이용해 태양으로부터 오는 열에너지를 모아 가열된 물의 증기를 이용해 터빈을 돌려 전기에너지를 생산하는 것.
	태양광	발전기의 도움 없이 태양광 전지를 이용해 태양광을 직접 전기에너지로 바꾸어 전기를 생산하는 방법이다.
지열에너지		지구 내부에 축적되어 있는 뜨거운 증기와 열을 이용해 에너지를 만든다. 화산대나 지진대에 있는 나라에서 많이 이용한다.
소수력에너지		작은 강이나 폭포수의 낙차를 이용하는 발전 방법이다. 대형 댐을 이용한 대수력 발전은 환경 변화를 크게 일으키기 때문에 재생에너지에 포함시키지 않는다.
해양에너지		바닷물을 이용하여 얻는 에너지로 4가지 종류가 있다. ① 조력발전 : 댐을 만들어 조수 간만의 수위차를 이용. ② 조류발전 : 해류의 흐름을 이용. ③ 파력발전 : 파도의 힘을 이용. ④ 해수온도차발전 : 바닷물의 온도차를 활용.
풍력에너지		자연적인 바람으로부터 얻는 에너지. 바람이 바람개비처럼 생긴 터빈을 돌리면서 바람의 운동에너지를 전기로 바꾼다.
바이오에너지		나무나 풀, 가축의 분뇨, 음식물 쓰레기 등에서 추출한 알코올, 식물성 기름을 연료로 하여 얻는 에너지.
폐기물에너지		산업이나 가정에서 발생하는 각종 가연성 폐기물을 변환시켜 이용하는 에너지.

신에너지 : 기존의 에너지원이 아닌 다른 에너지원을 뜻하는 말로 화석 연료를 변환시켜 이용하거나 수소, 산소 등의 화학 반응을 통하여 얻은 전기나 열을 이용한다.

수소에너지	수소가 연소할 때 발생하는 폭발력이나 수소를 분해할 때 발생하는 열에너지를 에너지원으로 활용하는 것.
연료전지	수소, 메탄 및 메탄올 등의 연료를 산화시켜서 생기는 화학에너지를 전기에너지로 변환하여 사용한다.
석탄액화가스	석탄이나 중질잔사유(원유를 정제하고 남은 석유)를 액체나 가스 형태의 연료로 바꿔 사용하는 것.

국제 재생에너지 설비 용량 : 국제에너지기구(IEA)가 발간한 '2017 재생에너지 세계동향 보고서'에 따르면 2016년 세계 신규 발전 설비 중 재생에너지 비율은 62%로 화력발전소와 원자력발전소를 모두 합친 것보다 많았다.

신규 재생에너지 설비용량 증가(2001~2016)

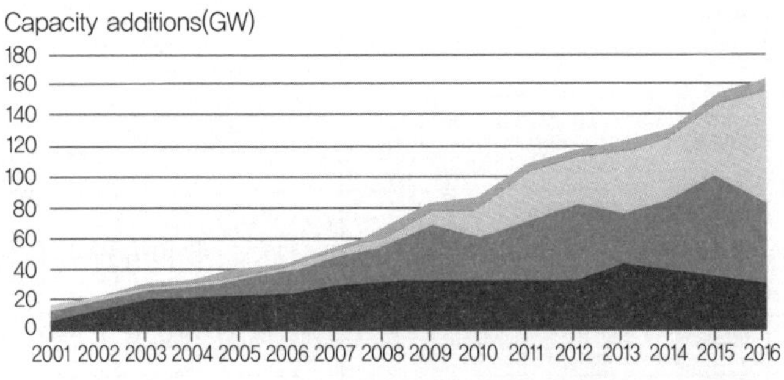

기타 재생에너지 태양광 풍력 수력

참고 자료 : IEA 2017년 재생에너지 세계동향 보고서

각 에너지별 장단점

		장점	단점
비재생에너지	석유	교통수단의 연료로 효율적이다. 저장 운송 및 가공이 쉽다. 연소 조절이 쉽다.	온실가스가 발생한다. 생산 · 운반할 때 많은 에너지를 사용한다. 유출 사고의 위험이 있다. 특정 지역에만 자원이 분포한다.
	석탄	값이 싸고 구하기 쉽다. 저장 운송이 쉽다.	이산화탄소와 독성 물질이 발생한다. 채굴 작업이 위험하다.
	천연가스	석탄, 석유에 비해 오염이 덜하다. 연소장치가 간단하다. 열효율이 크다.	이산화탄소를 배출한다. 폭발 위험이 있다. 특정 지역에만 자원이 분포한다.
재생에너지	태양	친환경적인 에너지 자원이다. 무한하다. 소음과 진동이 없다. 유지비용이 거의 없다.	일조량에 영향을 받는다. 시설 설치 및 건설 비용이 많이 든다. 대규모 태양광 발전은 저렴한 임야에 주로 건설해 삼림 훼손 문제가 발생한다.
	풍력	값이 싸고 구하기 쉽다. 저장 운송이 쉽다. 무제한으로 사용 가능하다. 공해 배출을 하지 않는다. 발전단가가 낮고 관광단지로 활용 가능하다.	기후 조건에 따라 발전량이 달라진다. 소음이 발생한다. 높은 산 정상에 주로 설치하기 때문에 진입로 및 발전기 건설에 삼림이 훼손된다.
	수력	한번 건설하면 오래 사용 가능하다. 이산화탄소 배출량이 적다. 꾸준한 발전 공급이 가능하다.	댐의 초기 건설 비용이 높다. 댐 건설 시 생태계를 파괴할 수 있다. 강수량에 영향을 받아 안정적인 공급이 어렵다.

재생 에너지	바이오 에너지	에너지 활용도가 높다. 동식물 폐기물을 줄인다. 화석연료에 비해 값이 싸다.	생산에 시간과 에너지가 많이 든다. 식량 생산이 줄어들 위험이 있다.
	지열 에너지	온실가스가 매우 적게 나온다. 연료나 채굴, 운반이 필요 없다. 안정적인 공급이 가능하다. 발전 비용이 저렴하다.	환경적 제약이 있다. 발전소 건설비용이 많이 든다. 온실가스인 아황산가스가 약간 배출된다.
	해양 에너지	에너지 공급이 규칙적이다. 발전시설 설치 후 비용이 거의 들지 않는다.	해양 생태계를 파괴할 수 있다. 시설비가 비싸다. 전력 수요지와의 거리가 멀다.
	폐기물 에너지	원료 가격이 낮거나 도리어 처리비를 받을 수 있다. 쓰레기양을 줄일 수 있다.	에너지화 과정에서 환경 오염 유발 가능성이 있다. 많은 처리 기술이 요구된다.
신 에너지	수소 에너지	공해 물질이 발생하지 않는다. 전기에너지로 전환이 쉽고 에너지 밀도가 높으며 사용이 간편하다.	폭발 위험성이 있다. 비용이 높다.
	연료 전지	공해 물질이 발생하지 않는다. 열효율이 높다.	발전소 건설비용이 높다. 연료 전지의 기술 개발이 더 이뤄져야 한다.

참고 자료 : 『파워업! 에너지 전쟁』(라임), 한국전기안전공사, 한국에너지 기술연구원, 『왜 에너지가 문제일까?』(생각비행)등

국가별 재생에너지 사용 비중

경제협력개발기구(OECD)의 '녹색 성장 지표 2017' 보고서에 따르면 한국의 에너지 공급 중 재생가능 에너지 사용 비중(태양광, 풍력, 지열, 수력, 조력, 바이오가스)은 2015년 기준 1.5%로 조사 대상 46개국 가운데 45위를 기록했다. 이는 46위 사우디 아라비아(0%) 다음으로 낮은 순위로 조사했다.

1위	아이슬란드	88.5%
2위	코스타리카	50.2%
3위	스웨덴	45.9%
4위	노르웨이	44.6%
5위	뉴질랜드	40.5%

국가별 미래에너지 구성계획 : 우리나라는 2030년까지 석탄과 원자력발전을 줄이고 친환경적인 가스와 신재생 에너지 비율을 늘릴 계획이다.

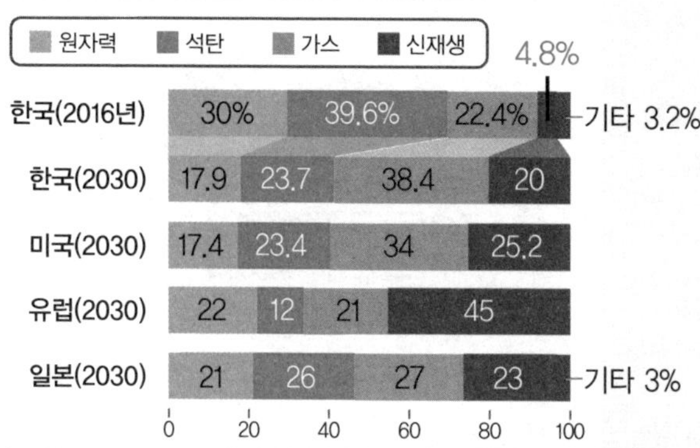

폐기물 발전도 신재생에너지에 포함한 수치

참고 자료 : 에너지경제연구원, EA, KOTRA, BJ

에너지 전환 : 열, 빛, 위치, 전기 등 여러 형태의 에너지가 다른 형태로 변하는 것. 예를 들어 추운 날 차가운 손을 비비면 따뜻해지는 이유는 마찰에 의해 운동에너지가 열에너지로 전환되었기 때문이다. 또 주요 사용 에너지가 화석에너지에서 재생에너지로 바뀌는 것도 에너지 전환이라고 한다.

에너지 변환장치 : 엔진이나 풍력발전기, 연료전지와 같이 어느 한 형태의 에너지원을, 일을 하기 위한 다른 형태의 에너지로 바꾸어주는 장치.

에너지 효율 : 에너지가 전환되는 과정에서 손실되는 에너지의 양이 어느 정도인지 나타내는 것. 에너지 효율이 높은 제품은 사용 에너지 양이 적어 에너지를 절약할 수 있다.

에너지 소비 효율 등급 표시제도 : 에너지 효율을 표시하는 것으로 현재 전자제품마다 1~5등급으로 구분하여 표시하고 있다. 에너지 소비 효율 등급의 숫자가 작을수록 에너지 효율이 더 높은 제품이다.

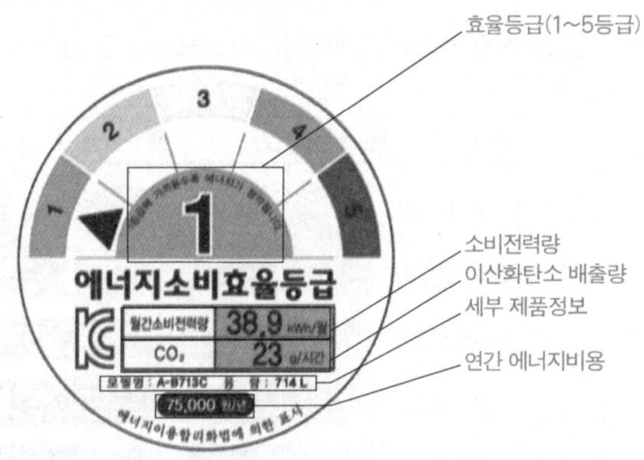

스마트 그리드 시스템 : 전력 공급자와 소비자가 정보통신기술을 이용해 서로 실시간 정보를 제공하는 시스템. 이를 이용하면 소비자는 전기 요금이 쌀 때 전기를 쓸 수 있어 에너지 효율성을 높일 수 있다.

탄소중립 : 인류가 배출하는 에너지양만큼 나무를 심거나 친환경에너지 분야에 투자해 이산화탄소 흡수량을 같게 하는 것.

블랙아웃 : 한꺼번에 매우 넓은 지역의 전기가 나가는 대규모 정전사태.

축열기 : 바로 사용하지 않는 증기를 열로 저장하여 두었다가 필요할 때에 이용하기 위한 장치. 태양열 에너지는 날씨에 영향을 받기 때문에 태양열을 이용한 장비들은 축열기나 축전기를 가지고 있어야 한다.

축전기 : 두 금속에서 정전기 유도 현상을 이용하여 발생한 전하를 모아두는 장치로 축전기에 전하를 저장하는 현상을 충전이라고 한다.

toe : 각종 에너지의 단위를 비교하기 위한 가상단위로 모든 에너지원의 발열량을 석유를 기준으로 환산한 것. 1toe(토우)는 1000만kcal에 해당한다.

전력단위

와트(W) : 1초 동안 소비하는 또는 만드는 전력에너지 단위.

킬로와트(KW) : 1,000W.

메가와트(MW) : 100만W.

기가와트(GW) : 10억W.

테라와트(TW) : 1조W, 2013년 지구 모든 사람이 사용한 평균 전력은 약 17TW(테라와트)였다.

와트시(Wh) : 1W의 전력으로써 1시간에 하는 일의 양이다. 가정에서 쓰는 에너지는 보통 kWh로 나타낸다.

제로에너지 하우스 : 화석에너지를 사용하지 않고 필요한 에너지를 자급자족할 수 있는 집이란 뜻으로 패시브하우스와 액티브하우스를 더한 개념이다.

① **패시브하우스** : '수동적(passive)인 집'이라는 뜻으로 집 안으로 들어온 태양에너지가 밖으로 새나가지 않도록 최대한 차단함으로써 화석연료를 사용하지 않고 실내온도를 따뜻하게 유지하는 에너지 절약형 건물.

② **액티브하우스** : 능동적으로 에너지를 끌어 쓴다는 의미의 액티브하우스는 태양열, 풍력, 지열 등 재생에너지를 이용해 외부로부터 에너지를 얻는다.

RPS Renewable energy Portfolio Standard**(재생가능에너지 공급의무화제도)** : 발전사업자에게 총 발전량에서 일정 비율을 재생가능 에너지로 공급하도록 의무화하는 제도.

FIT Feed Tn Tariff**(발전차액 자원제도)** : 재생에너지 사용을 권장하기 위해 재생에너지로 생산한 전기의 가격이 기준 가격보다 낮을 경우 그 차액을 지원해 주는 제도.

토론가능논제

1 산업용 전기 요금에 누진제를 적용해야 한다.
2 RPS(재생가능에너지 공급의무화제)를 FIT(발전차액 지원제도)로 변경해야 한다.
3 신규 주택에 패시브하우스를 의무화해야 한다.

관련 과학자

시몬 스테빈

Simon Stevin, 1548~1620, 네덜란드

에너지를 어떻게 이용하느냐에 따라 그 나라의 국력이 좌우되기도 한다. 17세기 시몬 스테빈은 풍력을 이용해 조국인 네덜란드를 강대국으로 만드는 데 크게 기여했다.

시몬 스테빈은 지금의 소수 표기법을 고안한 수학자로 잘 알려져 있지만 그의 연구 분야는 기하학, 천문학, 정역학, 상업, 수학 등에서부터 전차 · 풍차 제작, 교량 · 제방 축조술 등 공학 분야까지 매우 다양했다. 여러 업적 가운데 네덜란드에 가장 실질적인 도움이 된 연구는 풍차 관련 분야였다. 그는 풍차 효력을 3배나 높이는 한편 여러 개의 풍차를 나란히 세워 간척지 배수 기술을 더욱 발전시켰다. 그가 고안한 정밀한 풍차는 국토의 절반이 해면 밑에 있는 네덜란드의 방 · 배수로 개선에 이용되었는데 과거 풍차는 범람하는 물과 싸웠던 네덜란드 국민들에게 꼭 필요한 존재였다. 네덜란드의 풍차가 힘차게 돌아갈 때마다 네덜란드는 점점 부강한 나라로 발전했던 것이다.

이처럼 풍력의 힘으로 부강한 나라를 만드는 데 크게 기여한 시몬 스테빈의 연구는 우리가 에너지 주권을 강화해야 하는 이유를 다시 한 번 생각하게 한다.

마인드맵

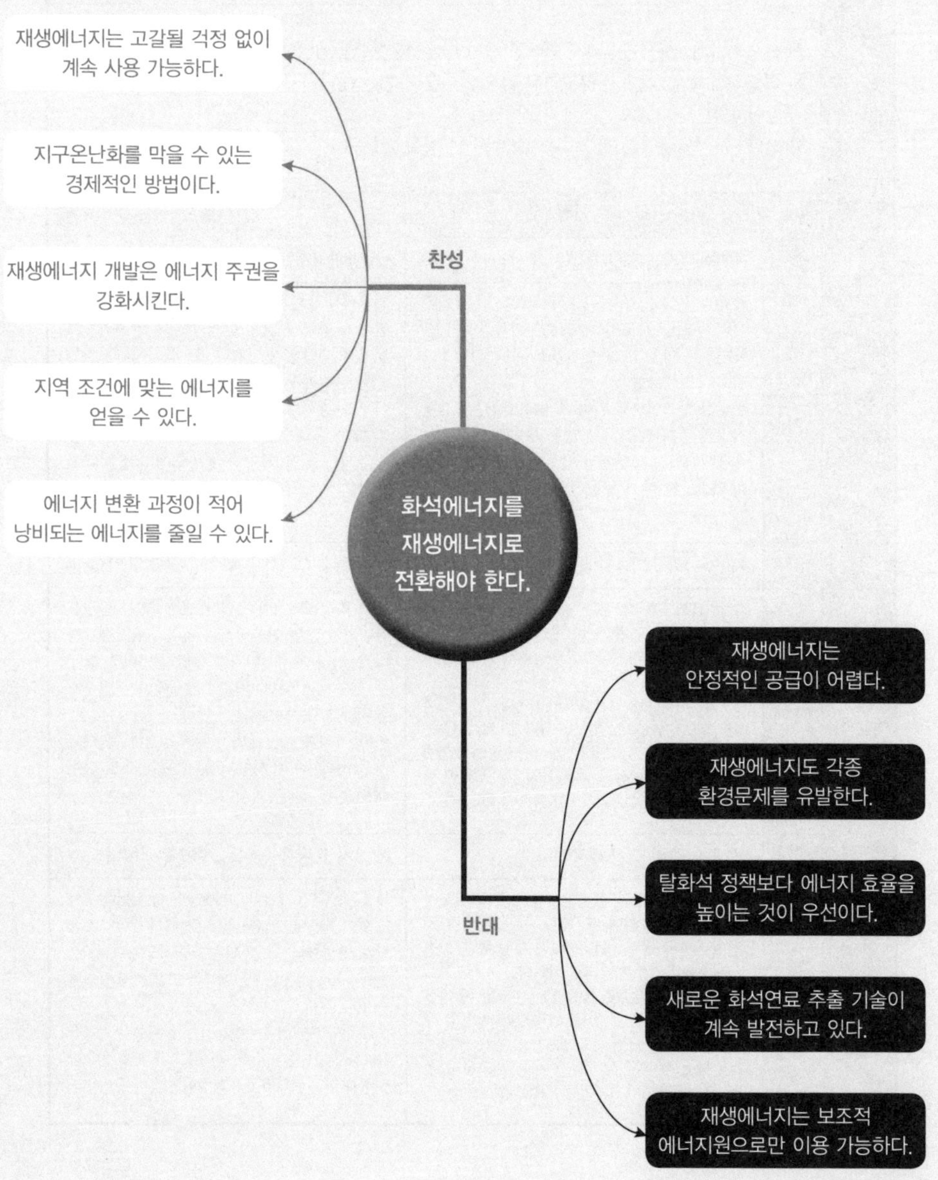
재생에너지는 고갈될 걱정 없이 계속 사용 가능하다.
지구온난화를 막을 수 있는 경제적인 방법이다.
재생에너지 개발은 에너지 주권을 강화시킨다.
지역 조건에 맞는 에너지를 얻을 수 있다.
에너지 변환 과정이 적어 낭비되는 에너지를 줄일 수 있다.
찬성
화석에너지를 재생에너지로 전환해야 한다.
반대
재생에너지는 안정적인 공급이 어렵다.
재생에너지도 각종 환경문제를 유발한다.
탈화석 정책보다 에너지 효율을 높이는 것이 우선이다.
새로운 화석연료 추출 기술이 계속 발전하고 있다.
재생에너지는 보조적 에너지원으로만 이용 가능하다.

토론 요약서

논제	화석에너지를 재생에너지로 전환해야 한다.	
용어 정의	1) 화석에너지 : 화석연료에서 얻어진 에너지로 석유, 석탄, 천연가스 등이 있다. 2) 재생에너지 : 고갈되지 않고 지속적으로 이용 가능한 에너지로 태양력, 풍력, 지열, 해양에너지 등이 있다. 3) 전환 : 화석에너지를 재생에너지로 바꾸는 것을 뜻한다.	

		찬성측	반대측
주장 1	주장	재생에너지는 고갈 걱정 없이 사용 가능하다.	재생에너지는 안정적인 공급이 어렵다.
	근거	세계적인 석유 기업인 BP사가 2015년 발표한 에너지 전망 보고서에 따르면 화석연료의 가채연수는 석유 54년, 천연가스 64년, 석탄 112년이라고 예상했다. 이러한 화석연료와 달리 재생에너지는 고갈될 걱정이 없다. 조력과 지열을 제외한 대부분의 재생에너지는 태양에서 비롯되기 때문에 태양이 떠오르는 한 계속 공급받을 수 있다.	재생에너지는 날씨, 지역, 계절, 온도 등 자연환경의 영향을 많이 받기 때문에 안정적으로 전기를 생산하기 어렵다. 또 화석에너지처럼 좁은 면적에서 대용량의 값싼 전력을 지속적이고 안정적으로 공급하는 것은 어렵다. 그렇기 때문에 재생에너지는 소규모 보조적 수단으로써는 이용 가능하나 주력에너지 공급원으로는 부적합하다.
주장 2	주장	지구온난화를 막을 수 있는 경제적인 방법이다.	재생에너지도 각종 환경문제를 유발한다.
	근거	화석연료를 태울 때 나오는 온실가스는 지구온난화의 주요 원인으로 손꼽힌다. 반면 재생에너지는 에너지 변환과정에서 환경오염 물질을 발생시키지 않는다. 재생에너지의 기술 발전 속도가 가속화되면서 경제성도 갈수록 높아지고 있는 추세다. 또 화석연료는 채굴 · 가공 비용으로 인해 연료비가 상승하지만 재생에너지는 연료 비용이 따로 들지 않기 때문에 장기적으로 보면 화석에너지보다 훨씬 경제적이다.	흔히 화석에너지와 달리 재생에너지는 환경을 파괴하지 않는 친환경적인 에너지라고 생각한다. 그러나 재생에너지가 유발하는 각종 환경문제로 인해 주민 반대로 재생에너지 발전소를 세우지 못하는 사례가 많다. 뿐만 아니라 재생에너지 부품을 만드는 데도 많은 화학물질이 사용되며 이산화탄소도 많이 배출된다.
주장 3	주장	에너지 주권을 강화시킨다.	에너지 효율을 높이는 것이 우선이다.
	근거	우리나라는 매장된 화석연료가 부족해 에너지원의 97%를 수입에 의존하고 있다. 이처럼 약한 에너지 주권을 키울 수 있는 가장 좋은 방법은 재생에너지를 개발하는 것이다. 재생에너지의 비중을 높이면 해마다 한 해 예산의 절반에 가까운 약 200조 원의 에너지 수입 예산을 국내 경제에 돌릴 수 있다. 이 같은 에너지 수입 비용 및 의존성 감소는 물론 새로운 고용 창출 등 통해 에너지 주권을 강화시킬 수 있다.	새로운 에너지 개발이나 확보보다 더 강력한 효과가 있기 때문에 '에너지 절약'은 제5의 에너지로 꼽힌다. 적은 에너지로 더 많은 일을 하도록 에너지를 효율적으로 사용한다면 에너지 고갈 걱정은 피할 수 있다. 산업 현장과 가정에서 에너지 효율이 높은 제품을 사용하고 열손실 최소화, 에너지 가격 체계 정비 등을 통해 먼저 에너지 효율을 높이는 것이 필요하다.

◐ 찬성측 입론서

• 논의 배경

경제협력개발기구OECD의 '녹색 성장 지표 2017' 보고서에 따르면 우리나라의 재생가능에너지 사용 비중은 2015년 기준 1.5%로, 조사 대상 46개국 가운데 45위를 기록했다. 우리나라보다 재생에너지 비중이 낮은 나라는 세계 3대 산유국 중 하나인 사우디아라비아 외에는 없었다. 석탄, 석유, 천연가스 등 화석에너지에 대한 의존도가 높은 우리나라와 달리 선진국들은 화석에너지 대신 재생에너지의 개발과 발전량을 크게 늘려나가고 있는 추세다. 이 같은 현실에서 화석에너지를 재생에너지로 대체할 수 있는지, 우리나라의 에너지 정책은 어떤 방향으로 추진되어야 하는지에 대해 토론해보고자 한다.

• 용어 정의

1_ **화석에너지** 화석연료에서 얻어진 에너지로 석유, 석탄, 천연가스 등이 있다.

2_ **재생에너지** 고갈되지 않고 지속적으로 이용 가능한 에너지로 태양력, 풍력, 지열, 해양에너지 등이 있다.

3_ **전환** 화석에너지를 재생에너지로 바꾸는 것을 뜻한다.

주장 1 재생에너지는 고갈될 걱정 없이 계속 사용 가능하다.

현대 문명은 화석에너지가 이끌어왔다고 해도 과언이 아니다. 하지만 이제 화석연료의 고갈 시점이 얼마 남지 않았다는 경고가 계속되고 있다. 세계적인 석유 기업인 BPBritish Petroleum사는 2015년 발표한 '에너지 전망 보고서'에서 화석연료의 가채연수가 석유 54년, 천연가스 64년, 석탄 112년이라고 예상했다. 화석연료는 수억 년 전 유기물의 잔해가 퇴적되어 만들어진 것으로 양은 한정되어 있으며 한번 사용하면 다시 만들 수 없기 때문에 공급이 불안정할 수밖에 없다.

하지만 화석연료와 달리 재생에너지는 고갈될 염려가 없다. 조력과 지열을 제외한 대부분의 재생에너지는 태양에서 비롯된다. 태양열과 빛을 이용하는 태양에너지는 물론, 풍력은 태양 에너지로 인한 온도의 변화에 따라 발생되는 공기의 이동에서, 수력은 햇빛을 받아 증발한 수증기가 비가 되어 내리면서 생긴 것이다. 또 해양에너지는 햇빛이 바닷물을 데워서 생기는 온도차에 의해, 바이오에너지는 광합성을 통해 만들어지는 것으로 이 같은 재생에너지는 태양이 떠오르는 한 계속 공급받을 수 있다.

주장 2 지구온난화를 막을 수 있는 경제적인 방법이다.

화석연료를 태울 때 발생하는 각종 온실가스는 지구온난화의 주범으로 손꼽힌다. 온실가스뿐만 아니라 화석연료가 연소되면서 나오는 미세먼지 또한 국민의 건강을 크게 위협하고 있다. 하지만 재생에너지는 화석에너지에 비해 발생하는 환경오염 물질이 없거나 매우 적다.

경제성도 갈수록 높아지고 있다. 미국 투자자문회사 라자드에서 2015년 11월 발표한 '에너지별 전력 생산 비용 비교 분석'에 따르면, 전력 생산 비용이 가장 싼 것은 풍력으로 MWh(메가와트시)당 32~77달러, 그다음은 대규모 태양광발전 50~70달러, 세 번째 가스복합 화력발전이 52~78달러인 것으로 나타났다. 반면 석탄은 65~150달러로 가장 싼 풍력발전에 비해 2배 가량 비쌌다. 또한 이 보고서에 따르면 6년 사이에 풍력발전 비용은 61%, 태양광발전 비용은 82%가 낮아진 것으로 조사됐다.

게다가 재생에너지는 주어지는 에너지를 변환해서 쓰기 때문에 연료비가 들지 않는다. 화석연료는 채굴, 가공 비용으로 인해 연료비가 상승하지만, 재생에너지는 연료가 자연에서 주어져 비용이 따로 들지 않기 때문에 장기적으로 볼 때 화석에너지보다 훨씬 경제적이다.

주장 3 에너지 주권을 강화시킨다.

우리나라는 매장된 화석연료가 부족해 에너지원의 90% 넘게 수입에 의존하고 있다. 우리나라처럼 에너지 자립이 되지 않는 나라는 에너지를 가진 나라에 끌려다닐 수밖에 없는 것이 현실이다.

약한 에너지 주권을 키울 수 있는 가장 좋은 방법은 재생에너지를 개발하는 것이다. 한정된 지역에 집중되어 있는 화석에너지와 달리 재생에너지는 지역에 관계없이 이용할 수 있기 때문에 국가 간 에너지 불균형을 해소할 수 있다. 특히 해마다 한 해 예산의 절반에 가까운 약 200조 원을 에너지 수입에 사용하는 우리 경제에서 재생에너지 비중을 높이면 국내로 돌릴 수 있는 정부예산도 그만큼 많아진다.

게다가 재생에너지는 에너지의 생산과 공급, 수요가 지역적으로 이뤄지기 때문에 지역의 고용 창출 효과도 크다. 독일 경제에너지부에 따르면 2004년부터 2013년까지 10년간 독일에서 재생에너지 분야에서 37만여 개의 일자리가 새로 생겨난 것으로 조사됐다. 우리나라에서도 재생에너지의 개발이 이뤄지는 만큼 에너지 수입 비용 및 의존성 감소, 고용 창출 등 통해 에너지 주권을 강화시킬 수 있을 것이다.

◐ 반대측 입론서

• **논의 배경**

새 정부 출범 후 탈석탄·탈원전 에너지 정책을 추진하면서 재생에너지에 대한 관심이 크게 높아지고 있다. 2030년까지 재생에너지 비율을 20%까지 확대하겠다는 것이 현 정부(2018년)의 에너지 정책이다. 이에 따라 석탄발전소와 원전을 줄여나가겠다는 결정은 했지만 실질적이고 구체적인 계획 없이 너무 급하게 재생에너지 정책을 추진하는 것은 아닌지에 대한 우려의 목소리도 커지고 있다. 따라서 이번 토론에서는 우리나라의 현실에서 과연 화석에너지를 재생에너지로 대체할 수 있을지에 대해 논의해보고자 한다.

• **용어 정의**

1_ 화석에너지 화석연료에서 얻어진 에너지로 석유, 석탄, 천연가스 등이 있다.

2_ 재생에너지 고갈되지 않고 지속적으로 이용 가능한 에너지로 태양력, 풍력, 지열, 해양에너지 등이 있다.

3_ 전환 화석에너지를 재생에너지로 바꾸는 것을 뜻한다.

주장 1 재생에너지는 안정적인 공급이 어렵다.

재생에너지는 날씨, 지역, 계절, 온도 등 자연환경의 영향에 따라 발전량의 기복이 심해 안정적인 전기 생산이 어렵다. 태양광은 햇빛이 비치는 시간에만, 풍력은 바람이 불 때만 발전이 가능해 효율이 낮으며 바이오에너지의 경우는 해마다 사용할 수 있는 양이 한정되어 있다. 재생에너지 가운데 비교적 안정적으로 공급 가능한 것은 지열과 수력 정도지만 활용 가능한 지역이 매우 한정적이다.

한곳에서 에너지를 대량으로 생산하기 어렵다는 것도 문제가 된다. 화석에너지처럼 좁은 면적에서 대용량의 값싼 전력을 지속적이고 안정적으로 공급하기는 어려우므로, 재생에너지는 소규모의 보조적 수단으로는 이용 가능하나 주력 에너지 공급원으로는 부적합하다. 또 태양광이나 풍력 등 재생에너지로 전력 생산을 하려면 대규모 부지가 필요하다. 우리나라는 지리적 특성상 산지가 많고 그렇지 않은 지역에는 인구밀도가 높아 발전소 용지 확보가 어렵다. 재생에너지 공급이 매우 불리한 환경이다.

주장 2 재생에너지도 각종 환경문제를 유발한다.

재생에너지는 환경을 파괴하지 않는 친환경에너지로 알려져 있지만 환경문제가 전혀 발생하지 않는 것은 아니다. 저렴한 임야에 주로 설치하는 태양광발전이나 높은 산 정상에 설치하는 육상 풍력의 경우 삼림을 크게 훼손한다. 조력발전소도 방조제 건설로 인해 해안습지 생태계와 어업에 피해를 끼친다. 특히 풍력발전기는 소음, 진동 공해도 유발한다. 2016년 3월 전남도에서 풍력발전시설 인근 영암군과 신안군 주민 399명을 대상으로 건강실태를 조사한 결과, 소음, 진동, 저주파 등 환경 피해와 가축 유산, 사산 등 생업피해, 불면증, 스트레스 등 정신건강 피해를 겪고 있는 것으로 나타났다. 이런 문제점 때문에 피해를 우려하는 주민들의 반대에 부딪쳐 발전시설이 건설되지 못하는 경우가 많다.

뿐만 아니라 재생에너지도 화석연료가 있어야 발전 가능하다. 재생에너지 발전에 필요한 배터리, 전지판, 배선 등은 화석연료를 이용해서 만든다. 특히 태양광 제품 생산은 이산화탄소를 다량으로 배출하기 때문에 세계 태양광 제품 생산 공장들이 이산화탄소 배출 규제기준이 높은 선진국에서 규제가 비교적 낮은 중국, 말레이시아, 대만 등으로 옮겨가는 추세다. 이러한 사실들은 신재생에너지가 환경문제를 일으키지 않는 청정에너지가 될 수 없다는 것을 보여준다.

주장 3 에너지 효율을 높이는 것이 우선이다.

2009년 1월 미국의 시사 주간지 《타임》은 불, 석유, 원자력, 신재생에너지에 이어 '에너지 절약'을 제5의 에너지로 꼽았다. 그중 제5의 에너지가 가장 중요하다고 보도했는데, 이는 새로운 에너지 개발이나 확보보다 에너지 절약이 더 강력한 효과가 있다고 본 것이다. 에너지는 쓸 때마다 전환이 일어난다. 전기에서 열이나 빛과 같은 다른 형태로 에너지 전환이 일어날수록 버려지는 에너지도 많다. 하지만 에너지를 효율적으로 사용한다면 에너지가 고갈될 걱정은 줄일 수 있다. 실제로 집 안의 열이 밖으로 새나가지 않도록 최대한 차단하는 패시브하우스는 기존 건축물과 비교해 에너지 사용량을 80% 이상 감축하는 등 그 실효성을 입증하고 있다.

특히 우리나라의 1인당 에너지 소비는 세계 17위, 총 에너지 소비량은 세계 8위에 해당한다(국제에너지 기구 IEA 2012년). 또 2013년에 1,000달러의 가치를 생산하기 위해 0.22toe의 에너지를 썼지만 아일랜드와 스위스는 0.06toe, 독일과 일본은 0.10toe를 썼다. 에너지 사용량이 많은 우리 기업과는 달리 이들은 에너지 효율을 높여 산업 경쟁력을 강화해온 것이다. 우리나라도 산업 현장과 가정에서 에너지 효율이 높은 제품을 사용하는 한편 열손실 최소화, 스마트 그리드 등을 통해 우선 에너지 효율을 높이는 것이 필요하다.

과학 토론 개요서

참가번호	소속 교육지청명	학 교	학 년	성 명

토론논제

정부는 2030년까지 재생에너지 비율을 30%까지 확대하겠다고 밝혔다. 이는 에너지 소비에 따른 각종 환경문제 발생을 줄이기 위해서 비롯된 것이다. 에너지 소비와 환경오염의 상호관계를 분석하고 '정부의 재생에너지비율 확대정책'을 실현시킬 수 있는 창의적인 방안을 제시하시오

관련 영화

〈노임팩트 맨〉 2009년, 감독 로라 가버트, 저스틴 쉐인

한 가정이 어디까지 환경에 영향을 미치지 않을 수 있는지(No Impact) 실험하는 과정을 보여주는 영화이다. 뉴욕 시에 사는 작가이자 환경운동가인 콜린 베번은 가족과 함께 1년간 지구에 나쁜 영향을 끼치지 않는 생활을 실천하기로 계획을 세운다. 전기 대신 촛불을 켜고, 커피를 끊고, 식당에 가는 대신 집 근처에서 재배한 재료로 요리한다. 그러나 시간이 갈수록 가족 간의 갈등이 생기고 곱지 않은 외부인들의 시선으로 실험에 회의가 들기 시작한다.

6개월을 넘어서면서 여러 가지 다양한 경험을 통해 콜린 베번은 재생 가능한 삶의 중요성을 깨닫고 옥상에 태양광발전을 설치하면서 이렇게 주장한다.

"환경에 영향을 미치지 않기 위해서는 무조건 소비를 줄이고 해야 할 것을 하지 않는 것이 아니라, 지속가능한 대안으로 필요한 것들을 얻는 것이 답이다. 그리고 변화가 필요할 때, 정부나 기관에서 해줄 때까지 기다릴 것이 아니라 나부터 그 변화를 시작하면 된다."

환경에 영향을 미치지 않는 생활, 누군가 해주기를 기다리지 말고 나부터 시작해보자.

바로 오늘부터.

참고도서 및 동영상

『미래를 여는 에너지』 안젤라 로이스턴 / 다섯수레

『소똥에너지 연구소』 고희정 / 주니어김영사

『세상을 바꾼 미래과학 설명서 2』 이세연 / 다른

『알기 쉬운 신재생에너지』 이충훈 / 북스힐

『에너지 대전환』 레스터 브라운 / 어문학사

『에너지 2030』 토니세바 / 교보문고

03 지구온난화

교과서 수록부분
초등 과학 3~4학년 16단원 지구의 모습
초등 과학 5~6학년 5단원 생물과 환경
중등 과학 1~3학년 18단원 대기권과 날씨

학습목표

1 온실효과와 지구온난화의 원리를 설명할 수 있다.
2 온난화로 인한 생태계 파괴 사례를 알아본다.
3 온난화를 방지하기 위해 실시하고 있는 탄소배출 거래제의 장단점에 대해 말할 수 있다.

논제 탄소배출권 거래제는 온난화를 막기 위한 합리적인 방법이다.

지구온난화는 우리 생태계에 큰 영향을 미치고 있다.

논제성립배경

★ 이야기 하나

경북 문경에서 오랫동안 사과 농사를 짓던 김모 씨(53세, 남)는 지난 2008년 강원도 양구군으로 과수원을 옮겼다. 양구군에는 김 씨 외에도 경상도에서 올라온 사람이 경영하는 과수원이 몇 군데 더 있다. 지구온난화로 날씨가 더워지면서 경상도에서는 사과 재배가 점점 힘들어졌기 때문이다.

사과하면 예전에는 대구를 떠올렸다. 사과 수확량이 전국 80%에 달했고 지역 대표 특산물인 사과를 홍보하기 위해 '대구 능금아가씨 선발대회'도 열렸다. 하지만 사과는 여름철 평균 기온이 26도를 넘지 않아야 하고 성숙기 일교차가 10도 이상 돼야 잘 자라는 냉대성 과일이라 온난화로 기온이 높아지면서 대구 사과는 옛말이 됐다. 사과 재배지는 대구에서 경북 북부 지방으로, 최근에는 강원도까지 북상하고 있는 추세다.

★ 이야기 둘

경남 김해시에 사는 주부 최모 씨(42세, 여)는 얼마 전 시청 환경과에서 1만 원을 입금 받았다. 최씨가 6개월 전 신청했던 탄소포인트제가 입금된 것이다. 탄소포인트제란 전기절약 활동으로 감축된 온실가스를 포인트로 환산해 지급하는 온실가스 감축 프로그램이다. 기준 사용량은 산정 기간 시점부터 과거 2년간 월 사용량 평균값으로, 5% 이상 10% 미만 감축하면 5,000포인트가 쌓이고 10% 이상 감축하게 되면 1만 포인트가 쌓여 6개월마다 현금, 상품권 등으로 지급받을 수 있다. 신청은 탄소포인트제 홈페이지(www.cpoint.or.kr)나 시청 환경과로 하면 된다.

형광등을 LED등으로 바꾸고, 쓰지 않던 코드를 뽑고, 냉장고의 냉장실 온도를 영상 4도에서 영상 5도로, 냉동실 온도를 영하 20도에서 영하 17도로 높이는 것 외에는 별다른 노력은 하지 않았는데 포인트를 받았다는 사실에 최 씨는 흐뭇하다. 돈은 얼마 안 되지만 지구를 살리는 데 도움이 됐다는 자부심 때문이다.

녹아내리는 북극의 얼음 때문에 갈 곳을 잃은 북극곰들, 높아지는 해수면 때문에 삶의 터전을 잃어버린 섬 주민들, 더운 날씨로 인해 기승을 부리는 감염병. 모두 온난화 때문에 생긴 일들이다. 우리와는 상관없는 먼 나라 일이라고 무시할 수만도 없다. 우리나라도 온난화로 인한 변화가 곳곳에서 느껴지고 있기 때문이다. 더 늦기 전에 온난화의 원인과 그 해결 방안은 무엇인지, 내가 실천할 수 있는 방법은 무엇인지 고민이 필요한 때다.

초등 저학년 추천도서

『북극곰 윈스턴, 지구온난화에 맞서다!』 진 데이비스 오키모토 / 한울림

북극곰 윈스턴과 그 친구들이 지구온난화 때문에 겪게 되는 문제를 그린 환경 그림책이다. 지구온난화라는 다소 무거운 주제를 다루고 있지만 동물들의 시각에서 재미있고 유쾌하게 풀어내고 있다.

단순한 이야기만 들려주는 것이 아니라 지구온난화에 대한 과학적 원리와 정보를 아이들 눈높이에 맞추어 설명하고 있다. 또 지구온난화를 줄이기 위해 아이들이 실천할 수 있는 수칙 28가지를 설명해주면서 왜 지구를 지켜야 하는지도 다시 한 번 생각하는 시간을 마련해준다.

초등 중학년 추천도서

『지구온난화와 탄소배출권』 스토리베리 / 뭉치

지구온난화 문제를 해결하기 위해 세계 각국은 기후변화협약을 체결했다. 우리나라 역시 세계적인 추세에 발맞춰 2015년부터 탄소배출권 거래제도를 시행하고 있다. 하지만 탄소배출권이 어떤 제도인지 아직 시행 초기라 제대로 모르는 사람들이 많다.

이 책의 주인공 세강이는 과학 선생님이 숙제로 내주신 탄소배출권을 조사하면서 이산화탄소가 인간의 삶을 위협하고 병들게 한다는 사실을 알게 된다. 지구온난화가 얼마나 지구에 심각한 영향을 끼치는지 그 심각성과 에너지 절약의 필요성을 이해하고, 탄소배출을 줄이는 저탄소 녹색 생활을 실천할 수 있는 쉽고 다양한 방법들을 알려준다.

초등 고학년 추천도서

『킬링이 들려주는 지구온난화 이야기』 임성만 / 자음과모음

킬링은 1958년부터 2005년 사망할 때까지 하와이의 마우나로아 관측소에서 대기 중 이산화탄소 농도를 측정하여 인간에 의해 발생된 온실효과와 지구온난화를 최초로 경고한 과학자이다. 그가 측정한 이산화탄소 곡선은 킬링곡선이라 불리며 온실효과의 상징이 되었다.
이 책의 주인공 킬링은 지구온난화에 대해서 아이들에게 쉽고 재미있게 이야기 하고 있다. 자연발생적인 온실효과는 인간이 지구에서 살기 적당한 온도를 유지해주지만, 인간의 화석연료 사용으로 인해 생긴 온실가스는 이상 기후 등 심각한 환경문제를 유발한다. 기후 현상의 원인은 물론 그로 인한 문제점을 함께 고민해보고 대안까지 제시하고 있는 이 책을 읽고 지금 당장 우리가 해야 할 일이 무엇인지 찾아서 실천하는 노력이 무엇보다 필요하다.

중고등 추천도서

『탄소전쟁』 박호정 / 미지북스

기후 문제에 대해 환경적 측면뿐만 아니라 경제학적 관점에서 이해하고 평가할 수 있도록 자세히 설명하는 책이다. 탄소배출권이 바로 환경문제를 시장경제로 풀어보려는 노력의 일환으로 만들어진 제도이기 때문이다.
기후변화에 관해 막연한 우려나 부정의 차원을 넘어서 왜 변화에 적극적으로 나서야 하는지 상세하게 알려주고 있다. 저자는 그 첫걸음으로 '탄소 가격의 현실화'가 이루어져야 하며, 시장 원리로 작동하는 탄소배출권 거래제가 안착되어야 한다고 말한다.

• **용어 사전**

지구온난화 : 지구 표면의 평균온도가 상승하는 현상. 생태계 파괴, 빙하의 해빙, 해수면 상승, 이상기후 등의 문제를 발생시킨다.

온실효과 : 지구에 도달한 태양 에너지는 반사되어 다시 우주로 방출된다. 이때 전부 반사되는 것이 아니라 지구를 둘러싼 대기권의 온실가스층에 의해 일부는 흡수되거나 다시 지표로 되돌려 보내지기 때문에 지구 온도가 일정하게 유지된다.

태양복사 에너지 100%	흡수 70%	구름 흡수 3%
		대기 흡수 16%
		지구표면 흡수 51%
	반사 30%	구름 반사 20%
		대기 반사 6%
		지구표면 반사 4%

지구 대기의 구성 : 질소 78%, 산소 21%, 기타 1%(그중 온실가스는 0.1%).

온실가스 : 적외선을 잘 흡수하여 대기 온도를 증가시키는 기체. 자연적인 온실가스는 지구 온도를 일정하게 유지하는 역할을 하지만 급격히 증가한 온실가스는 기후변화를 초래한다. 온실효과를 일으키는 6대 온실가스는 이산화탄소, 메탄, 아산화질소, 수소불화탄소, 과불화탄소, 육불화황이다. 온실가스에 수증기도 포함되어 있지만 많아지면 비가 되어 없어지기 때문에 문제 되지 않는다.

6대 온실가스	이산화탄소 (CO_2)	메탄 (CH_4)	아산화질소 (N_2O)	수소불화탄소 (HFCs)	과불화탄소 (PFCs)	육불화황 (SF_6)
주요 배출원	석탄 및 석유연소	음식물 쓰레기 부패 등 유기물 분해	석탄, 질소비료 폐기물 소각	냉매	세정제	절연제
지구온난화 지수(GWP)	1	21	310	1,300~23,900		

온실효과 기여도(%)	55	15	6	24
대기체류기간 (년)	50~200	20	120	65~130
국내총배출량 (%)	88.6	4.8	2.8	3.8

참고 자료 : 한국환경산업기술원

온실가스 특징 : 대기 중에 머무는 시간이 길기 때문에 재고처럼 쌓인다는 뜻의 스톡stock 물질이라고도 불린다. 대기오염 물질인 아황산가스나 이산화질소는 3~5일 후면 없어지기 때문에 배출 지역 인근에만 영향을 끼치지만 온실가스는 오랜 기간 돌아다니기 때문에 배출을 줄이면 효과는 전 지구적으로 나타난다.

소방귀세 : 소는 소화 과정에서 미생물이 작용해 탄소와 수소를 발생시키고, 그 결합체인 메탄이 만들어져 방귀와 트림 형태로 배출된다. 유엔 보고서에 따르면 소가 트림할 때 나오는 메탄이 전 세계 온실가스의 18%에 이르며 소 한 마리가 한 해 동안 내보내는 온실가스 배출량은 자동차 한 대가 1년 동안 배출하는 양과 맞먹는다고 한다. 메탄은 이산화탄소보다 온난화 지수가 21배나 높기 때문에 에스토니아에서는 2009년부터 소방귀세를 도입했고, 덴마크, 뉴질랜드 등에서도 도입을 추진하고 있다.

지구온난화의 원인

① **자연주기설** : 주기별로 변하는 지구 공전궤도, 지구 자전축의 경사도, 지구의 세차운동 등의 상호작용에 따라 지구에 유입되는 태양에너지의 변화에 따라 지구온난화가 발생했다는 주장.

② **온실효과설** : 산업혁명 이후 급격히 늘어난 화석연료 사용과 농업 발전으로 인한 산림 파괴에 따른 온실가스의 증가로 지구온난화가 발생했다는

주장.

세차운동 : 천체의 자전축이 팽이처럼 회전하는 현상. 현재 자전축은 북극성을 바라보고 있지만 세차 운동에 따라 북극 위치가 변하게 된다.

이상기후 : 기온이나 강수량 등이 일반적인 기후 현상에서 벗어난 상태. 폭설, 폭우, 가뭄, 저온 및 고온현상 등이 이에 속한다.

한반도의 온난화 피해 : 지구온난화로 우리나라 식생지도와 수산물지도가 온대에서 아열대로 변경되고 있다. 한반도 인근 해역의 표면 수온은 1968년부터 2010년까지 1.29도 상승했다. 이는 100년간 세계 바다 수온 변화 0.5도보다 2.5배 높은 수치이다.

킬링곡선 : 미국 과학자 찰스 킬링이 1958년부터 사망할 때까지 하와이 마우나로아 화산 중턱에서 이산화탄소 농도를 측정해 그래프로 표시한 것으로 온난화의 상징으로 알려져 있다. 처음 측정할 당시 315ppm이었던 농도는 해마다 증가해 2015년에는 400ppm을 돌파했다.

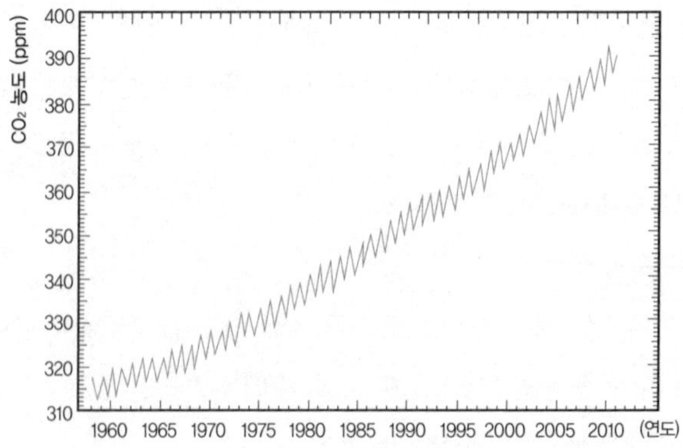

빙하기 : 지구의 기온이 오랜 시간 동안 하강하여 남북 양극과 대륙, 산 위의 얼음 층이 확장되는 시기를 의미한다.

간빙기 : 빙하기와 빙하기 사이에 빙하기보다 온화한 시기.

연간 이산화탄소 배출량 : 20세기 초 5억 톤 정도이던 연간 지구를 이산화탄소 배출량은 1970년에는 70억 톤, 2005년에는 약 210억 톤을 기록했다. 국제기구인 글로벌 탄소 프로젝트(GCP)의 '2017년 글로벌 탄소 예산 보고서'에 따르면 2017년 예상 이산화탄소 배출량은 410억 톤이며 이 가운데 화석 연료에서 발생하는 이산화탄소는 370억 톤에 달할 것으로 추정된다.

탄소주기 : 식물은 광합성을 통해 대기 중 이산화탄소를 흡수하여 유기물로 만들고 땅속에 묻힌 생물은 화석연료로 바뀌며, 바닷물은 이산화탄소를 흡수했다가 다시 내보낸다. 이처럼 자연계에서 탄소가 여러 형태로 순환하는 것을 탄소주기라고 한다.

우리나라 이산화탄소 배출량 : IEA(세계 에너지 기구)는 매년 136개국에 대해 연료 연소에 의한 이산화탄소 배출량 순위를 공개한다. 우리나라의 이산화탄소 배출량 순위는 2008년에는 10위, 2009년 9위, 2013년에는 세계 7위를 차지했다.

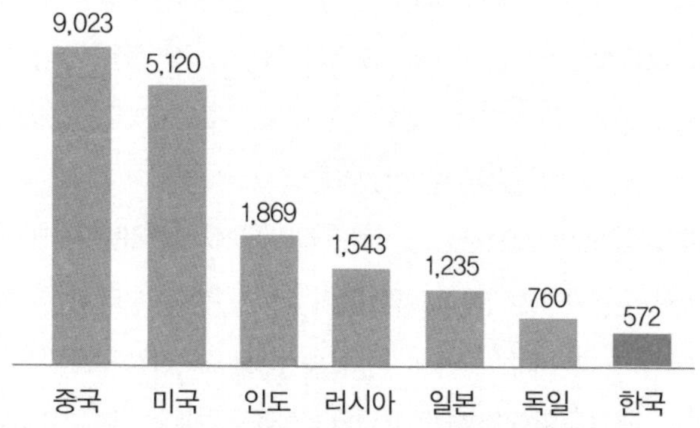

IEA 2015(연료 연소에 의한 CO_2) / 단위: 백만톤 CO_2

참고 자료: 온실가스종합정보센터

우리나라 이산화탄소 배출량 증가율 : 연 평균 3.9%로 OECD 국가 중 1위.

IPCC Intergovernmental Panel on Climate Change(**기후변화에 관한 정부 간 협의체**) : 전 세계 195개국 기후변화 관련 전문가가 모여 기후변화 분야의 정보를 제공하고자 만든 기구로 1988년 설립됐다. 기후변화와 관련된 세계 각국의 정보를 모아 5, 6년을 주기로 평가보고서를 발표한다. 2007년 IPCC는 기후문제 해결에 기여한 공로를 인정받아 미국의 앨 고어와 노벨 평화상을 공동 수상했다.

지구온난화 방지를 위한 기후변화 협약 진행과정

① **유엔기후변화 협약**UMFCCC : 지구온난화로 인한 이상 기후 발생을 막기 위해 1992년 6월 브라질의 리우 환경 회의에서 채택했다. 회의 참가국 178개국 중 154개국이 서명했으며 온실가스 배출에 선진국들이 더 많은 책임을 지는 것을 원칙으로 정했다. 우리나라는 1993년 12월 47번째로 가입했다.

② **교토의정서** : 1997년 12월 일본의 교토에서 열린 제3차 기후변화협약총회에서 채택된 의정서로 강제성이 없는 유엔기후변화협약과는 달리 의무적으로 국가별 이산화탄소 배출량을 정했다. 우리나라는 당시 개발도상국으로 분류되어 의무대상국에서 제외됐다. 시장 원리를 적용한 온실가스 감축제도를 도입했다는 의의가 있으나 온실가스 배출량 1, 2위인 중국(26%)과 미국(16%)이 탈퇴해 실효성을 의심받았다.

③ **파리 기후협약** : 2015년 12월 프랑스 파리 유엔기후변화협약 당사국 총회에서 195개 국가가 참가해 교토의정서가 끝나는 2020년부터 선진국과 개발도상국 구분 없이 모든 참여 국가가 온실가스를 감축하기로 결정했다. 그러나 2017년 8월 트럼프 대통령이 미국의 탈퇴를 선언해 논란이 되고 있다.

교토의정서에 따른 탄소배출권의 유형

① **탄소배출권 거래제** : 온실가스 배출 권리를 사고팔 수 있도록 한 제도이다. 기업이나 국가 별로 탄소배출량을 정해둔 다음, 탄소를 줄인 만큼 판매하거나 초과 배출한 만큼 구입한다. 우리나라의 경우 2015년부터 탄소배출권 거래제를 진행하고 있으며 그 외 유럽연합(EU), 캐나다, 일본, 러시아 등 32개국에서 시행하고 있다.

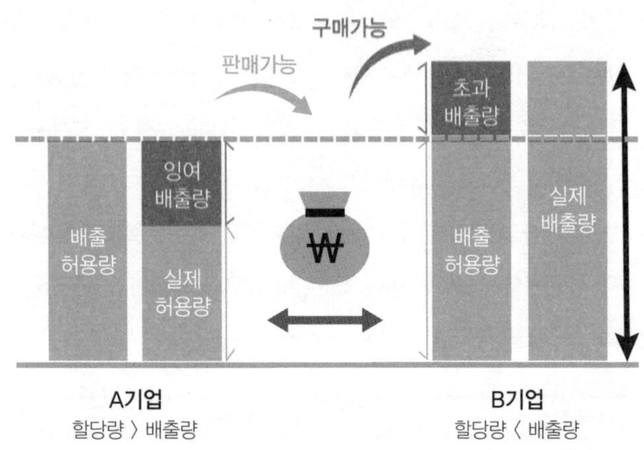

참고 자료: 한국산업환경기술원

② **청정개발체재**CDM : 선진국이 개발도상국의 온실가스 배출량을 줄이도록 도와주면 그 감축분을 선진국에게 인정해주는 제도.

③ **공동이행제도** : 선진국가들 사이에서 온실가스 감축사업을 공동으로 수행하는 것을 인정해주는 제도.

우리나라 탄소배출 감축 목표량 : 우리나라는 교토의정서 체결 당시 온실가스 감축 의무가 없었지만 자발적으로 목표량을 설정했다. 2020년 한 해 온실가스 예상 배출량 8억 1300만 톤에서 30%를 줄인 5만 6900만 톤이 목표다.

BAU(배출전망치) : 온실가스를 줄이기 위한 특별한 조치를 취하지 않을 경우 배출이 예상되는 온실가스의 총량.

탄소배출권 산업별 할당량 : 우리나라는 발전 에너지 분야, 철강과 석유 화학 순으로 할당량을 받았으며 탄소배출권 거래제에 참여하는 기업은 2018년 기준 591곳이다. 할당 기준은 사업장 기준으로 연간 2만 5,000톤 이상 또는 기업 기준 연간 12만 5,000톤 이상 온실가스를 배출하는 곳이다.

기후 난민 : 지구온난화로 가뭄, 홍수, 폭설, 태풍 등 전 세계적으로 기후변화로 인한 자연재해가 점점 심각해지는데 이로 인해 피해를 보는 사람들을 기후난민이라고 한다. 해수면 상승으로 국토가 물에 잠기게 된 투발루는 2013년 국가 위기를 선포하고 기후 난민이 되는 길을 선택했다.

탄소발자국 : 동물들이 걸을 때 땅에 발자국을 남기는 것처럼 일상생활에서 만들어내는 온실가스(특히 이산화탄소)를 양으로 표시한 것. 숫자가 클수록 이산화탄소 배출량이 많다는 뜻이다.

탄소무게	종류
10g 미만	문자 메시지 1건, 수돗물 1ℓ, 손 말리기, 비닐봉지, 문 여닫기 등
10g~100g	종이쇼핑백, 셔츠 1벌 다림질, 물 1ℓ 끓이기, TV 시청 1시간 등
100g~1kg	커피 1잔, 신문 1부, 생수 1통, 기차 · 버스로 1마일 이동, 쓰레기 1㎏, 설거지 등
1kg~10kg	책 1권, 플라스틱 1㎏, 세탁기 돌리기, 휘발유 1ℓ, 바지 1벌, 전등 켜기 등
10kg~100kg	신발 1켤레, 혼잡 시 자동차 통근, 카펫, 휴대전화 사용 등
100kg~1t	단열공사, 목걸이, 컴퓨터 1대 등
1t~100t	태양광전판, 비료 1톤, 자동차 사고, 새 자동차 1대, 집 1채 등
100t~100만t	공공수영장, 삼림벌채, 우주왕복선 비행 1번 등
100만t 이상	화산, 월드컵, 산불, 전쟁 등

참고 자료 : 『거의 모든 것의 탄소 발자국』(도요새)

푸드 마일리지 : 식품 수송량에 생산지에서 소비자까지의 수송거리를 곱한 것으로 식품 수송으로 발생하는 환경 부담 정도를 수치로 나타낸 것. 푸드 마일리지가 적을수록 탄소배출이 적다.

토론가능논제

1 지구온난화의 주범은 이산화탄소이다.
2 소방귀세를 부과해야 한다.
3 이산화탄소 저감을 위해 차량 2부제를 의무화해야 한다.
4 지구의 기후를 낮추기 위해 도심 옥상정원을 늘려야 한다.

관련 과학자

스반테 아레니우스

Svante Arrhenius, 1859~1927, 스웨덴

아레니우스는 이산화탄소와 지구온난화의 관계를 최초로 밝힌 과학자이다. 1903년에 노벨 화학상을 수상한 스웨덴의 화학자·물리학자로 1896년 온실효과를 과학적인 방법으로 설명했다. 스톡홀름 물리학회에 기고한 논문에서 아레니우스는 "이산화탄소의 농도가 2배가 되면 지구 온도는 5~6도 올라간다"고 발표했다. 직접 손으로 계산한 이 수치는 현대의 연구 결과와 다소 차이가 있지만 이산화탄소와 기온의 상관관계를 밝힌 것은 변변한 실험 기구도 없던 당시 상황을 생각해보면 대단한 일이다. 아레니우스는 "인간이 이산화탄소를 배출해 지구의 온도가 올라가면 빙하기의 도래를 막을 수 있다"며 온실가스를 긍정적으로 평가했다.

아레니우스의 주장은 이산화탄소가 증가한다 해도 바다가 흡수할 것이라고 생각했던 당시 과학자들에게 받아들여지지는 않았다. 그러나 제2차 세계대전 이후 이산화탄소가 지표면보다 구름 위의 높은 대기에서 온실효과를 더 발휘하고, 바다가 예상보다 적은 양의 이산화탄소만을 흡수한다는 사실이 밝혀지면서 이산화탄소의 문제점이 알려지게 되었다.

마인드 맵

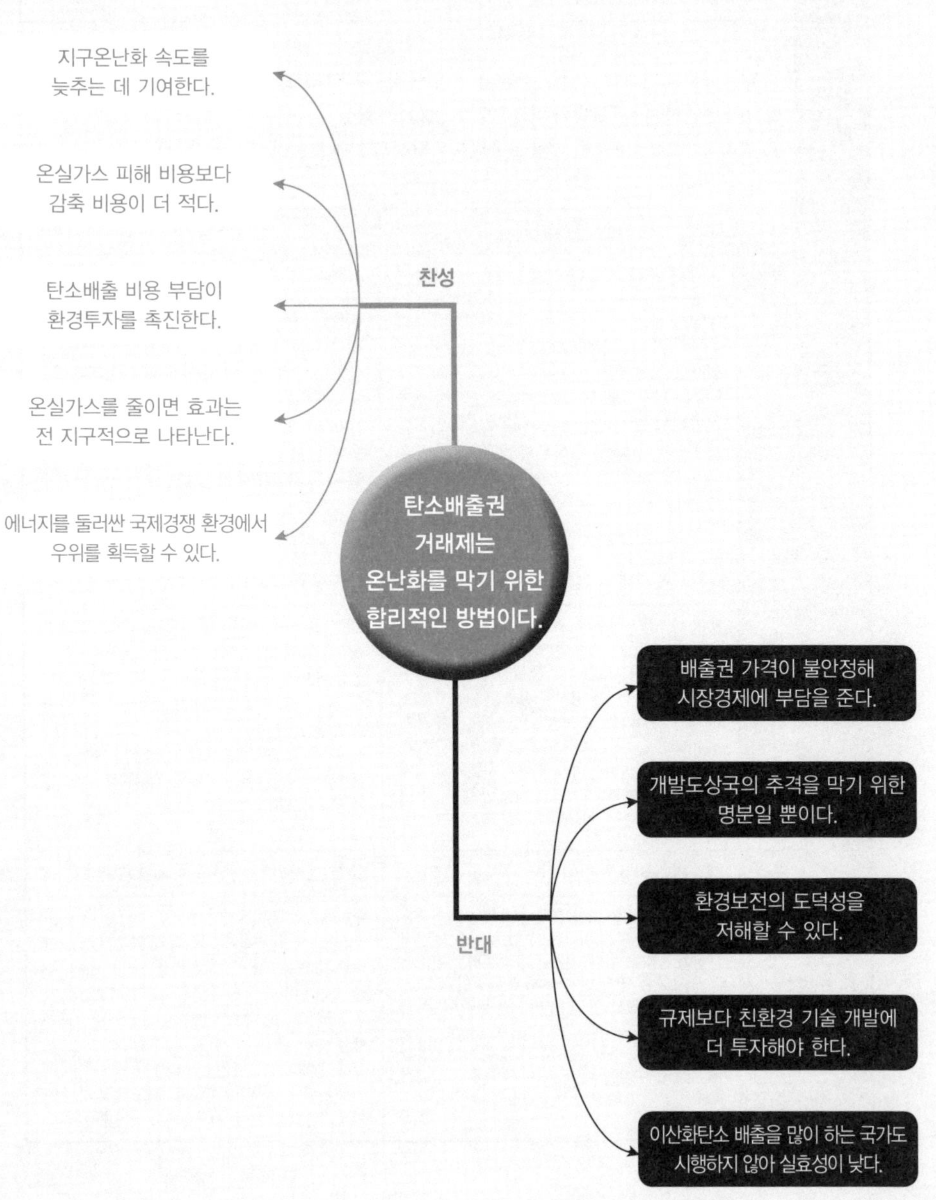
지구온난화 속도를
늦추는 데 기여한다.
온실가스 피해 비용보다
감축 비용이 더 적다.
탄소배출 비용 부담이
환경투자를 촉진한다.
온실가스를 줄이면 효과는
전 지구적으로 나타난다.
에너지를 둘러싼 국제경쟁 환경에서
우위를 획득할 수 있다.
찬성
탄소배출권
거래제는
온난화를 막기 위한
합리적인 방법이다.
반대
배출권 가격이 불안정해
시장경제에 부담을 준다.
개발도상국의 추격을 막기 위한
명분일 뿐이다.
환경보전의 도덕성을
저해할 수 있다.
규제보다 친환경 기술 개발에
더 투자해야 한다.
이산화탄소 배출을 많이 하는 국가도
시행하지 않아 실효성이 낮다.

토론 요약서

논 제	탄소배출권 거래제는 온난화를 막기 위한 합리적인 방법이다.
용어 정의	1) 탄소배출권 거래제 : 온실가스 배출 권리를 사고팔 수 있도록 한 제도. 2) 지구온난화 : 지구 표면의 평균온도가 상승하는 현상. 3) 합리적 : 설정된 목적을 가장 효율적으로 달성하는 데 도움이 되는 생각.

		찬성측	반대측
주장 1	주장	지구온난화 속도를 늦추는 데 기여한다.	배출권 가격이 불안정해 시장경제에 부담을 준다.
	근거	IPCC는 지구 기온 상승의 가장 직접적인 원인은 온실가스 증가이며 그 속도가 가속화되고 있다고 경고하고 있다. 지구온난화의 속도를 늦추는 방법으로 탄소배출거래제는 가장 효과적인 방법 중 하나이다. 2005년 세계 최초로 탄소배출권 거래제를 실시한 유럽연합의 경우 온실가스를 2020년까지 1990년 대비 20% 감축하겠다는 목표를 2013년에 달성했다.	배출권 가격은 일부 대규모 배출자의 영향을 많이 받는다. 때문에 탄소배출 상위국가들은 산업 경쟁력 저하를 우려해 배출권 거래제를 도입하지 않고 있다. 게다가 유럽연합은 1만 2,000여 개의 사업장이 거래제 대상인데 비해 우리나라는 약 500여 개에 불과해 거래제 도입 이후 거래량이 적고 배출권 가격도 빠르게 상승하는 등 불안정한 모습을 보이고 있다.
주장 2	주장	온실가스 피해 비용보다 감축 비용이 더 적다.	개발도상국의 추격을 막기 위한 명분에 불과하다.
	근거	2006년 영국 정부의 수석 경제학자 니콜러스 스턴의 보고서에 따르면 지구온난화를 막기 위한 비용은 전 세계 국내 총생산(GDP)의 1%에 불과하지만 이를 방치할 경우 그 비용이 20%에 달할 것이라고 경고했다. 이는 제1, 2차 세계대전 비용을 넘는 9조 6000억 달러 수준이다. 2012년 우리나라에서 발표한 기후변화의 경제분석 보고서에서도 2100년까지 온난화 피해 비용이 2800조 원에 이를 것이라고 발표했다.	개발도상국에서는 산업화가 진행 중이며 배출하는 이산화탄소의 상당량은 선진국으로 수출하는 상품·서비스 생산 과정에서 나온다. 그러다 보니 선진국에서는 저탄소 정책을 시행하기가 상대적으로 쉽다. 선진국들 입장에서는 개발도상국들의 추격을 명분 있게 막을 수 있는 방법이 이산화탄소 배출 규제 정책인 것이다.
주장 3	주장	탄소배출 비용 부담이 환경 투자를 촉진한다.	환경 보전의 도덕성을 저해할 수 있다.
	근거	탄소배출 비용을 많이 부담해야 하는 기업들은 온실가스 배출량을 줄일 수 있는 기술 개발에 관심을 돌리고 있다. 실제로 유럽에서는 탄소배출권 거래제 시행 5년 후 저탄소 기술의 특허 건수가 2배 늘었고 영국 저탄소 산업은 연 4%씩 성장했다. 게다가 대부분 탄소배출권 거래제 시행국가들은 배출권 수입을 신재생에너지 개발과 에너지 효율을 높이는 환경 투자에 활용하고 있다.	탄소배출권 거래제가 시행되면 기업은 탄소 비용을 계산해 온실가스를 직접 감축하는 것이 나은지, 탄소 비용을 내고 온실가스를 배출하는 게 나은지 하나를 선택한다. 이는 환경보전에 대한 도덕성을 무시한 채 자연을 상품으로만 보는 행동이다. 그래서 마이클 샌델은 탄소배출권 거래제는 '면죄부'처럼 돈을 내면 탄소를 내도 무방하다는 의식의 변화를 가져올 수 있다고 비판했다.

찬성측 입론서

• 논의 배경

탄소배출권 거래제는 1997년 교토의정서에서 합의한 후 2015년에 우리나라에 도입되었다. 지구온난화로 인한 각종 환경문제들이 계속 발생하면서 온난화의 주범인 이산화탄소 배출을 줄이기 위한 노력은 우리나라뿐만 아니라 전 세계적으로 강화되고 있다. 하지만 산업 발전에 걸림돌이 되고 있다는 산업계의 반대도 만만치 않다. 이러한 분위기 속에 우리나라에서는 2017년 탄소배출권 도입 1기를 마치고 2018년 2기를 출범했다. 이러한 시점에서 탄소배출권 거래제의 필요성에 대해 다시 한 번 생각해보고자 한다.

• 용어 정의

1_ **탄소배출권 거래제** 온실가스 배출 권리를 사고팔 수 있도록 한 제도.

2_ **지구온난화** 지구 표면의 평균온도가 상승하는 현상.

3_ **합리적** 설정된 목적을 가장 효율적으로 달성하는 데 도움이 되는 생각.

주장 1 지구온난화 속도를 늦추는 데 기여한다.

IPCC(기후변화에 관한 정부 간 협의체)는 금세기 말 무렵이면 지구 온도가 산업화 이전보다 1.5~4.5도 상승할 것이라고 경고한다. 온난화로 인해 급격한 해양 산성화, 폭염·집중호우 등 이상기후 현상과 각종 생태계 피해가 전 세계 곳곳에서 나타나고 있다.

이 같은 지구온난화의 가장 큰 원인은 온실가스로 꼽힌다. IPCC의 가장 최근 보고서인 제5차 종합보고서(총 7년간 2,500여 명 과학자 참여)에 따르면, 지난 2000년부터 10년간 세계의 온실가스 배출량을 관측한 결과 연평균 2.2%가 증가했으며 이 중 이산화탄소가 배출량 증가의 78% 이상을 차지한 것으로 관측됐다. 1970년부터 30년간 배출량이 1.3% 증가한 것에 비하면 10년 만에 2배 가까운 수치가 증가한 것이다.

이에 따라 이산화탄소를 줄이기 위한 노력을 기울이고 있으며, 그중 대표적인 것이 탄소배출권 거래제다. 온실가스에 가격을 매긴다는 아이디어에서 출발한 탄소배출권 거래제를 통해 많은 국가들은 온실가스를 줄이고 지구온난화 속도를 늦추는 데 기여하고 있다. 2005년 세계 최초로 탄소배출권 거래제를 실시한 유럽연합의 경우 온실가스를 2020년까지 1990년 대비 20% 감축하겠다는 목표를 7년이나 앞당겨 2013년에 달성했다.

주장 2 온실가스 감축 비용이 기후변화로 인한 피해비용보다 적다.

2016년 11월 모로코 마라케시에서 개최된 '제22차 유엔기후변화협약총회'에서는 지구온난화에 따른 해양산성화와 해수면 상승 등으로 인해 세계 경제가 입은 피해는 연간 약 500억 달러(약 58조 원)에 달한다고 발표했다. 2006년 영국 정부의 수석 경제학자 니콜러스 스턴이 지구온난화에 대해 작성한 스턴보고서에 따르면 지구온난화를 막기 위한 비용은 전 세계 국내 총생산(GDP)의 1%에 불과하지만 이를 방치할 경우 그 비용이 20%에 달할 것이라고 경고한다. 이는 제1, 2차 세계대전 비용을 넘는 9조 6000억 달러 수준이라고 스턴보고서는 예측하고 있다. 2012년 우리나라에서 발표한 '기후변화 경제분석 보고서(환경부, 한국환경정책평가연구원)'에서도 2100년까지 온난화 피해 비용이 2800조 원에 이를 것이라고 발표했다.

지구온난화를 막기 위해 탄소를 줄이는 가장 효과적인 방법 중 하나가 탄소배출 거래제이다. 지구온난화는 과장됐다는 주장도 있지만 문제가 발생하지 않더라도 탄소배출 거래제를 통해 에너지 효율을 높이고 이산화탄소를 줄여나간다면 지구 환경에 긍정적으로 작용할 것이다. 하지만 제대로 대응하지 않다가 심각한 기후변화가 발생하면 그 피해 비용은 천문학적 규모가 될 수 있다.

주장 3 탄소배출 비용 부담이 환경 투자를 촉진한다.

탄소배출권 거래제는 온실가스를 배출하는 기업이 책임을 지고 비용을 부담하는 제도이다. 하지만 적절한 탄소 가격을 실현하면 비용을 들여 온실가스를 감축하는 만큼의 혜택도 동시에 주어진다. 그래서 탄소배출 비용을 많이 부담해야 하는 기업들은 탄소배출로 인해 지출되는 비용을 줄이기 위해 탄소배출을 줄이려고 노력하고 있으며 이것은 기술의 발전으로 이어지고 있다. 실제로 유럽에서는 탄소배출권 거래제 시행 5년 후 저탄소 기술의 특허 건수가 2배 늘었고, 영국은 다른 산업의 침체에도 저탄소 산업은 연 4%씩 성장했다.

게다가 대부분의 탄소배출권 거래제 시행국가들도 배출권 수입을 신재생에너지나 에너지 효율을 높이는 환경투자에 활용하고 있다. 유럽연합EU은 2013년 배출권 경매를 통해 거둔 48억 달러 가운데 80% 이상을 신재생에너지나 친환경투자에 사용했으며, 우리나라 역시 친환경 투자에 나선 기업에게는 탄소배출권 할당 시 인센티브를 줌으로써 환경 투자를 촉진하도록 하고 있다.

◑ 반대측 입론서

• 논의 배경

1997년 지구온난화 문제 해결을 위해 국제사회가 모여 체결한 교토의정서에서는 '공통의 그러나 능력에 따라 차별화'라는 원칙에 따라 선진국에 온실가스 감축 의무를 부여했고, 그 일환으로 '탄소배출권 거래제'를 도입했다. 우리나라는 반드시 온실가스 배출량을 줄여야 하는 의무감축국은 아니지만, 2020년 배출전망치의 30%를 감축하겠다는 목표를 국제사회에 공언하고 2015년부터 탄소배출권 거래제를 시행하고 있다. 현재 세계적으로 실시되고 있는 탄소배출권 거래제는 이산화탄소를 줄여야 한다는 찬성 의견과 산업 발전에 도움이 되지 않는다는 반대 의견이 맞서고 있는 상황이다. 이런 현실에서 탄소배출 거래제가 지구온난화 해결을 위해 과연 합리적인 방법인지 이번 토론에서 논의하고자 한다.

• 용어 정의

1_ **탄소배출권 거래제** 온실가스 배출 권리를 사고팔 수 있도록 한 제도.

2_ **지구온난화** 지구 표면의 평균온도가 상승하는 현상.

3_ **합리적** 설정된 목적을 가장 효율적으로 달성하는 데 도움이 되는 생각.

주장 1 배출권 가격이 불안정해 시장경제에 부담을 준다.

기업 규모에 따라 이산화탄소 배출량 차이가 크기 때문에 배출권 가격은 일부 대규모 배출자의 행동에 많은 영향을 받는다. 때문에 온실가스 배출 상위국가인 중국, 미국, 인도, 일본 등은 불안정한 가격으로 인한 산업 경쟁력 저하를 우려하여 탄소배출권 거래제를 도입하지 않고 있다.

우리보다 먼저 실시하고 있는 유럽연합은 1만 2,000여 개의 사업장이 배출권 거래제 대상인데 비해 우리나라의 거래 기업은 약 500여 개 업체에 불과해 거래제 도입 이후 거래량이 매우 적고 배출권 가격도 빠르게 상승하는 등 계속 불안정한 모습을 보였다. 이에 따라 2017년 11월 국내 화학·발전·철강·시멘트 업종 21개 업체는 '온실가스 배출권시장 문제점 개선 건의'라는 공동건의문을 발표하고 탄소배출권 가격이 급등하면서 수급이 불균형해지자 "정부가 가격안정화를 위해 나서달라'"고 촉구했다. 본격적인 거래가 시작된 2016년 6월 말 배출권 가격이 1만 6,600원에 머물렀던 것에 비해 2017년 11월에는 2만 8,000원까지 올랐다. 2018년 2차 계획기간을 앞두고 탄소배출권 할당 불확실성, 향후 규제강화 정책 및 가격상승 예상, 탄소배출권 부족 등을 이유로 탄소배출권이 남는 기업들이 탄소배출권을 팔지 않았기 때문이다. 부족한 탄소

배출권을 시장에서 구매하지 못하면 과징금을 내야 하기 때문에 탄소배출권 가격 급등은 당장 기업의 수익에 악영향을 끼쳐 기업 부담을 높이고 장기적으로는 시장경제에 부담을 준다.

주장 2 개발도상국의 추격을 막기 위한 명분에 불과하다.

현재 산업화가 진행 중인 개발도상국에서 비해 선진국들은 산업화가 이미 완성되어 저탄소 정책을 시행하기가 상대적으로 쉽다. 또 선진국 기업들은 자국의 비싼 임금과 임대료 때문에 공장을 개발도상국으로 옮기는 경우가 많다. 따라서 탄소배출권 거래제로 이산화탄소 배출 비용이 발생하면 환경 규제가 느슨하고 탄소 배출 비용을 내지 않는 개발도상국가로 이전하는 선진국 기업들이 더 늘어날 것이다.

IPCC도 제5차 기후변화평가보고서에서 "'개발도상국에서 배출하는 이산화탄소의 상당량이 선진국으로 수출하는 상품·서비스 생산 과정에서 배출되며, 개발도상국에서의 수입 수요 때문에 선진국에서 배출되는 이산화탄소는 이보다 적다"고 밝혔다. 이러한 현실에서 화석연료 사용량을 더 이상 증가시킬 필요가 없는 선진국들 입장에서는 환경보호라는 명분을 앞세워 개발도상국들의 발전을 막을 수 있는 방법이 탄소배출 거래제와 같은 이산화탄소 배출 규제 정책인 것이다.

주장 3 환경보전의 도덕성을 저해할 수 있다.

탄소배출권 거래제가 시행되면 기업은 탄소비용을 계산해 온실가스를 직접 감축하는 것이 나은지, 탄소비용을 내고 온실가스를 배출하는 게 나은지 판단한 뒤 하나를 선택하게 된다. 이는 환경보전에 대한 도덕성을 무시한 채 자연을 상품으로만 보는 행동이다.

때문에 『정의란 무엇인가』의 저자 마이클 샌델은 돈으로 오염물질의 배출 권리를 사고파는 탄소배출권 거래제는 환경보전의 도덕성을 저해할 수 있기 때문에 바람직하지 않다고 주장했다. 샌델은 2012년 발표한 그의 저서 『돈으로 살 수 없는 것』에서 지구온난화 방지를 위해 도입한 탄소배출권 거래제를 과거 '면죄부'처럼 돈으로 사면 안 되는 가치의 대표적 사례로 꼽았다. "환경을 오염시키는 행동을 하고도 경제적인 보상을 했다고 죄책감을 느끼지 않는 것은 돈으로 죄를 사하는 면죄부와 비슷하다"며 탄소배출권 거래제는 돈을 내면 이산화탄소를 배출해도 괜찮다는 의식의 변화를 가져올 수 있다고 경고했다. 이는 지구환경을 위해 탄소배출을 감축해야 한다는 본래 취지에서 벗어난다.

과학 토론 개요서

참가번호	소속 교육지청명	학 교	학 년	성명

토론논제

산업혁명 이후 급격히 증가한 이산화탄소는 지구온난화의 주범으로 이로 인해 지구의 온도가 점점 상승하면서 각종 환경 문제가 발생하고 있다. 이 같은 지구온난화 문제 해결을 위해 학교에서 이산화탄소 배출을 최소화할 수 있는 에코스쿨을 설계하시오.

관련 영화

〈투모로우〉 2004년, 감독 롤랜드 에머리히

기후학자인 잭 홀 박사는 남극에서 빙하를 탐사하던 중 지구에 이상 변화가 일어날 것을 감지하고 국제회의에서 기온 하락에 관한 연구 발표를 하게 된다. 급격한 지구온난화로 인해 남극, 북극의 빙하가 녹고 바닷물이 차가워지면서 해류의 흐름이 바뀌게 되어 결국 지구 전체가 빙하로 뒤덮이는 재앙이 올 것이라고 경고하지만 아무도 그 주장에 귀 기울이지 않는다. 그러나 곧 일어난 급격한 기후변화는 지구에 새로운 빙하기를 가져와 북반구 도시는 얼음 속에 파묻히고 남반구는 거대한 해일에 휩싸인다.

영화 〈투모로우〉에서는 이러한 지구온난화의 원인을 인간에게서 찾고 인간의 무분별한 환경파괴 행위가 우리 삶의 터전을 파괴할 수 있다고 경고하고 있다. 지구온난화로 인한 이상변화가 먼 미래의 일이 아니라 내일이라도 닥칠 수도 있는 일이 될지도 모른다고 알려주는 영화다.

참고도서 및 동영상

『나의 탄소발자국은 몇 kg일까?』 폴 메이슨 / 다림

『누가 왜 기후변화를 부정하는가』 마이클 만, 톰톨스 / 미래인

『방귀탐정 vs 카본박사』 이하 / 주니어 김영사

『저탄소의 음모』 거우훙양 / 라이온북스

『지구는 언제부터 뜨거워졌을까』 틸리에트 우렐레니에 / 오유아이

『청소년을 위한 지구온난화 논쟁』 이한음 / 바오출판사

『청소년이 꼭 알아야 할 과학이슈 시즌 4』 박기혁 외 10명 / 동아엠엔비

『탄소는 억울해』 정관영, 이성작 / 상상의집

04 미세먼지

교과서 수록부분
초등 과학 5~6학년 10단원 여러 가지 기체 / 15단원 연소와 소화
중등 과학 1~3학년 16단원 재해·재난과 안전

학습목표

1 미세먼지의 원인과 피해에 대해 과학적으로 분석할 수 있다.
2 과학적 원리를 이용하여 미세먼지에 대한 대처 방안을 세울 수 있다.

논제 미세먼지 휴교 기준, 강화해야 한다.

미세먼지가 높은 날에는 도시 전체가 뿌옇게 보인다.

논제성립배경

★ 이야기 하나

초등학교에 다니는 10살, 8살 남매를 키우는 주부 이모 씨(40세, 여)는 요즘 미세먼지로 가계 부담이 크게 늘어 고민이 이만저만 아니다. 연일 기승을 부리는 미세먼지 때문에 큰맘 먹고 공기청정기를 구입한 데다 매일 드는 마스크 비용도 만만치 않기 때문이다. 미세먼지를 차단할 수 있는 황사마스크는 시중 판매 가격이 보통 3,000~4,000원 정도다. 인터넷을 검색해서 1,500원에 싸게 구입했지만 4인 가족이 착용하면 하루에 6,000원씩 비용이 든다. 미세먼지가 그나마 덜한 날은 사용하지 않아도 매일매일 새로운 마스크를 써야 미세먼지를 차단할 수 있기 때문에 1달이면 10만 원이 훌쩍 넘는다. 자신은 미세먼지가 있는 날에 외출을 자제하지만, 학교 가는 아이들과 출근하는 남편은 마스크를 착용하지 않을 수 없는 노릇이다.

기껏 마스크를 해서 학교에 보내도 친구들도 하지 않는데 혼자하기 싫다며 집만 나서면 마스크를 자꾸 벗어버리는 아이들. 그렇지 않아도 환절기면 알레르기성 비염과 결막염을 거르지 않고 앓는데 자꾸 미세먼지에 노출되면 호흡기가 더 나빠지지나 않을까 이 씨는 걱정을 놓을 수가 없다.

★ 이야기 둘

미세먼지가 심한 날이 계속되면서 수원에 있는 중학교 체육교사 박모 씨(38세, 남)는 매일 아침 미세먼지 수치 확인으로 하루를 시작한다.

박 씨가 근무하는 학교에는 학교 강당이 없어 미세먼지가 심한 날은 야외 수업을 교실 수업으로 대체한다. 한 학기 체육 수업 가운데 이론 수업은 10% 정도인데 벌써 3월에만 한 학기 이론 수업을 반 이상 마친 상태다. 특히 예고도 없이 미세먼지 수치가 갑자기 높은 날은 더 당황스럽다. 미리 준비하지 못한 상태에서 갑자기 이론 수업을 하게 되면 수업의 질이 떨어지기 때문이다. 게다가 학교와 학원 수업에 늘 쫓기는 아이들에게 체육시간과 점심시간마저 운동장에 나가지 못하게 하면 원망과 짜증이 쏟아진다.

미세먼지로 인해 야외 수업을 제대로 하지 못해 수행평가에도 문제가 생긴다. 얼마 전 실시한 농구 수업에서 6시간을 연습하고 수행평가를 본 반이 있는가 하면 미세먼지로 야외수업을 하지 못해 4시간 연습하고 평가를 본 반도 있다. 이 같은 연습 시간의 차이는 아이들의 성취도 차이로 이어진다. 입시에 직결되는 고등학교 체육 수업보다는 그나마 부담이 덜하지만 미세먼지로 인해 수업에 여간 차질이 많은 게 아니라며 박 씨는 고민을 털어놓았다.

~~~~~~~~~~~~~~~~~~~~~~~~~~~~~~~~

심각한 미세먼지로 인해 우리의 일상이 바뀌고 있다. 머리카락 굵기보다 훨씬 작은 미세먼지가 우리 사회에 미치는 파급력은 매우 크다. 미국 예일대와 컬럼비아대에서 2016년 공동 발표한 환경성과지수(EPI)에서 우리나라는 미세먼지와 관련된 공기질 부문에서 조사 대상 180개
~~~~~~~~~~~~~~~~~~~~~~~~~~~~~~~~

국 중 173위에 올랐다. 중국, 인도, 방글라데시, 네팔, 파키스탄, 라오스에 이어 미세먼지 오염이 세계에서 7번째 해당될 정도 공기질이 나쁜 우리나라. 경제협력개발기구(OECD)는 '한국에서 현재 수준의 공기오염이 지속될 경우, 2060년까지 한국인의 900만 명이 조기 사망할 것'이라고 보고서를 통해 밝힐 정도다. 이처럼 갈수록 심해지고 있는 미세먼지의 피해를 줄일 수 있는 방법은 과연 없는 것일까?

초등 저학년 추천도서

『죽음의 먼지가 내려와요』 김수희 / 미래아이

2013년 중국 장쑤(江蘇) 성에 사는 8세 여아가 폐암에 걸려 사망한 사건이 발생했다. 아이를 진료한 의사는 집 주변 도로에서 날아온 먼지, 특히 초미세먼지를 장기간 들이마신 것이 폐암으로 발전했다고 진단했다.

이 충격적인 사연을 소재로 한 이 이야기는 미세먼지의 위험성을 어린이들에게 들려주고 있다. 아직 우리나라에서는 어린이 폐암 환자는 발생하지 않았지만 요즘처럼 미세먼지가 많은 현실에서라면 머지않아 우리의 미래가 될지도 모를 일이다. 그런 미래가 오기 전에 미리 대비해야 한다고 우리에게 조용히 경고하는 그림책이다.

초등 중학년 추천도서

『오늘 미세먼지 매우 나쁨』 양혜원(글), 소복이(그림) / 스콜라

미세먼지라는 딱딱한 주제를 생활 속 이야기로 친근하게 풀어가는 그림책이다. 지구 사막화로 인한 황사 문제부터 미세먼지와 초미세먼지의 개념과 미세먼지의 위험성에 대해 다루고 있는 책이다. 이와 함께 전 세계 대기오염의 심각성과 그로 인한 지구온난화 문제 등에 대해 알려주고, 이를 줄이기 위해서 어떤 노력을 해야 하는지 설명해준다.

이 책의 정보와 재미를 더하는 것은 그림이다. 귀여운 캐릭터의 주인공 가족이 몽골에서 온 낙타와 함께 미세먼지에 대해 알아가는 과정을 재미있는 만화로 흥미진진하게 풀어나간다.

초등 고학년 추천도서

『어린이를 위한 미세먼지 보고서』 서지원 / 풀과바람

봄철 황사만 걱정하던 예전과 달리 요즘은 사계절 내내 미세먼지 걱정을 해야 한다. 하지만 어른들의 걱정과는 달리 미세먼지에 대해 잘 모르는 아이들은 그 위험성에 대해 심각하게 생각하지 않는다. 미세먼지가 얼마나 위험한지 아이들에게 알려주고 싶다면 이 책을 읽도록 권해보자.

이 책은 미세먼지가 어디에서, 어떻게 생기는지, 건강에 어떠한 영향을 미치는지, 또 깨끗한 공기를 마시기 위해 우리가 무엇을 준비하고 가꾸어 나가야 하는지에 대해 최신 연구 결과와 통계 자료를 기준으로 알려주고 있다. 미세먼지에 대한 체계적인 설명과 재미있는 일러스트는 어린이가 쉽게 대기 환경을 이해할 수 있도록 도와준다.

중고등 추천도서

『미세먼지 극복하기』 김동식, 반기성 / 프리스마

미세먼지가 세계보건기구 산하 국제 암연구소에서 지정한 1군 발암물질로 지정된 사실을 알고 있는 사람은 얼마나 될까? 살충제로 대부분 국가에서 금지하고 있는 DDT가 2군, 몇 년 전 우리나라를 떠들썩하게 만든 페놀도 4군 발암물질인데 미세먼지는 그보다 높은 1군 발암물질이지만 제대로 알고 있는 사람은 드물다. 이러한 현실에서 『미세먼지 극복하기』는 미세먼지의 정체부터 미세먼지가 건강에 미치는 영향과 산업에 미치는 영향, 우리나라 미세먼지 오염도 현황, 실외 공기 오염보다 더 심각한 실내 공기 오염의 실태, 미세먼지 극복 사례, 미세먼지 제거 아이디어, 미세먼지 정책을 위한 제언까지 미세먼지 문제를 제대로 이해하고 해결하기 위한 방법을 제시하는 책이다.

• **용어 사전**

먼지 : 대기 중에 떠다니거나 쉽게 날리는 아주 작은 물질.

미세먼지의 정의

	황사	미세먼지	초미세먼지
크기	발원지에 따라 다르다.	지름 10㎛(0.001㎝) 이하	지름 2.5㎛ 이하
발생 원인	중국과 몽골의 사막 · 황토 지대에서 바람에 의해 발생한 미세한 모래먼지.	제조업 공장에서 재료를 가공할 때, 자동차가 도로를 달릴 때 생겨나는 먼지 등 마찰이나 태울 때 주로 발생한다.	다양한 오염원에서 배출된 1차 오염물질이 대기 중 화학반응으로 생성된 2차 오염물질이 주를 이룬다.

미세먼지 단위 : 미세먼지의 크기는 μm(micrometer: 마이크로미터) 단위로 표시하며, 1μm은 1cm의 1만분의 1이 되는 길이다. 보통 사람 머리카락이 50~70μm, 해변 모래가 70μm, 담배 연기는 0.01~1μm 정도 크기. 미세먼지(PM10)는 머리카락의 5분의 1~7분의 1, 초미세먼지(PM2.5)는 20분의 1에서 30분의 1에 불과할 정도로 매우 작다.

PMParticulate Matter : 공기 속 입자상 물질, 즉 미세먼지를 가리키는 말. PM10은 먼지 크기의 지름 10μm를 의미한다.

스모그 : 연기smoke와 안개fog를 합친 말로 연기가 안개처럼 사방에 퍼져 있는 상태.

① **런던형 스모그** : 공장이나 가정의 난방시설에서 사용하는 석탄, 석유의 연소로 생기는 검은색 스모그.

② **로스앤젤레스형 스모그** : 자동차 배기가스 속에 포함된 질소산화물이 빛을 받아 화학반응을 일으켜 생기는 황갈색 스모그.

미세먼지의 성분 : 발생 지역이나 계절, 날씨 등에 따라 달라진다. 대기오염 물

질인 황산염, 질산염 등과 석탄, 석유 등 화석연료를 태울 때 발생하는 탄소류와 검댕, 흙먼지 등에서 생기는 광물 등으로 구성된다. 미세먼지 성분 구성 그래프를 참고하자.

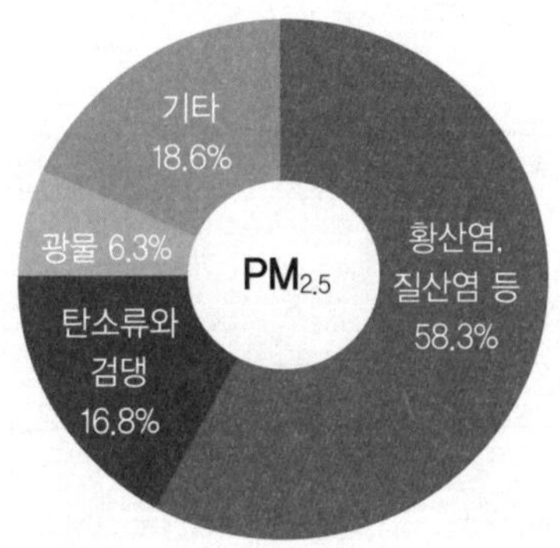

참고 자료 : 환경부 '미세먼지, 도대체 뭘까?'

블랙카본(검댕) : 석탄, 석유, 나무 등과 같이 탄소를 포함한 연료가 불완전 연소할 때 나오는 그을음을 가리킨다. 보통 자동차 매연이나 아궁이에서 나오는 검은 연기에 포함되어 있다.

PM10과 PM2.5 배출원(단위 ton/yr) : 1년 동안 배출되는 미세먼지를 톤(1,000kg)으로 계산.

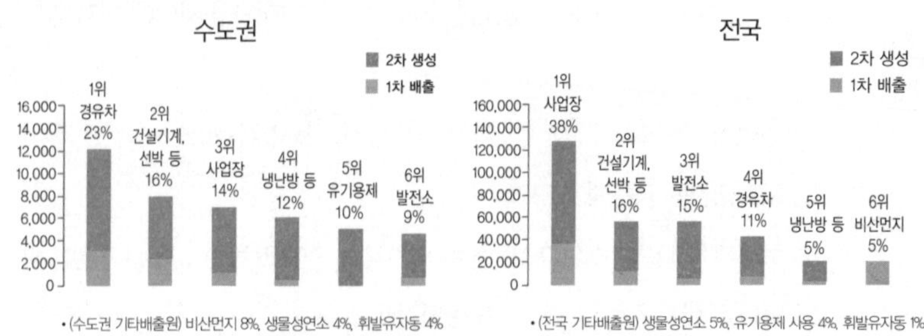

참고 자료 : 환경부 '2017년 미세먼지 관리 종합대책'

미세먼지 발생과정에 따른 분류

① **1차 생성먼지** : 제조업 공장이나 차량 배기가스에서 고체 상태로 나오는 미세먼지. 주로 유기탄소, 원소탄소, 재, 중금속 등으로 이뤄진다.

② **2차 생성먼지** : 석탄·석유 등 화석연료가 연소되는 과정에서 나오는 황산화물이나 차량 배기가스의 질소산화물이 수증기, 오존, 암모니아와 같은 공기 중 물질과 화학반응을 일으켜 생기는 미세먼지. 수도권의 경우 2차 생성으로 인한 초미세먼지 발생량이 전체 3분의 2에 이른다.

황산화물 : 황과 산소와의 화합물을 총칭하는 것으로 석유, 석탄을 연소하는 과정에서 생긴다.

질소산화물NOx : 공기 중의 질소가 고온에서 산화돼 발생하는 것으로 자동차의 엔진 등의 내부 온도가 높아 배기가스가 질소산화물로 방출된다. 대표적인 질소산화물의 배출원은 자동차, 항공기, 선박 등 이동오염원이다.

산성비 : 질소산화물이나 황산화물과 같은 강한 산성 물질이 대기 중에 수증기와 만나면 황산이나 질산으로 바뀌어 비를 산성으로 만든다. 산성비의 영향으로 세계 곳곳에서 삼림이 황폐화되고 수중생태계와 인간에게까지 피해를 주고 있다.

도로이동 오염원 : 도로 위로 이동하는 오염원으로 내연기관이 달린 자동차, 버스, 승용차 등.

비도로 이동오염원 : 자동차는 아니지만 내연기관이 달린 철도, 항공, 선박, 건설기계, 농기계 등.

내연기관 : 연료를 연소시켜서 생긴 열에너지를 기계적인 일로 바꾸는 동력발생장치.

가시거리 : 정상 시력을 가진 사람의 눈으로 구분할 수 있는 곳까지의 최대거리.

미세먼지는 가시거리에도 악영향을 주기 때문에 미세먼지 농도가 높아지면 빛이 여러 방향으로 흩어지거나 미세먼지에 흡수되어 가시거리가 감소한다.

2016년 환경성과지수 공기질 수준 세계 순위 : 미국 예일대와 컬럼비아대 공동연구진이 발표한 '환경성과지수EPI · Environmental Performance Index 2016'에 따르면 한국의 공기질 수준은 전체 조사대상 180개국 중 173위로 나타났다. 1위 세이셸, 2위 트리니다드 토바고, 3위 몰디브, 4위 아이슬란드 등의 순으로 나타났으며 반면 하위권은 180위, 방글라데시, 179위 중국, 178위 인도, 177위 네팔, 176위 라오스 등 아시아권 국가들이 주로 이뤘다.

대기오염지수 : 공기가 얼마나 깨끗한지 수치로 표현한 것.

미세먼지 측정소 : 전국 97개 시, 군에 322개 측정망이 설치되어 환경부에서 운영하는 '에어코리아' 홈페이지www.airkorea.or.kr와 휴대전화 앱 "우리 동네 대기질"을 통해 전국 실시간 제공된다.

미세먼지 측정 방법

① **베타선 흡수법**: 방사선 또는 빛의 물리적 특성을 이용하여 간접 측정하는 방법.

② **중량농도법**: 미세먼지의 질량을 저울로 측정하는 방법.

우리나라 미세먼지 등급제

구분		등 급(㎍/㎥)			
		좋음	보통	나쁨	매우 나쁨
예보 물질	미세먼지 (PM10)	0~30	31~80	81~150	151 이상
	초미세먼지 (PM2.5)	0~15	16~50	51~100	101 이상

(㎍/㎥ : 미세먼지의 오염도를 나타내는 단위로 1㎥ 부피의 공기에 들어 있는 미세먼지의 질량)

미세먼지로 발병하는 질병

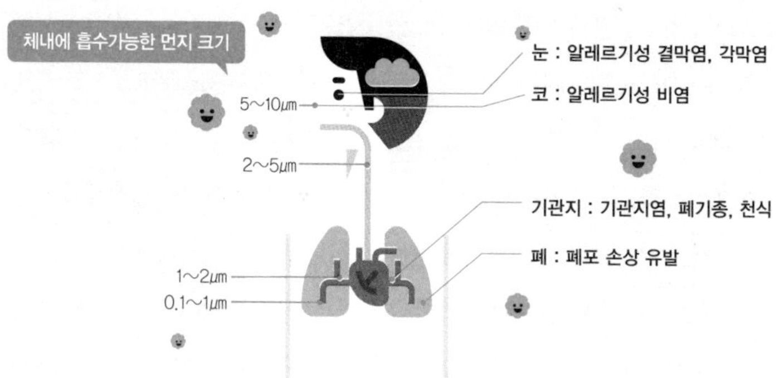

참고 자료 : 환경부 '미세먼지, 도대체 뭘까?'

국제 암연구소 발암물질 분류(2013년)

구분	내용	예
1등급	인간에게 발암성이 있는 것으로 확인된 물질	석면, 벤젠, 미세먼지 등
2등급 A	인간에게 발암성이 있을 가능성이 높은 물질	DDT, 무기납 화합물 등
2등급 B	인간에게 발암성이 있을 가능성이 있는 물질	가솔린, 코발트 등
3등급	인간에게 발암성이 있다고 분류하는 것이 가능하지 않은 물질	페놀, 톨루엔 등
4등급	인간에게 발암성이 없을 가능성이 높은 물질	카프로락탐 등

석면 : 광물질로 각종 건축재료 및 방음물질로 사용된다. 흡입하면 제거되지 않고 폐에 남아 있다가 암을 유발시킨다.

DDT : 유기염소 계열의 살충제이자 농약. 1940년대부터 살충제로 널리 사용되었다. 유해성이 많이 지적되면서 1970년대에 들어와서는 대다수 국가에서 농약 사용이 금지되었다.

페놀 : 합성수지 · 합성섬유 · 염료 · 살충제 · 방부제 · 소독제 등 화학제품 연료로 사용되며 공장폐수에 섞여 나올 경우 환경문제를 일으킨다.

카프로락탐 : 나일론의 주원료.

미세먼지의 유해성이 처음 알려지게 된 사건

① **도노라 스모그 사건** : 1948년 10월 27일 미국 펜실베이니아 주 도노라에서 5일간의 짙은 스모그로 20명이 사망하고 인구의 43%에 달하는 6,000여 명이 호흡기 질병으로 치료받은 사건. 근처 대규모 공장에서 배출된 오염 미세먼지가 좁은 계곡을 메운 것이 원인으로 밝혀졌다.

② **런던 스모그 사건** : 1952년 12월 발생한 스모그로 인해 3주 동안에 런던 시민 4,000여 명이 사망했고, 그 뒤 만성 폐질환으로 8,000여 명의 사망자가 더 생겼다. 당시 가정과 산업체에서 주 연료로 사용한 석탄과 디젤버스에서 배출된 오염물질이 짙은 안개와 합쳐져 호흡기에 치명적인 영향을 준 것으로 이를 계기로 영국은 1956년에 대기오염 청정법을 제정하였다.

친환경차 : 기존 휘발유차, 경유차에 비해 대기오염 물질을 적게 배출하는 자동차로 우리나라는 2020년까지 국내 자동차 등록대수의 10%인 220만 대를 친환경 자동차로 보급할 계획이다.

예 하이브리드, 플러그인 하이브리드, 전기차, 수소차 등.

하이브리드 : 전기, 휘발유 등 두 종류 이상의 에너지를 상황에 맞게 번갈아 가며 사용하는 자동차.

연료 종류에 따른 차량 장단점

구분	장점	단점
LPG	소음이 거의 없다. 매연이 거의 배출되지 않는다.	연비가 낮고 충전소가 적다. 시동성이 좋지 않다.
휘발유 (가솔린)	소음이 적고 매연이 적게 나온다. 시동성이 좋다.	연비가 다소 낮다.
경유(디젤)	연비가 좋고 출력이 높다.	소음이 크고 매연이 많이 나온다.
하이브리드	연비가 높다. 소음과 매연이 적다.	가격이 비싸다.

전기	소음과 매연이 없다. 연료가 따로 들어가지 않는다.	배터리의 수명이 짧다. 충전 시간은 길지만 운행 시간은 짧다.
수소	연비가 매우 높고 연료비가 적게 든다. 매연이 적게 나온다.	폭발성이 커서 위험하다. 충전소가 적다.
태양광	유지비용이 적다. 소음과 매연이 없다.	흐린 날이나 밤에는 운행이 거의 불가능하다. 충전용 배터리의 내구성이 현재는 낮다.
물	화석연료를 사용하지 않는다. 매연이 안 나온다.	물에서 수소와 산소를 분리하는 비용이 많이 든다.

배출저감장치 : 경유차에서 나오는 미세먼지를 모으거나 산화시키는 처리 장치.

카셰어링 : 자동차를 빌려 쓰는 방법 중 하나로 렌터카와 달리 주택가 근처에 보관소가 있으며 시간 단위로 필요한 만큼만 쓰고 차를 갖다주는 방식으로 이용한다.

대기오염 물질 배출총량제도 : 대규모 공장별로 배출할 수 있는 대기오염 물질의 총량을 제한하는 것으로, 배출량을 초과하면 배출권을 사거나 과징금을 내야 한다. 먼지 총량제는 미세먼지에 대한 배출 용량을 제한하는 것을 말한다.

차종별 질소산화물 배출량 : 2015년 국립환경과학원에서 질소산화물(미세먼지 2차 생성물질) 배출량을 비교한 결과 LPG차와 비교해 휘발유차는 2.2배, 경유차는 7배 더 배출하는 것으로 나타났다.

휘발성유기화합물VOCs : 대기 중 증발되어 악취나 오존을 일으키는 물질로 주로 공장의 제조와 저장과정, 자동차 배기가스, 페인트나 접착제 등 건축자재, 주유소 저장탱크 등에서 발생한다.

비산먼지 : 공사장 등에서 일정한 배출구를 거치지 않고 대기 중으로 직접 배출되는 먼지.

우리나라 석탄발전소 현황 : 2017년 말 기준 총 61기의 석탄발전소가 가동 중에 있으며 7기가 추가로 건설 또는 계획 중이다.

석탄화력발전소의 피해 : 석탄화력발전소의 초미세먼지로 매년 최대 1,600명의 조기 사망자가 발생하며 계획 중인 석탄화력발전소를 모두 증설할 경우 최대 2,800명까지 늘어난다(그린피스와 하버드대 대니얼 제이콥 교수의 공동 연구, 2016년 3월).

미세먼지 경보 및 주의보 기준

	미세먼지	초미세먼지	조치사항
주의보	150㎍/㎥ 이상 2시간 이상 지속	75㎍/㎥ 이상 2시간 이상 지속	유치원 초등 실외수업 금지, 중고등 통학 자제 민감군(노약자 · 어린이, 호흡기 질환자 및 심혈관 질환자) 외출 자제
경보	300㎍/㎥ 이상 2시간 이상 지속	150㎍/㎥ 이상 2시간 이상 지속	유·초·중·고등 실외수업 금지, 민감군(노약자 · 어린이, 호흡기 질환자 및 심혈관 질환자) 외출 금지, 유치원·초등 수업단축 또는 휴교 권고

미세먼지의 국내외 영향 : 2016년 5월 2일부터 6월 12일까지 환경부, 국립환경과학원, NASA 합동으로 수행한 '국내 대기질 공동 조사' 결과 서울의 미세먼지(PM2.5)는 국내 52%, 국외 48%의 영향을 받는 것으로 나타났으며, 국외 영향 지역은 중국 34%, 북한 9%, 기타 6%로 분석되었다. 중국의 영향은 계절과 바람의 영향에 따라 연평균 30~50%, 고농도시에는 60~80%로 추정된다.

비상 저감조치 : 고농도 미세먼지가 오래 지속되는 경우 짧은 기간에 미세먼지를 줄이기 위해 차량 2부제, 사업장 단축 조업 등을 실시하는 것. 우리나라에서는 2017년 12월 30일 수도권에 '미세먼지 비상저감조치'가 첫 발령됐다.

토론가능논제

1 사업장에 미세먼지 저감장치를 설치해야 한다.
2 자동차에 집중 투자되고 있는 미세먼지 예산을 분산시켜야 한다.
3 미세먼지 환경 기준을 높여야 한다.

관련 과학자

레이첼 카슨

Rachel Carson, 1907~1964, 미국

환경운동의 어머니라고 불리는 레이첼 카슨. 그녀가 1962년에 쓴 『침묵의 봄Silent Spring』은 인류의 환경 역사를 바꾼 책으로 꼽힌다. 레이첼 카슨은 생명과 자연을 파괴하는 화학물질이 인간에게 어떤 재앙을 가져오는지 밝혀냄으로써 환경에 대한 인식을 근본적으로 바꿨다.

'침묵의 봄'은 봄이 왔지만 살충제의 독성으로 인해 새가 사라져 조용해진 자연을 의미한다. 레이첼 카슨이 위험성을 경고한 DDT는 그 당시 '기적의 물질'로 불리며 폭넓게 사용된 살충제였다. 심지어 사람에게도 별 의심 없이 뿌렸지만 눈에 보이지 않게 생태계 생물들이 죽어간 것은 물론, 사람들에게도 큰 피해를 끼쳤다.

다행히도 '침묵의 봄' 출간 이후 세계 각국이 무분별한 살충제 사용을 줄여나갔지만 문제가 완전히 해결된 것은 아니다. 살충제보다 더 독한 화학물질들이 계속해서 출현하고 있기 때문이다. 미세먼지도 그중 하나다. 50여 년 전 레이첼 카슨이 사람들에게 던졌던 경고는 지금까지도 진행 중인 것이다.

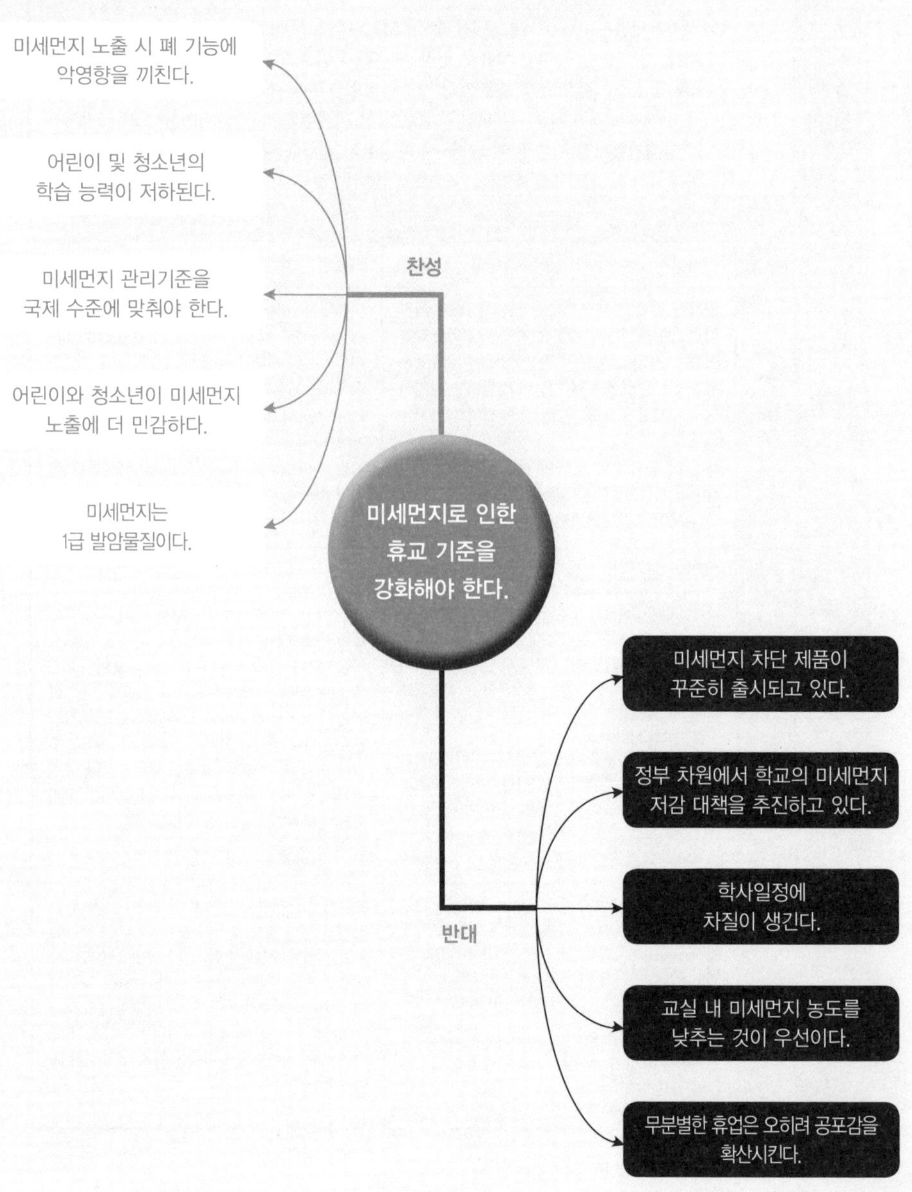
미세먼지 노출 시 폐 기능에 악영향을 끼친다.
어린이 및 청소년의 학습 능력이 저하된다.
미세먼지 관리기준을 국제 수준에 맞춰야 한다.
어린이와 청소년이 미세먼지 노출에 더 민감하다.
미세먼지는 1급 발암물질이다.
찬성
미세먼지로 인한 휴교 기준을 강화해야 한다.
반대
미세먼지 차단 제품이 꾸준히 출시되고 있다.
정부 차원에서 학교의 미세먼지 저감 대책을 추진하고 있다.
학사일정에 차질이 생긴다.
교실 내 미세먼지 농도를 낮추는 것이 우선이다.
무분별한 휴업은 오히려 공포감을 확산시킨다.

토론 요약서

<table>
<tr><td>논 제</td><td colspan="3">미세먼지 휴교 기준, 강화해야 한다.</td></tr>
<tr><td>용어 정의</td><td colspan="3">1) 미세먼지 : 미세먼지(PM10)와 초미세먼지(PM2.5)를 모두 포함한다.
2) 휴교 : 재해, 전염병 등 특정한 사유로 인해 학교가 수업을 하지 않고 쉬는 것. 교육청의 명령에 따라 이행되는 것으로 학교장 재량으로 결정되는 휴업과는 구분된다.
우리나라 미세먼지 휴교기준 : 미세먼지 경보(일반 미세먼지 300㎍/㎥ 이상·초미세먼지는 150㎍/㎥ 상태가 2시간 지속될 때 발령) 시 학교장의 재량에 따라 휴업이 가능하다.
3) 강화 : 미세먼지 관리 기준을 선진국 수준으로 높이는 것을 의미한다.</td></tr>
<tr><td></td><td></td><td>찬성측</td><td>반대측</td></tr>
<tr><td rowspan="2">주장 1</td><td>주장</td><td>미세먼지 노출 시 폐 기능에 악영향을 끼친다.</td><td>미세먼지 차단 제품이 꾸준히 출시되고 있다.</td></tr>
<tr><td>근거</td><td>입자가 작은 미세먼지는 기관지를 통해 폐와 혈관까지 들어가기 때문에 폐기능에 악영향을 끼친다. 특히 활동량이 많은 어린이 호흡량은 성인의 1.67배이며 폐 기능이 발달하는 시기이므로 미세먼지 노출 시 폐 기능 저하를 가져온다.
2013년 중국에서 도로 주변에서 초미세먼지를 장기간 들이마신 8세 여아가 폐암으로 사망하는 사건이 발생하기도 했다.</td><td>미세먼지 노출을 막을 수 있는 다양한 제품들이 출시되고 있기 때문에 개개인의 노력으로 미세먼지의 피해를 막을 수 있다.
황사마스크(kf 80)는 입자크기 0.04㎛~1.0㎛(평균 0.6㎛) 입자를 80% 이상 차단할 수 있으며 방역용 마스크(kf 94 또는 kf 99)는 입자크기 0.05㎛~1.7㎛(평균 0.4㎛) 입자를 94% 이상 차단할 수 있다.</td></tr>
<tr><td rowspan="2">주장 2</td><td>주장</td><td>어린이 및 청소년의 학습 능력이 저하된다.</td><td>교실 내 미세먼지 농도 저감 대책이 우선이다.</td></tr>
<tr><td>근거</td><td>미세먼지가 어린이와 청소년의 학습 능력에까지 영향을 미친다는 연구 결과도 잇따라 발표되고 있다. 2017년 6월 스페인 바르셀로나 환경역학연구소의 조사 결과에 따르면 자동차 배기가스 농도가 높은 날일수록 학생들의 문제 해결 집중력이 크게 떨어지는 것으로 나타났다.
또 ADHD를 비롯한 각종 정신질환과 미세먼지의 상관관계가 계속 밝혀지고 있으므로 어린이와 청소년의 미세먼지 노출을 최소화하는 노력이 요구된다.</td><td>2014년 미국환경보호청 EPA는 "실내공기가 외부에 비해 100배 이상 오염되어 있으며 외부 오염물질보다 사람의 폐에 전달될 확률이 1,000배 가량 높다"고 발표했다. 좁은 공간에 많은 아이들이 모여서 활동하다 보니 제대로 관리하지 않으면 실내 공기가 실외 공기보다 더 나빠질 수 있다. 교실 내 미세먼지 농도를 낮추기 위해 공기청정기, 방진막, 나노필터, 환기시설 등 다양한 미세먼지 저감 대책을 먼저 세워야 한다.</td></tr>
<tr><td rowspan="2">주장 3</td><td>주장</td><td>미세먼지 관리기준을 국제 수준에 맞춰야 한다.</td><td>학사 일정에 차질이 생긴다.</td></tr>
<tr><td>근거</td><td>우리나라의 미세먼지 환경기준은 세계보건기구보다 두 배나 높다. 게다가 미세먼지 경보(미세먼지 300㎍/㎥ 이상 ·초미세먼지 150㎍/㎥ 상태가 2시간 지속될 때 발령)에는 휴교할 수 있지만, 권고사항이다 보니 미세먼지로 휴교가 내려진 적이 한 번도 없다.
미세먼지 관리기준을 국제 수준으로 강화하고 구속력을 가질 수 있도록 구체적 계획을 세우는 것이 필요하다.</td><td>교육법에 규정된 휴교는 비상재해나 매우 급한 사정이 생겨 정상 수업이 불가능하다고 생각될 때 실시되며 수업일수의 10% 이내에서 감축이 허용된다. 미세먼지 발생일수가 갈수록 잦아져 수업일수와 맞추기 힘든 현실과 맞벌이 부모를 둔 아이들의 어려움 등을 생각하면 무조건 휴교하는 것이 미세먼지의 피해를 막는 근본적인 대책은 될 수 없다.</td></tr>
</table>

◐ 찬성측 입론서

• **논의 배경**

매일 아침, 뉴스를 통해 일기예보를 확인한 후 외출 준비를 하던 과거와 달리 이제는 미세먼지 농도 수치를 먼저 확인하는 게 일상이 되었다. 한국갤럽이 2017년 5월 23일부터 25일까지 성인 1,003명을 대상으로 조사한 결과 10명 중 8명(82%)이 미세먼지 때문에 불편을 느끼는 것으로 나타났다. 미세먼지로 인한 불편함 정도를 조사한 결과 '매우 불편하다' 57%, '약간 불편하다' 25%로 불편함을 느끼는 정도는 매우 심각한 것으로 나타나고 있다.

심각한 미세먼지로 인해 가장 크게 피해를 보는 것은 아이들이다. 건강에 끼치는 악영향으로 인해 '죽음의 먼지'로 불리는 미세먼지의 공습에서 우리 아이들의 안전은 제대로 보호받고 있는지에 대해 논의해보고자 한다.

• **용어 정의**

1_ 미세먼지 미세먼지(PM10)와 초미세먼지(PM2.5)를 모두 포함한다.

2_ 휴교 재해, 전염병 등 특정한 사유로 인해 학교가 수업을 하지 않고 쉬는 것. 교육청의 명령에 따라 이행되는 것으로 학교장 재량으로 결정되는 휴업과는 구분된다.

미세먼지 경보(미세먼지 300μg/m³이상 · 초미세먼지 150μg/m³ 상태가 2시간 지속될 때 발령) 시 학교장의 재량에 따라 휴업이 가능하다.

3_ 강화 미세먼지 관리 기준을 선진국 수준으로 높이는 것을 의미한다. 경보 시 학교장 재량에 따라 실시하는 휴업 대신 휴교를 실시하는 한편 미세먼지 관리기준을 선진국 수준으로 높인다는 뜻이다.

주장 1 미세먼지 노출 시 폐 기능에 악영향을 끼친다.

세계보건기구 산하 국제암연구소(IARC)는 2013년 10월 17일 석면, 벤젠 등과 함께 미세먼지를 1군 발암물질로 지정했다. 지름 10μm 이상의 먼지는 코털이나 기관지 점막에서 걸러지지만, 입자가 작은 미세먼지는 기관지를 통해 폐와 혈관까지 들어가게 되기 때문에 건강에 악영향을 끼친다.

특히 활동량이 많은 어린이의 호흡량은 성인의 1.67배, 1살 미만 영아의 호흡량은 성인의 3배나 되기 때문에 미세먼지에 장기적으로 노출되면 폐 기능에 심각한 이상을 가져올 수 있다. 2015년 순천향대학교 의과대학에서 조사한 보고서 '미세먼지가 건강에 미치는 영향'에 따르면 미세먼지에 장기간 노출된 어린이는 호흡기 질환에 걸릴 확률이 높은 것으로 나타났다. 2013년 중국에서는 주변 도로에서 날아온 초미세먼지에 장기간 노출된 8세 여아가 폐암으로 사망하는 사건이 발생하기도 했다. 또한 2016년 한양대학교 의과대학 김상헌 교수가 발표한 '대기 미세먼지가 천식 발생과 조절에 미치는 영향' 보고서에서도 서울 지역 15세 이하 어린이 대상으로 대기 오염과 천식으로 인한 입원의 연관성을 4개 연령군(6세 미만, 6~18세, 19~49세, 50세 이상)에서 조사했을 때 6~18세군에서 가장 높게 나타났다.

주장 2 어린이 및 청소년의 학습 능력이 저하된다.

미세먼지가 어린이와 청소년의 학습 능력에까지 영향을 미친다는 연구 결과도 잇따라 발표되고 있다. 2017년 6월 스페인 바르셀로나 환경역학연구소는 7~10세 초등학생 약 2,600명을 대상으로, 주변 공기 질의 변화에 따라 집중력이 어떻게 변하는지를 조사한 결과를 발표했다. 이에 따르면 자동차 배기가스 농도가 높은 날일수록 학생들의 문제 해결을 위한 집중력이 크게 떨어지는 것으로 나타났다.

또한 미세먼지가 정신질환을 유발할 수 있다는 연구 결과도 나왔다. 스웨덴 우메오 대학에서는 2016년 6월 미세먼지와 어린이 정신 질환 사이에 어떤 관련성이 있는지 연구·발표했다. 50만 명이 넘는 18세 이하 어린이, 청소년을 대상으로 대기오염 노출과 정신질환 투약기록을 비교한 결과 자동차 배기가스에서 배출되는 이산화질소(NO_2) 농도가 높은 곳에 사는 어린이들이 정신 질환 약을 더 많이 처방받은 것으로 나타났다. 이산화질소가 m^3당 10μg 증가하면 어린이, 청소년들의 정신 질환이 9% 증가했으며, 미세먼지(PM10)가 같은 양이 증가하면 어린이, 청소년들의 정신질환은 4% 증가했다. 뿐만 아니라 미세먼지 노출이 ADHD 발병에 작용할 수 있다는 연구 결과도 보고되고 있어 어린이와 청소년들의 미세먼지 노출을 최소화할 수 있는 노력이 요구된다.

주장 3 미세먼지 관리기준을 국제 수준에 맞춰 강화해야 한다.

미국 예일대와 컬럼비아대 공동연구진이 발표한 '환경성과지수 2016'에 따르면 한국의 공기질 수준은 전체 조사대상 180개국 중 173위, 초미세먼지 노출 정도에서는 174위에 위치했다. 이 같은 심각한 환경문제에도 불구하고 우리나라의 미세먼지 환경기준치는 세계보건기구보다 2배나 높다. 한국의 미세먼지의 나쁨 기준은 일평균 50μg/m^3로 미국 · 일본 등의 35μg/m^3보다 높다. 초미세먼지 관리기준은 25μg/m³로 세계보건기구의 권고 기준 10μg/m³, 가장 엄격한 호주 8μg/m³, 캐나다 10μg/m³, 미국 12μg/m³, 일본 15μg/m³과 비교해도 지나치게 느슨한 편이다.

현재는 미세먼지주의보(미세먼지 150μg/m³ 이상·초미세먼지 75μg/m³ 이상 상태가 2시간 지속)가 발령되면 학교 재량에 따라 야외 수업이 자제되는 정도다. 더욱 극심한 미세먼지 경보(미세먼지 300μg/m³ 이상·초미세먼지 150μg/m³ 상태가 2시간 지속될 때 발령)에는 휴업할 수 있지만, 이마저도 권고사항이다 보니 미세먼지로 휴업한 사례는 없다. 따라서 미세먼지 관리기준을 국제 수준으로 맞춰 강화하는 것은 물론 현재 구속력이 없는 기준이 구속력을 가질 수 있도록 구체적 계획을 세우는 것이 필요하다.

◑ 반대측 입론서

• 논의 배경

2017년 1월에서 3월까지 우리나라가 세계보건기구(WHO) 권고치를 만족한 날은 단 일주일에 그쳤다. 맑은 하늘을 볼 수 있는 날보다 보지 못하는 날이 훨씬 더 많았다는 것이다. 단순히 맑은 하늘을 볼 수 없는 데 그치는 것이 아니라 인체에는 물론 농작물과 생태계, 산업 시설에 이르기까지 미세먼지의 피해가 미치지 않는 곳이 없다. 이처럼 갈수록 심해지는 미세먼지 공습으로부터 자라나는 어린이와 청소년들을 보호할 수 있는 최선의 방법은 과연 무엇인지에 대해 이번 토론을 통해 논의해보고자 한다.

• 용어 정의

1_ 미세먼지 미세먼지(PM10)와 초미세먼지(PM2.5)를 모두 포함한다.

2_ 휴교 재해, 전염병 등 특정한 사유로 인해 학교가 수업을 하지 않고 쉬는 것. 교육청의 명령에 따라 이행되는 것으로 학교장 재량으로 결정되는 휴업과는 구분된다.

미세먼지 경보(미세먼지 300μg/m³ 이상·초미세먼지 150μg/m³상태가 2시간 지속될 때 발령) 시 학교장의 재량에 따라 휴업이 가능하다.

3_ 강화 미세먼지 관리기준을 선진국 수준으로 높이는 것을 의미한다. 경보 시 학교장 재량에 따라 실시하는 휴업 대신 휴교를 실시하는 한편 미세먼지 관리기준을 선진국 수준으로 높인다는 뜻이다.

주장 1 미세먼지 차단제품이 꾸준히 출시되고 있다.

미세먼지 노출을 막을 수 있는 다양한 제품들이 출시되고 있기 때문에 개개인의 노력으로 미세먼지의 피해를 막을 수 있다. 미세먼지를 차단할 수 있는 마스크는 'KF 80' 또는 'KF 94' 등급으로, 이 수치는 얼마나 작은 입자를 얼마나 많이 걸러내느냐를 나타낸다(KF는 Korea Filter, 즉 한국 필터의 약자다). 마스크의 등급이 높을수록 필터의 섬유 간격이 더 촘촘하고 분진제거 효율이 높다. 황사마스크(kf 80)는 입자크기 0.04μm~1.0μm(평균 0.6μm) 입자를 80% 이상 차단할 수 있으며, 방진 마스크(kf 94 또는 kf 99)는 입자크기 0.05μm~1.7μm(평균 0.4μm)인 미세먼지를 94% 이상 차단할 수 있다.

2014년 서울특별시 보건환경연구원의 조사에 따르면, 시중에 판매되는 황사방지용 마스크 31건을 시험해본 결과 27건이 80% 이상 마스크 기준에 적합했으며 방진 마스크는 조사 대상 모두, 1급은 99%, 2급은 93% 이상 미세먼지를 걸러내는 것으로 조사되었다. 따라서 황사 마스크나 방진 마스크를 이용하면 개개인의 미세먼지 노출은 어느 정도 막을 수 있다.

주장 2 교실 내 미세먼지 농도 저감 대책이 우선이다.

2014년 미국환경보호청 EPA는 실내 공기가 외부에 비해 100배 이상 오염되어 있으며 실내 오염물질이 외부 오염물질보다 사람의 폐에 전달될 확률이 1,000배 가량 높아 이로 인한 천식이 학교 결석의 가장 큰 원인 중 하나라고 발표했다. 우리나라에서도 2017년 7월 국회 교육문화체육관광위원회 소속 더불어민주당 김병욱 의원이 발표한 지난해 학교별 미세먼지 측정값 자료(교육부)를 보면 전국 1만 1,659개 초·중·고교(분교 포함) 가운데 1,351곳(11.6%)은 건물 안에서 측정한 미세먼지 농도가 80μg/m³ 이상인 것으로 나타났다. 올해 4월부터 실시되고 있는 교육부의 '고농도 미세먼지 대응 가이드라인'에 따르면 80μg/m³ 이상은 미세먼지 나쁨 단계로 실외수업 자제가 권고될 정도의 농도다.

좁은 공간에 많은 아이들이 모여서 활동을 하다 보니 제대로 관리하지 않으면 실내 공기가 실외 공기보다 더 나빠질 수 있다. 따라서 무조건 휴교를 실시하는 것보다 공기측정기, 공기청정기, 방진막, 나노필터, 환기시설 등 교실 내 미세먼지 저감 대책을 강구해야 한다. 이 같은 대책이 우선되지 않는다면 휴교 실시로 하루 이틀 쉰다고 미세먼지 피해로부터 아이들을 보호할 수 없다.

주장 3 학사 일정에 차질이 발생한다.

초·중등교육법과 고등교육법에 규정된 휴교는 비상재해나 매우 급한 사정이 생겨 정상 수업이 불가능하다고 생각될 때 실시되며 수업일수의 10% 이내에서 감축이 허용된다. 따라서 현재 초중고교의 연간 법정 수업일수가 220일인 점을 고려하면 22일 내에서 수업일수를 줄일 수 있다.

한국환경공단이 운영하는 대기오염도 공개 누리집 '에어코리아'를 보면, 대기 중 PM2.5의 시간당 평균농도가 75μg/m³ 이상인 고농도 상태가 2시간 이상 지속될 때 내려지는 초미세먼지주의보는 2017년 들어 5월 20일까지 92회 발령된 것으로 집계됐다. 같은 기간 64회 발령된 2016년보다 44% 증가한 것이다. 이러한 현실에서 미세먼지 기준을 선진국 수준에 맞춰 휴교를 실시한다면 학사 일정에 심각한 차질이 발생할 수 있다.

게다가 미세먼지로 인해 휴교를 실시할 경우 맞벌이 부모를 둔 아이들은 낮 동안 관리가 안 돼 미세먼지에 더 심하게 노출될 수도 있다. 이러한 현실에서 휴교 기준을 강화하는 것이 미세먼지의 피해를 막는 근본적인 대책은 될 수 없다.

과학 토론 개요서

참가번호	소속 교육지청명	학 교	학 년	성명

토론논제

최근 경제협력개발기구(OECD)는 '한국에서 현재 수준의 공기오염이 지속될 경우, 2060년까지 한국인의 900만 명이 조기 사망할 것'이라고 보고서를 통해 밝혔다. 우리의 건강을 위협하고 있는 미세먼지의 발생 원인을 분석하고 미세먼지를 줄이기 위한 생태공원을 설계하시오.

관련 영화

〈인터스텔라〉 2014년, 감독 크리스토퍼 놀란

푸른빛이라고는 찾아볼 수 없는 황토빛 하늘, 미세먼지는 수시로 폭풍처럼 몰려온다. 집안으로 피해보지만 집안도 미세먼지의 공습으로부터 안전지대는 될 수 없다. 아무리 청소해도 집안 곳곳에는 먼지가 순식간에 하얗게 쌓인다. 아이들은 기침을 하며 고통스러워하고 자동차 안에서도 마스크와 고글을 써야 하는 것이 현실. 식물도 예외는 아니다. 재배 가능한 작물은 옥수수만 남고 나머지 식물들은 자취를 감추고 병든 사람들만 점점 더 늘어간다.

실제 상황이 아니라 영화 속 상황이라는 사실이 정말 다행이 아닐 수 없다. 미세먼지가 가득 찬 지구에서 농작물조차 키울 수 없게 되자 새로운 행성을 찾아 나선다는 내용의 이 영화는 제작된 미국에서보다 한국과 중국에서 더 크게 인기를 끌었다. 미세먼지에 시달리는 한국과 중국의 현실이 영화와 비슷했기 때문이 아닐까.

그러한 답답한 현실 속에서도 결국 답을 찾아낸 영화 속 주인공처럼 우리 역시 미세먼지 문제도 풀어나갈 수 있을 것이다. 주인공의 이 말처럼.

"우리는 답을 찾을 것이다. 늘 그랬듯이."

참고도서 및 동영상

『굿바이 미세먼지』 남준희, 김민재 / 한티재

『미세먼지 도대체 뭘까』 환경부 소책자

『미래를 읽다 과학이슈 11 시즌5』 이은희 외 10명 / 동아엠앤비

『우리의 미래, 환경이 답이다』 이병욱, 이동헌, 강만옥 / 프리이코노미 라이프

『은밀한 살인자 초미세먼지 PM2.5』 이노우에 히로요시 / 전나무숲

『지구의 미래, 기후변화를 읽다』 세계일보 특별기획취재팀 / 지상사

〈KBS특집다큐-우리 동네 미세먼지 보고서〉 2017년 5월 6, 7일

〈EBS특집다큐-아이들이 위험하다! 미세먼지의 습격〉 2013년 10월 7일

05 빛공해

교과서 수록부분
초등 과학 5~6학년 5단원 생물과 환경 / 11단원 빛과 렌즈
중등 과학 1~3학년 6단원 빛과 파동 / 15단원 열과 우리생활

학습목표

1 빛공해의 발생 원인과 그에 따른 문제점에 대해 조사해본다.
2 빛공해를 해결하기 위한 방안을 알아본다.
3 인공조명에 의한 빛공해 방지법을 이해하고, 지역별 빛공해 상황을 점검해본다.

논제 인공조명에 의한 빛공해 방지법은 전국적으로 확대·시행해야 한다.

밤에도 도시의 불빛은 촘촘히 밝혀져 있다.

논제성립배경

★ 이야기 하나

전라북도 정읍에서 들깨 농사를 짓고 있는 임모 씨(68세, 여)는 최근 들어 한숨짓는 날이 많아졌다. 금년 들깨 수확량도 지난해 대비 30%이상 감소했기 때문이다. 수확량 감소는 경작지 주변에 새로 개통한 고속국도가 원인이다. 야간 운전자의 안전을 위해 설치된 고속국도의 가로등에서 비춰지는 조명이 들깨 작물의 성장을 방해하면서 수확량에 영향을 끼치게 된 것이다.

임 씨뿐만 아니라 고속국도 주변에서 농작물을 경작하는 타 지역 농가에서도 야간조명으로 인해 농작물의 수확량이 감소하는 등 다수의 피해사례가 나타나고 있다.

★ 이야기 둘

광주광역시 야구 경기장 주변 아파트에 사는 김모 씨(48세, 남)는 프로야구 시범 경기가 시작되는 3월부터 불면증과 전쟁을 시작한다. 프로야구 경기가 열릴 때마다 대낮같이 환히 밝힌 야구장의 조명 때문에 김 씨는 잠을 제대로 자지 못하고 스트레스를 받는다. 이에 김 씨를 비롯한 아파트 주민들은 구단과 광주광역시를 상대로 공식 항의했고, 해결을 위해 재판까지 가야 했다. 하지만 여전히 빛공해를 해결할 수 있는 합리적인 방법을 찾지 못한 채 고통을 겪고 있다.

★ 이야기 셋

경기도 파주시에 살고 있는 주민 김모 씨(43세, 남)는 집 근처에 있는 상점들의 지나친 간판조명 때문에 몇 달째 잠을 이루지 못하고 있다. 김 씨는 창문으로 들어오는 빛을 막기 위해 커튼을 쳤다. 하지만 열대야가 있는 한여름 밤은 창문을 열어야 하기 때문에 커튼은 무용지물이 된다. 수면권을 방해받게 된 김 씨는 담당 행정기관을 찾아가 민원을 신청했다. 하지만 행정기관으로부터 돌아온 답변은 김 씨가 사는 지역이 '조명환경관리구역'으로 지정되어 있지 않아 아무런 조치를 할 수 없다는 것이었다. 우여곡절 끝에 주변 상점의 주인과 의논하여 간판 조명 소등 시간을 1시간 정도 앞당기기로 했지만, 여전히 환한 불빛 때문에 잠을 제대로 자지 못하는 날은 계속되고 있다.

야간조명은 밤거리의 안전과 지역경제의 활성화에 기여한다. 하지만 과도한 인공조명은 생태계를 교란시킬 뿐만 아니라 건강에 악영향을 끼치는 등 심각한 문제를 일으키고 있다. 우리나라는 국토의 89.4%가 빛공해 지역으로, G20 국가 중 1위인 이탈리아 다음으로 심각하다. 빛공해로 인한 문제가 제기되면서 2013년 '인공조명에 의한 빛공해 방지법'이 시행되었다. 하지만 아직까지 전국적인 시행이 이뤄지지 않아 논란이 계속되고 있다.

초등 저학년 추천도서

『지구를 위한 한 시간』 박주연 / 한솔수북

『지구를 위한 한 시간』이라는 제목은 아이들에게 책 속 내용에 대해 호기심을 불러일으킨다. 지구를 위해 1시간 동안 할 수 있는 일은 과연 무엇일까?
2007년 3월 31일 저녁 8시 30분, 호주 시드니 전체가 갑자기 깜깜해졌다. 왜 그런 걸까? 정전이나 사고가 아니라 에너지 절약을 목적으로 '지구를 위한 1시간 행사'에 참여하면서 불이 꺼진 것이다. 호주 시드니에 있는 220만 집과 회사들이 정해진 시간에 한꺼번에 불을 끄기로 약속했고 생각보다 많은 사람들이 이 행사에 동참했다.
전 세계 모든 사람들이 1시간 동안만 불을 끄면 어린 소나무 112만 그루 이상을 심는 것과 같은 놀라운 효과가 있다. 이 책은 지구를 보호하는 간단한 방법을 알려줌으로써 전기를 아끼고 환경을 보호하는 일은 어른과 어린이 모두 참여할 수 있다는 것을 알려준다.

초등 중학년 추천도서

『빛공해, 생태계 친구들이 위험해요』 강경아 / 와이즈만북스

길 건너 상가의 환한 불빛 때문에 잠을 이루지 못하는 소년에게 반딧불이가 나타나 잃어버린 친구를 찾게 해달라고 부탁한다. 소년은 반딧불이와 함께 길을 떠나게 되고, 여행 중 만난 콩, 들깨, 벼, 나팔꽃 등 생태계 친구들이 밤에도 낮처럼 환한 불빛 때문에 힘들어 하고 있음을 알게 된다. 이 여행 과정을 통해 소년은 환한 불빛이 결코 좋은 것만이 아님을 깨닫고 과도한 빛이 빛공해를 발생시켜 생태계 친구들을 위험에 빠뜨리게 된다는 것을 알게 된다.
인공조명으로 인해 생태계 파괴, 수면권 침해, 별자리 관측의 어려움 등 뜻하지 않은 많은 문제들을 일으키고 있다. 하지만 대부분의 사람들은 빛공해에 대해 제대로 알지 못한다. 빛공해를 잘 알지 못하는 어린이들에게 빛공해를 줄이기 위한 생활 속 실천 방법을 제시하고 있다.

『조명과 빛공해』 김정태 외 6명 공저 / 기문당

빛공해는 갈수록 심각해지고 있다. 이에 정부는 '인공조명에 의한 빛공해 방지법'을 만들었지만 빛공해에 대한 정보가 많지 않아 사람들은 빛공해를 생소하게 느낀다.
인공조명은 우리 생활과 떼려야 뗄 수가 없다. 한여름 도시의 매미가 밤낮을 가리지 않고 울어대는 것, 벼가 잘 자라지 못하고 낟알이 부실한 것 등은 모두 빛공해 때문이다. 이 책은 과도한 야간조명이 빛공해를 유발하여 생태계뿐만 아니라 인간의 대사 활동에 악영향을 미치고 있음을 잘 설명해주고 있다.

• **용어 사전**

인공조명 : 자연 그대로가 아닌 인위적으로 만들어진 빛.

㉠ 가로등 불빛, 전등 불빛, 간판 불빛, 건물 유리에 반사된 빛 등.

빛공해 : 지나친 인공조명으로 인해 사람과 자연 환경 등에 피해를 주는 것.

인공조명에 의한 빛공해 방지법 : 인공조명으로부터 발생하는 빛공해를 줄이기 위해 2012년 제정된 법.

광원 : 빛을 내는 물체나 도구. 빛을 반사하는 물체까지 포함한다.

광속 : 빛이 전달되는 속도.

룩스 : 빛의 밝기를 나타내는 단위로서, 수치가 높을수록 밝다.

조도 : 조명도라고도 하며, 표면의 단위 면적에 비추는 빛의 양. 단위는 룩스(lx).

① 1lx = 촛불 1개 정도의 밝기 ② **3룩스** = 반딧불이의 밝기

③ 15~20lx = 가로등의 밝기

휘도 : 사람의 눈 방향으로 보이는 광고물과 건축물에서 빛이 반사되는 정도를 측정하는 단위. 단위는 칸델라(cd/㎡).

① **태양** : 160,000cd/㎡ ② **투명전구(100w)** : 600cd/㎡

③ **태블릿pc** : 200~300cd/㎡ ④ **스마트폰** : 200~700cd/㎡

상향광 : 빛이 비추는 중심보다 위쪽 방향으로 비추는 빛.

스카이글로우 : 도시 지역의 인공조명의 빛이 흩어지면서 밤하늘이 밝아 별이 보이지 않는 현상.

국제다크스카이협회 : 국제적으로 빛공해에 관한 활동을 총괄하는 단체. 1998년에 설립되어 약 75개국에서 참여하고 있다.

LED등(발광다이오드) : 백열등, 형광등과 같은 재래식 조명과 달리 전기에너지

를 빛 에너지로 전환하는 효율이 높은 전기기구. 백열전구 대신 LED를 12시간 사용하면 소나무 30그루를 심은 효과가 있다. 수은과 납 등이 들어 있는 형광등과는 달리 LED는 중금속이 들어 있지 않아 중금속으로 인한 환경오염을 줄일 수 있고 자외선과 이산화탄소도 발생하지 않아 친환경적이다.

행복한 불끄기의 날 : 2007년 오스트레일리아 시드니에서 시작된 지구촌 행사로, 매월 22일 공공 기관은 저녁 8시부터 1시간, 주택은 10분 이상 스스로 불을 끄는 캠페인이다.

조명환경관리구역 : 빛공해를 단속·규제하기 위해 지자체가 지정하는 구역으로 제1종부터 제4종까지 나뉜다(제1종 자연환경보전지역, 제2종 농림지역, 제3종 주거지역, 제4종 상업지역).

조명기구 : 설치 목적에 따라 장식조명, 광고조명, 공간조명으로 분류한다.

① **장식조명, 광고조명** : 장식과 광고를 목적으로 하는 조명.

② **공간조명** : 안전한 야간 활동을 위해 특정 공간을 비추는 조명.

전광류 광고물 : 표시 내용이 수시로 변하는 문자 또는 모양을 나타내는 조명기구.

점멸 광고물 : '꺼졌다 켜졌다' 반복하는 광고물.

호모 나이트쿠스 : 밤을 의미하는 night에 인간을 뜻하는 cus를 붙인 신조어이다. 올빼미 족과 비슷한 심야형·밤샘형 사람을 뜻하는 말로 국립국어원이 2002년에 신조어로 지정했다.

불쾌글레어지수 : 시각적 불쾌감을 주는 눈부심 정도. 주택가로 들어오는 인공조명 밝기가 10 lx를 넘으면 빛공해에 해당된다. 만약 시각적으로 불쾌감을 주는 눈부심 정도가 36 lx를 넘으면 피해자는 손해배상을 청구할 수 있다.

조명환경관리구역에서 허용되는 빛방사 허용기준

빛방사 허용기준 (밝기 관리기준)						
구분 / 조명기구	적용 시간	기준값	조명환경관리구역 단위:cd/㎡			
			제1종	제2종	제3종	제4종
장식조명	일몰 후 60분~일출 전 60분	평균값	5		15	25
		최댓값	20	60	180	300
일반 광고조명	일몰 후 60분~일출 전 60분	최댓값	50	400	800	1,000
점멸 · 동영상 전광류 광고물	일몰 후 60분~24시	평균값	400	800	1,000	1,500
	24시~ 일출 전 60분		50	400	800	1,000

빛방사 허용기준 (영역 관리기준)						
구분 / 조명기구	적용 시간	기준값	조명환경관리구역 단위 : lx			
			제1종	제2종	제3종	제4종
점멸 · 동영상 전광류 광고물 공간 조명	일몰 후 60분~일출 전 60분	최댓값	10 이하			25 이하

참고 자료 : 조명과 빛공해

빛공해의 종류

종류	
산란광	인공조명의 불빛이 대기 중의 수증기나 안개, 오염물질 등에 의해 굴절, 산란되면서 밤하늘을 밝게 하는 현상
눈부심	강렬한 빛이 눈에 직접적으로 들어와 순간적인 시각마비 및 시각적 불쾌감을 일으키는 현상
침입광	조명효과가 의도하지 않은 구역까지 침투해 들어가 인간과 동식물에 피해를 주는 현상
군집된 빛	한 장소에 과도하게 모여 있는 빛의 현상
과도한 빛	필요한 이상으로 많이 빛을 쓰거나 불필요한 빛을 켜두는 현상

참고 자료 : 조명박물관 홈페이지

빛공해를 줄이는 방법

① 빛공해에 관심 갖기
② 빛공해와 자연생태계에 관한 정보 나누기
③ 불필요한 야간조명 사용하지 않기
④ 상향 조명 사용하지 않기
⑤ 가로등에 등갓 씌우기
⑥ 직접조명보다 간접조명을 선택하기
⑦ 차광 필름 또는 차광 루버 설치
⑧ 차광판 및 차광막 설치
⑨ 밝기를 조절할 수 있는 조명 사용하기
⑩ 빛공해를 방지하는 효율적인 조명 사용하기
⑪ 지구촌 불끄기 캠페인 동참 (매년 마지막 주 토요일 60분간 불끄기)

참고 자료 : 조명박물관 홈페이지

토론가능논제

1 지구촌 불끄기 행사를 의무화해야 한다.
2 공공장소 조명을 LED로 전면 교체해야 한다.
3 조명환경관리구역 제4종에 전기요금 누진제를 적용해야 한다.

관련 과학자

토머스 에디슨

Thomas Alva Edison, 1847~1931, 미국

토마스 에디슨은 전기시대를 여는 데 중요한 역할을 한 미국의 발명가이다. 에디슨의 백열전구 발명은 세상을 환히 밝히는 데 큰 역할을 하였다.

유달리 호기심이 많았던 에디슨은 학교에서 친구들과 다른 행동으로 초등학교 입학 3개월 만에 퇴학을 당하게 된다. 하지만 그의 어머니는 에디슨을 혼내기보다는 하고자 하는 실험을 적극적으로 할 수 있도록 관심과 응원을 아끼지 않았다. 어려운 가정환경으로 인해 에디슨은 12살부터 철도에서 신문, 과자 등을 팔면서도 꿋꿋하게 발명에 열중했다. 그 결과 주식상장표시기, 백열전구, 영사기 등 1,093개의 발명품에 대한 특허를 얻었다.

에디슨의 수많은 발명품 중 우리 생활에 가장 큰 영향을 준 것은 바로 전구의 발명이다. 에디슨이 세상을 밝히는 백열전구를 발명하기까지는 1만 5,000번의 실패가 있었다. "천재란 1%의 영감과 99%의 노력으로 이뤄진다"고 말한 에디슨처럼 오늘을 살아가는 어린이들도 쉽게 포기하지 않고 꾸준히 노력을 기울인다면 자신의 꿈을 이룰 수 있을 것이다.

마인드맵

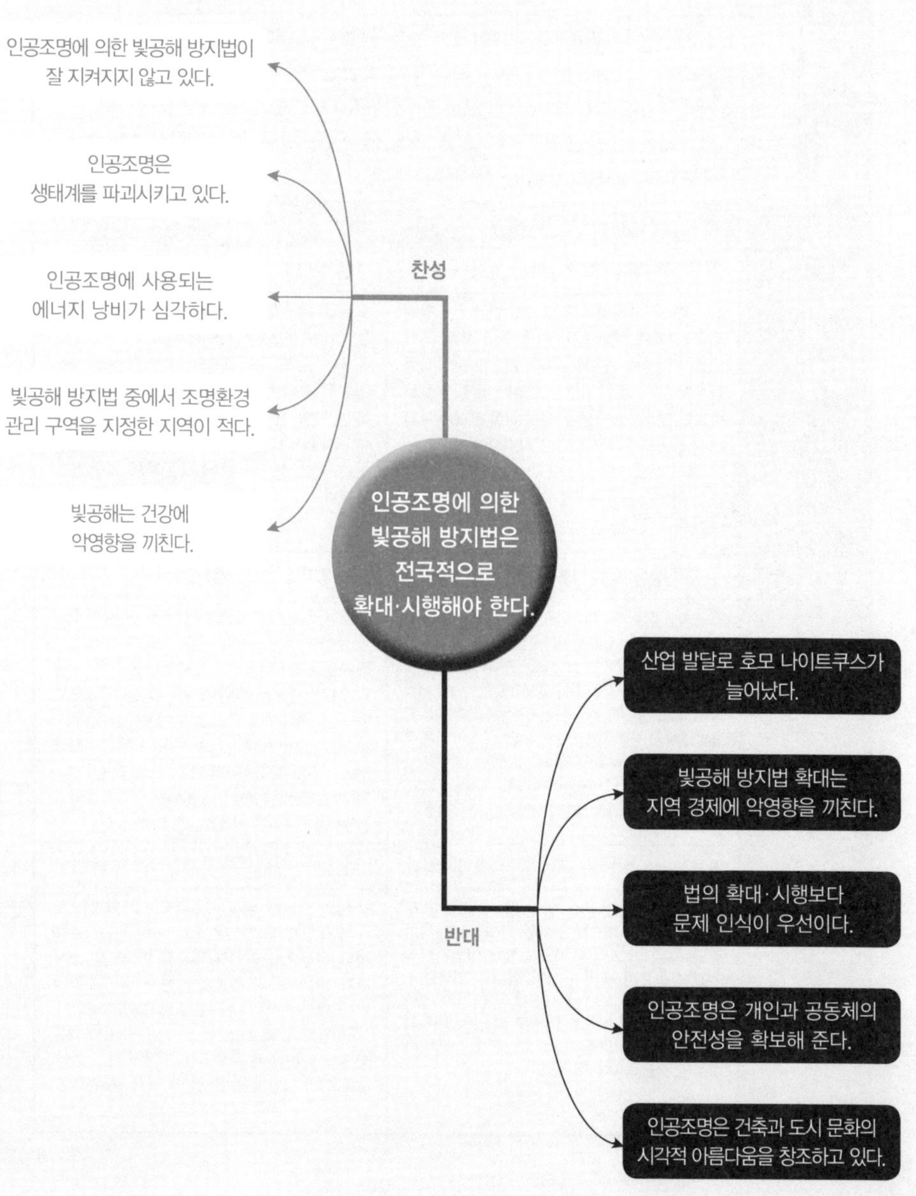
인공조명에 의한 빛공해 방지법이
잘 지켜지지 않고 있다.
인공조명은
생태계를 파괴시키고 있다.
인공조명에 사용되는
에너지 낭비가 심각하다.
빛공해 방지법 중에서 조명환경
관리 구역을 지정한 지역이 적다.
빛공해는 건강에
악영향을 끼친다.
찬성
인공조명에 의한
빛공해 방지법은
전국적으로
확대·시행해야 한다.
반대
산업 발달로 호모 나이트쿠스가
늘어났다.
빛공해 방지법 확대는
지역 경제에 악영향을 끼친다.
법의 확대·시행보다
문제 인식이 우선이다.
인공조명은 개인과 공동체의
안전성을 확보해 준다.
인공조명은 건축과 도시 문화의
시각적 아름다움을 창조하고 있다.

토론 요약서

<table>
<tr><td>논 제</td><td colspan="3">인공조명에 의한 빛공해 방지법은 전국적으로 확대·시행해야 한다.</td></tr>
<tr><td>용 어
정 의</td><td colspan="3">1) 인공조명 : 인위적으로 빛을 내는 물체에 의해 조명하는 것. 장식조명, 광고조명, 공간조명 등이 있다.
2) 인공조명에 의한 빛공해 방지법 : 인공조명의 과도한 빛으로 발생하는 국민 건강과 환경에 대한 위해를 방지하고 인공조명을 환경 친화적으로 관리해 국민이 건강하고 쾌적한 생활을 할 수 있도록 밝기와 영역을 관리하는 법.
3) 확대·시행 : 서울특별시와 인천·광주광역시에서만 시행되고 있는 '인공조명에 의한 빛공해 방지법'이 전국적으로 시행될 수 있도록 법 규정을 강화하는 것을 말한다.</td></tr>
<tr><td rowspan="3">주 장
1</td><td></td><td>찬성측</td><td>반대측</td></tr>
<tr><td>주장</td><td>빛공해는 건강에 악영향을 끼친다.</td><td>산업 발달로 호모 나이트쿠스가 늘어났다.</td></tr>
<tr><td>근거</td><td>2014년 고려대 의과대 빛공해 연구팀이 발표한 '빛공해에 의한 건강 영향 연구 결과'에 따르면, 빛공해는 수면 시간과 수면의 질에 직접적으로 좋지 않은 영향을 끼친다. 빛공해에 노출되면 잠을 자는 동안 생체 리듬을 조절하기 위해 분비되는 멜라토닌이 억제되어 생체리듬이 깨지고 멜라토닌 분비 감소 상태가 지속될 경우 암, 당뇨병, 우울증 등의 발병 위험이 높아진다.</td><td>오늘날 대부분의 산업현장에서는 생산성을 높이기 위해 24시간을 3교대로 근무한다. 또 유통산업 발달로 운송회사 직원들은 빠른 배송을 위해 주로 밤에 일하며, 대량 판매를 하는 도매 상가들도 밤에 운영되는 곳이 많다. 우리나라는 '호모 나이트쿠스'라는 신조어가 생길 정도로 밤에 활동하는 인구가 많아졌다.</td></tr>
<tr><td rowspan="2">주 장
2</td><td>주장</td><td>인공조명은 생태계를 파괴시키고 있다.</td><td>빛공해 방지법 확대는 지역 경제에 악영향을 끼친다.</td></tr>
<tr><td>근거</td><td>최근 자연빛과 인공 빛을 구분하지 못하는 철새들이 탑에 부딪쳐 죽는 일이 빈번하게 발생하고 있다. 또 바다거북, 연어와 청어 등 바다생물들이 과도한 인공 불빛 때문에 방향감각을 잃어 육식어종의 먹이가 되거나 서식지로 돌아가지 못해 죽는 경우가 잦다. 또한 빛공해 탓에 낮 시간이 밤 시간보다 짧아야 꽃이 피는 식물은 개화가 늦어져서 수확량이 감소한다. 반대로 낮 시간이 밤 시간보다 길어야 꽃이 피는 식물도 야간조명으로 인해 개화가 빨라져 수확량이 감소하게 된다.</td><td>2015년 총 40만여 명의 시민 및 방문객들이 참여한 부산항 축제는 LED 워터보드, 미디어파사드 등 조명을 활용하여 야간의 다양한 볼거리로 관광객의 많은 관심을 불러일으켰다. 충남 태안군도 안면도 백사장항과 남면 드르니항을 연결하는 인도교 경관조명을 통해 야간 볼거리를 마련하여 관광명소가 되고 있다. 하지만 야간조명의 규제가 강화된다면 지금처럼 조명을 사용해서 야간 명소들을 운영하기에는 많은 어려움이 따를 것이다.</td></tr>
<tr><td rowspan="2">주 장
3</td><td>주장</td><td>인공조명에 사용되는 에너지 낭비가 심각하다.</td><td>법의 확대·시행보다 문제인식이 우선이다.</td></tr>
<tr><td>근거</td><td>2016년 10월 에너지시민연대는 6월, 7월 두 달 동안 전국 6개 시·도(서울, 부산, 광주, 경기 평택, 경기 안산, 경남 마산) 상가 밀집지역의 야간 간판조명 에너지 낭비 실태를 조사했다. 조사 결과 간판 조명 총 105개 중 44개가 기준치 이상의 조명 밝기를 비추고 있는 것으로 확인되어 인공조명에 사용되는 에너지 낭비가 심각한 것으로 밝혀졌다.</td><td>2014년 고려대 의대 예방의학교실 최재욱 교수 연구팀이 우리나라 20대 이상 남녀 1,096명을 대상으로 실시한 빛공해 인식도를 조사 결과 2013년부터 법률로 시행된 '빛공해 방지법'에 대하여 45.3%가 '전혀 알고 있지 못한다'고 응답했다. 또 '어느 정도 알고 있다'고 대답한 응답자는 전체의 10.6%, '정확히 알고 있다'고 대답한 응답자는 전체의 0.6%에 불과했다</td></tr>
</table>

◐ 찬성측 입론서

• 논의 배경

인공조명은 야간 활동의 불편함을 해소해주고 작업 능률을 높이는 등 현대의 생활에서 꼭 필요한 존재다. 하지만 인공조명으로 인한 필요 이상의 빛은 에너지 낭비의 원인이 되었고, 인체뿐만 아니라 생태계까지 위협하고 있다.

인간과 자연에 끼치는 빛공해의 피해를 줄이고자 우리나라에서는 2012년 '인공조명에 의한 빛공해 방지법'을 제정했다. 그러나 아직까지 일부 지자체에서만 실시하고 있어 빛공해로 인한 피해는 계속 이어지고 있다. 이를 해결하기 위해 빛공해 방지법을 전국적으로 확대·시행해야 하는지에 대해 논의하고자 한다.

• 용어 정의

1_ **인공조명** 인위적으로 빛을 내는 물체에 의해 조명하는 것을 뜻하며 장식조명, 광고조명, 공간조명 등이 이에 해당된다.

2_ **인공조명에 의한 빛공해 방지법** 인공조명에서 발생하는 과도한 빛으로 인한 국민 건강과 환경에 대한 위해를 방지하고 인공조명을 환경 친화적으로 관리해 국민이 건강하고 쾌적한 생활을 할 수 있도록 밝기와 영역을 관리하는 법.

3_ **확대·시행** 서울특별시와 인천·광주광역시에서만 시행되고 있

는 '인공조명에 의한 빛공해 방지법'이 전국적으로 시행될 수 있도록 법 규정을 강화하는 것을 말한다.

주장 1 빛공해는 건강에 악영향을 끼친다.

2014년 고려대 의과대 빛공해 연구팀이 발표한 '빛공해에 의한 건강 영향 연구 결과'에 따르면, 빛공해는 수면 시간과 수면의 질에 직접적으로 좋지 않은 영향을 끼친다. 빛공해에 노출되면 잠을 자는 동안 생체 리듬을 조절하기 위해 분비되는 멜라토닌이 억제되어 생체리듬이 깨진다. 멜라토닌 분비 감소 상태가 지속될 경우 암, 당뇨병, 우울증 등의 발병 위험이 높아진다.

2008년 이스라엘 하이파 대학에서 실시한 '야간의 과다한 빛이 여성의 유방암 발생 비율에 미치는 영향'에 대한 연구 자료에 따르면 야간 인공조명에 과대 노출된 지역의 여성들이 그렇지 않은 지역보다 유방암 발생 비율이 73%나 높게 나타난 것으로 조사됐다. 2014년 우리나라 환경부 연구 조사에서도 야간에 과다한 빛에 노출된 여성들의 유방암 발생비율이 그렇지 않은 지역 여성들보다 30% 정도 높은 것으로 나타났다. 때문에 세계보건기구 산하 국제암연구기구는 2007년 빛공해를 '발암물질'로 인정하여 '야간교대근무'를 납, 자외선과 함께 2급 발암요인으로 정식 채택했다.

주장 2 인공조명은 생태계를 파괴시키고 있다.

생태계 속 생물과 환경은 상호작용하며 조화를 이루며 살아가고 있다. 이를 생태계 평형이라고 한다. 그런데 인공조명은 이러한 생태계 평형을 깨뜨려 문제가 되고 있다.

최근 자연빛과 인공 빛을 구분하지 못하는 철새들이 탑에 부딪쳐 죽는 일이 빈번하게 발생하고 있다. 또 바다거북, 연어와 청어 등 바다생물들이 과도한 인공 불빛 때문에 방향감각을 잃어 육식어종의 먹이가 되거나 서식지로 돌아가지 못해 죽는 경우가 잦다. 또한 빛공해 탓에 낮 시간이 밤 시간보다 짧아야 꽃이 피는 식물(들깨, 참깨 등)은 개화가 늦어져서 수확량이 감소한다. 반대로 낮 시간이 밤 시간보다 길어야 꽃이 피는 식물(보리, 밀, 유채, 시금치 등)도 야간조명으로 인해 개화가 빨라져 생장기간이 단축되면서 수확량이 감소한다.

주장 3 인공조명에 사용되는 에너지 낭비가 심각하다.

2016년 10월 에너지시민연대는 6월, 7월 2달 동안 전국 6개 시·도(서울, 부산, 광주, 경기 평택, 경기 안산, 경남 마산) 상가 밀집지역의 야간 간판조명 에너지 낭비 실태를 조사했다. 조사 결과 간판

조명 총 105개 중 44개가 기준치 이상의 조명 밝기를 비추고 있는 것으로 확인되어 인공조명에 사용되는 에너지 낭비가 심각한 것으로 밝혀졌다. 지역별로는 안산, 마산, 광주, 부산, 평택, 서울 순으로 나타나 대도시보다 중소 공업도시의 빛공해가 심각했으며 업종별로는 음식점 광고조명이 9,129cd/m²로 기준치 대비 약 6배를 초과한 것으로 나타났다. 해마다 여름이면 전력수급난으로 심한 홍역을 치르는 중에도 누진제가 없는 일반용 전기요금이 적용되는 상가에서는 야간에도 광고조명을 과도하게 사용해 문제가 되고 있는 것이다.

2014년 인천시에서 지역 빛공해 피해 실태조사 결과에서도 62%가 빛방사 기준에 부적합하게 오·남용되고 있으며 이를 바로잡을 경우 건축물 조명의 37.5%, 가로등 조명의 46.5%까지 에너지 절감이 가능한 것으로 조사됐다. 이처럼 인공조명 사용으로 인한 에너지 낭비를 막고 시민의 쾌적한 삶을 위해 빛공해 방지법은 일부 지역이 아니라 전국적으로 확대되어야 한다.

◑ 반대측 입론서

• 논의 배경

서울의 남산타워, 뉴욕의 자유의 여신상, 파리의 에펠탑 등은 각 도시와 국가를 대표하는 건물이다. 이 건물들이 각 도시 대표성을 강조해주는 것은 바로 밤하늘을 빛내는 야간조명이 있기 때문이다. 이 화려한 불빛은 도시의 정체성을 확고히 해주어 성공의 상징이 되었다. 그러나 최근 인공 빛의 무분별한 사용과 과도한 빛이 사회적 문제로 제기되고 빛공해라는 개념이 사회적 문제로 대두되고 있다. 이런 사회적 여론을 바탕으로 '2013년 인공조명에 의한 빛공해 방지법'이 시행되었다. 하지만 빛공해 방지법의 실효성에 대한 논란은 계속되고 있다. 이에 빛공해 방지법에 대해 알아보고, 빛공해 해결 방안에 대해 깊이 있게 논의해보고자 한다.

• 용어 정의

1_ **인공조명** 인위적으로 빛을 내는 물체에 의해 조명하는 것을 뜻하며 장식조명, 광고조명, 공간조명 등이 이에 해당된다.

2_ **인공조명에 의한 빛공해 방지법** 인공조명의 과도한 빛으로 발생하는 국민 건강과 환경에 대한 위해를 방지하고 인공조명을 환경 친화적으로 관리해 국민이 건강하고 쾌적한 생활을 할 수 있도록 밝기와 영역을 관리하는 법.

3_ **확대·시행** 서울특별시와 인천·광주광역시에서만 시행되고 있는 '인공조명에 의한 빛공해 방지법'이 전국적으로 시행될 수 있도록 법 규정을 강화하는 것을 말한다.

주장 1 산업 발달로 호모 나이트쿠스가 늘어났다.

오늘날 대부분의 산업현장에서는 생산성을 높이기 위해 24시간을 3교대로 근무한다. 또 유통산업 발달로 운송회사 직원들은 빠른 배송을 위해 주로 밤에 일하며, 대량 판매를 하는 도매 상가들도 밤에 운영되는 곳이 많다. 이렇게 밤에 활동하는 인구가 많아지면서 밤을 의미하는 night에 인간을 뜻하는 cus를 붙인 '호모 나이트쿠스homo nightcus'라는 신조어가 생겨났다.

초기 호모 나이트쿠스의 등장은 24시간 운영되는 식당, 커피숍, 야시장 등과 같은 일부 장소가 중심이 되었다. 하지만 이들이 즐길 수 있는 야간 문화가 다양해지면서 이제는 영화관과 미술관, 박물관 등의 야간 개장이 일상적인 문화가 되었고, 점차 '24시간 사회'로 변해갔다. 이처럼 발달된 밤문화는 호모 나이트쿠스를 더욱 확산시키고 있다.

주장 2 빛공해 방지법 확대는 지역 경제에 악영향을 끼친다.

세계 5대 항만인 부산항은 2008년부터 매년 5월 축제를 개최한다. 2015년 총 40만여 명의 시민 및 방문객들이 참여한 부산항 축제는 LED 워터보드, 미디어파사드 등 조명을 활용하여 야간의 다양한 볼거리로 관광객의 많은 관심을 불러일으켰다. 부산항 축제는 자연 빛의 한계를 벗어나 아름다운 야간 경관의 창출로 부산이라는 도시의 이미지와 브랜드 가치를 높였다. 또 충남 태안군 역시 안면도 백사장항과 남면 드르니항을 연결하는 인도교 경관조명을 통해 야간 볼거리를 마련하여 관광명소가 되고 있고, 전남 여수시도 여수 밤바다 불꽃 축제를 개최하여 관광 수익을 올리고 있다. 이처럼 조명은 각 지역의 야간 명소를 알리는 중요한 역할을 하고 있을 뿐만 아니라 지역 경제에 중요한 역할을 하고 있다. 하지만 야간조명의 규제가 강화된다면 지금처럼 조명을 사용해서 야간 명소들을 운영하기에는 많은 어려움이 따르게 될 것이고 지역 경제에 악영향을 끼치게 된다.

주장 3 법의 확대·시행보다 문제인식이 우선이다.

2016년 이탈리아·독일·미국·이스라엘 등 국제 공동 연구팀이 전 세계의 빛공해 실태를 조사한 결과, 한국은 사우디아라비아에 이어 '빛공해에 많이 노출된 국가' 2위로 나타났다. 전 국토에서 빛공해 지역이 차지하는 비율은 89.4%로 90.4%인 이탈리아에 이어 두 번째로 높았다. 2016년 빛공해 민원도 10년 전에 비해 6.7배 증가한 6,978건에 달했다.

이 같은 문제점으로 인해 2013년 '인공조명에 의한 빛공해 방지법'이 시행되었지만, 빛공해에 대한 문제인식이 여전히 부족한 것으로 확인되었다. 2014년 고려대 의대 예방의학교실 최재욱 교수 연구팀이 우리나라 20대 이상 남녀 1,096명을 대상으로 실시한 빛공해 인식도를 조사 결과 2013년부터 법률로 시행된 '빛공해 방지법'에 대하여 절반에 가까운(45.3%)가 '전혀 알고 있지 못한다'고 응답했다. 또 '어느 정도 알고 있다'고 대답한 응답자는 전체의 10.6%, '정확히 알고 있다'고 대답한 응답자는 전체의 0.6%에 불과했다. 따라서 먼저 빛공해를 문제로 인식하고 이를 개선하고자 하는 인식 확산이 필요하다.

과학 토론 개요서

참가번호	소속 교육지청명	학 교	학 년	성명

토론논제

인공조명 기술의 발전은 야간조명의 과용과 오용으로 이어져 결국 빛공해라는 심각한 환경공해를 야기하게 되었다. 그로 인해 에너지 낭비, 교통안전 저해, 수면방해, 생태계 교란 등의 문제가 점점 심각해지고 있다. 빛공해가 생태계에 미치는 영향에 대해 분석하고 그에 대한 해결책을 창의적인 방법으로 제시하시오.

관련 영화

〈별을 지키는 도시〉 2011년, 감독 이안 체니

밤하늘을 쳐다보면 날씨와 상관없이 별을 보기가 매우 힘들어졌다. 바로 빛공해 때문이다. 미국 이안 체니 감독의 〈별을 지키는 도시〉는 이 같은 도심의 빛공해를 알리기 위해 뉴욕을 기반으로 만들어진 환경영화다. 감독은 눈이 부실 정도의 화려하게 펼쳐진 도시의 불빛이 우리에게 어떤 영향을 끼치는지 영화를 통해 알려주고 있다.

플로리다 해안가에 알을 낳으러 올라오는 거북이들. 하지만 거북이들은 빛공해로 인해 산란에 어려움을 겪고 있다. 빛공해의 여정을 따라 촬영을 계속하던 감독은 인공 불빛의 장점도 있지만 생태계와 사람들의 건강에 심각한 영향을 끼치고 있다는 사실을 알게 된다. 빛공해에 대한 문제점 인식이 부족한 현실에서 빛의 양면성을 잘 보여주는 영화다.

참고도서

『생각하는 십대를 위한 환경 교과서 에코사전』 강찬수 / 꿈결출판사

『지구의 미래: 기후변화를 읽다』 세계일보 특별기획취재팀 / 지상사

환경교육교재

『2017 빛공해 실무』 환경부 국립환경인력개발원

참고 사이트 및 동영상

조명박물관 http://www.lighting-museum.com

〈국민 신문고-빛공해 잠 못 이루는 대한민국〉 YTN

〈빛공해에 빼앗긴 밤… 실태와 대책은?〉 YTN 사이언스

06 해양오염

교과서 수록부분

초등 과학 5~6학년 4단원 다양한 생물과 우리 생활 / 5단원 생물과 환경

중등 과학 1~3학년 3단원 물의 다양성 / 14단원 수권과 해수의 순환 / 24단원 과학기술과 인류 문명

학습목표

1 플라스틱의 역사에 대해 조사해본다.
2 바다로 버려지는 플라스틱 쓰레기의 문제점을 분석해본다.
3 해양생태계를 위협하고 있는 일회용 플라스틱의 실태를 알아본다.

논제 해양오염을 막기 위해 일회용 플라스틱 사용을 금지해야 한다.

해양 생물들은 바다 위에 떠 있는 오염 물질을 먹게 된다.

논제성립배경

★ 이야기 하나

서울 동대문구에 거주하는 한모 씨(45세, 남)는 여름휴가를 맞아 가족들과 함께 을왕리 해수욕장으로 놀러갔다. 바닷가에서 신나게 놀던 아이들이 갑자기 소리를 지르며 뛰쳐나와 확인해보니 바다거북이 플라스틱 링에 끼인 채 죽어 있었다. 이처럼 해마다 증가하는 플라스틱 쓰레기로 인해 바다생태계가 몸살을 앓고 있다. 버려진 플라스틱은 바람과 조류에 의해 미세플라스틱으로 부서지고 바다 동물은 플라스틱을 먹이로 오인하여 섭취하고 있다.

유엔환경계획(UNEP)에서 발표한 생물다양성협약보고서에 따르면 1997년 이후 해양 쓰레기로 인한 피해 생물 종이 무려 663종으로 증가했으며, 바다쓰레기 더미 주변에서 채취된 어류 35%의 배 속에서 미세플라스틱이 발견됐다고 발표했다. 문제는 여기서만 그치지 않는다. 바다 동물이 섭취한 미세플라스틱은 먹이사슬을 통해 결국 사람에게 되돌아온다.

★ 이야기 둘

환경에 관심이 많았던 대학생 이모 씨(24세, 남)는 지난 10년 동안 플라스틱 생산량이 과거 100년 동안의 생산량보다 더 많으며 이 플라스틱이 해양 쓰레기가 되어 심각한 환경문제를 일으키고 있다는 사실에 놀랐다. 이를 계기로 환경 운동에 동참하고 싶었던 그는 교내 환경 동아리를 찾아가 버려지는 플라스틱을 재활용해서 생활에 필요한 물건들을 만들자고 제안했다. 이후 동아리 부원들과 함께 버려지는 테이크아웃 컵을 화분으로 재사용할 수 있도록 하는 캠페인을 진행하면서 환경 운동을 실천하고 있다.

★ 이야기 셋

직장인 이모 씨(30세, 남)는 점심 식사 후 매일 커피전문점에 들러 커피를 마신다. 커피를 주문하면 커피전문점 직원은 주문한 음료를 당연하게 일회용 플라스틱 컵에 담아준다. 음료를 주문하면 개인 텀블러나 머그컵을 사용할 것인지 물어보는 경우는 거의 찾아보기 힘들다. 이처럼 대부분 커피전문점에서는 매장을 방문하는 고객에게 머그컵, 개인텀블러 사용 안내를 하지 않고 있다. 이로 인해 매장을 방문하는 고객 10명 중 7명은 일회용 컵을 사용하고 있다.

2015년 기준 일회용 컵 사용량은 6억 7000만 개를 넘을 정도로 꾸준히 늘고 있다. 하지만 일회용 컵은 분리배출이 잘 되지 않고 회수율이 낮아 재활용이 안 되는 쓰레기들과 함께 소각 처리가 되면서 심각한 환경 문제를 일으키고 있다. 하지만 매일매일 소비되는 수많은 일회용 컵 대신 머그컵이나 개인 텀블러를 사용한다면 환경오염을 막을 수 있고, 쓰레기 처리 비용도 줄일 수 있어 일석이조의 효과를 볼 수 있을 것이다.

일회용 플라스틱의 사용은 해마다 늘어가고 있다. 플라스틱은 사용이 편리하고 값이 싸다는 장점이 있어 대량 생산과 대량 소비가 이뤄지고 있다. 하지만 계속 늘어나는 일회용 플라스틱 쓰레기는 해양생태계를 위협하고 있으며 그 피해는 갈수록 심각해지고 있다. 이러한 상황에서 과연 일회용 플라스틱을 계속 사용해도 될까?

초등 저학년 추천도서

『플라스틱 아일랜드』 김은경 / 파란정원

이 책의 이야기는 우리나라보다 7배 큰 새로운 섬이 발견되었다는 내용으로 시작된다. 인간이 함부로 버린 쓰레기가 바다의 흐름을 타고 모여 거대한 쓰레기 섬이 만들어진 것이다. 이 거짓말 같은 쓰레기 섬 이야기가 현실이라는 사실이 더욱 충격적이다. 이러한 쓰레기 섬 문제를 어떻게 해결할 수 있을까?
이 책에 나오는 오 탐정 사무소 대원들은 비닐 조각을 삼키고 괴로워하는 돌고래, 빨대에 코가 찔려 다친 거북이 등 사람들이 버린 플라스틱 쓰레기 때문에 고통받고 있는 바다 동물을 발견한다. 또 잘게 부서진 플라스틱 조각을 플랑크톤으로 착각한 물고기들이 떼죽음을 당한 사실도 알게 된다. 대원들은 바다 동물이 아프지 않도록 실천할 수 있는 방법을 정하게 된다.

초등 중학년 추천도서

『플라스틱은 돌고 돌아서 돌아온대!』 이진규 / 생각하는아이

싸고 편리한 플라스틱은 사람들의 필요에 의해 만들어졌지만 사용 후 버려지는 플라스틱은 환경을 파괴하고 사람들의 건강을 위협하고 있다. 나쁜 줄 알지만 필수품이 돼버린 플라스틱의 사용을 줄이는 것은 생각보다 쉽지 않다.
이 책은 플라스틱의 역사부터 생활에 필요한 적정 기술에 대해 알려주는 환경 그림책으로 책을 읽고 나면 플라스틱의 양면성에 대해 알게 된다. 당장 사용을 멈출 수 없다면, 우리가 모르고 있던 플라스틱에 대해 제대로 알아보고 사용하도록 길잡이가 되어주는 책이다.

초등 고학년 추천도서

『플라스틱 행성』 게르하르트 프레팅 외 1명 / 거인

가볍고 가격이 싼 플라스틱은 우리에게 생활 속 편리함을 제공하고 있다. 문제는 많은 양이 만들어지고 많은 양이 바다로 버려지고 있다는 것이다. 현재 버려진 수많은 플라스틱으로 인해 바다에 거대한 쓰레기 섬이 만들어졌고, 또 바다 동물은 병들고 있다. 과연 플라스틱 오염으로부터 지구를 구할 수 있을까?

중고등 추천도서

『세상에 대하여 우리가 더 잘 알아야 할 교양-플라스틱 오염, 재활용이 해답일까?』 제오프 나이트 / 내인생의책

과거에는 거북이 등딱지나 코끼리 상아로 빗이나 그릇, 건반 등을 만들었다. 이에 대한 수요가 늘어난 반면 구하기 힘들고 가격이 비싸다는 점 때문에 대체 물질을 개발하려는 과학자들의 연구 결과 플라스틱인 폴리에틸렌이 발명되었다. 이 같은 플라스틱 역사에서부터 생성 원리, 플라스틱 오염을 막기 위한 현실적인 대안들에 이르기까지 플라스틱을 둘러싼 각종 주제들을 빠짐없이 다루고 있는 책이다.

• **용어 사전**

플라스틱 : 열과 압력을 가했을 때 일정한 모양을 만들 수 있으며 열과 압력이 사라진 후에도 유지되는 화합물.

플라스틱 섬 : 태평양 거대 쓰레기지대로 1997년 찰스 무어 선장에 의해 최초로 발견되었다. 현재 알려진 플라스틱 섬은 6개로 한반도 면적의 7배에 달한다.

미세플라스틱 : 지름 5mm 이하의 작은 플라스틱 입자.

① **1차 미세플라스틱** : 생산 단계에서 미세하게 제조된 플라스틱으로 마이크로비즈가 해당된다.

② **2차 미세플라스틱** : 외부 힘에 의해 닳거나 부서져 생겨난 플라스틱.

생분해성 플라스틱 : 폴리에스테르를 이용해 만든 바이오 플라스틱으로 토양 중에 있는 세균에 의해 분해된다.

비스페놀A : 아세톤과 페놀을 합산하여 만든 화합물로 플라스틱 제품을 만드는 원료로 사용한다. 체내로 유입될 경우, 내분비계의 정상적인 기능을 교란시켜 생식, 면역 기능을 저하시킨다.

다이옥신 : 플라스틱 종류를 태울 때 발생하는 화학 물질로 단 1g으로 몸무게 50㎏이 나가는 어른 2만 명을 죽일 수 있을 만큼 맹독성 물질이다.

환경호르몬 : 우리 몸의 정상적인 호르몬이 만들어지거나 작용하는 것을 방해해 신체의 균형을 깨지게 만드는 유해한 물질.

천연수지 : 송진이나 셀룰로오스처럼 자연으로부터 얻어낸 수지.

합성수지 : 화학적인 합성에 의하여 인공적으로 만들어진 수지. 플라스틱이 대표적이다.

열가소성수지 : 열을 가하면 녹아서 다른 형태로 만들기 쉬운 플라스틱으로 재활용이 가능하다.

예 일회용 컵, 일회용 비닐봉지, 일회용 포장용기, 장난감 등.

열경화성수지 : 열을 가하여 제품을 만든 다음 다시 열을 가하면 유독가스를 내뿜으며 타서 가루가 되어 재활용이 불가능한 플라스틱.

예 텔레비전, 전화기, 단추, 휴대전화 기판, 전기스위치 덮개 등.

셀룰로이드 : 1869년 미국의 발명가 하이엇이 코끼리 상아를 대신해서 천연수지로 만든 최초의 플라스틱. 면화와 녹나무에서 추출한 물질로 만들었다.

베이클라이트 : 1906년 벨기에 출신인 미국인 발명가 베이클랜드가 만들어낸 최초의 합성수지.

나일론 : 1935년 하버드 대학 교수 캐로더스에 의해 개발된 첫 번째 인공 섬유로 양모보다 가볍고 물에 젖어도 강도에는 변함이 없다.

프탈레이트 : 플라스틱을 부드럽게 만들기 위해 사용되는 첨가제. 내분비계 장애를 일으키는 환경호르몬으로 현재 유럽 연합은 장난감에 사용을 금지하고 있다.

폴리에틸렌 : 화학성분 배출이 없어 안전하기 때문에 생수병, 이온음료 병, 필름, 주방용기 등으로 사용된다.

폴리스틸렌 : 가공하기 쉽지만 가열하면 환경호르몬이 배출된다. 일회용 컵, 컵라면 용기, 아이스크림 용기 등으로 사용된다.

에틸렌 : 나프타 등 석유 유분을 정제해 얻는 화학물질.

프로필렌 : 석유를 가열하여 정제하면 만들어지는 물질.

정제 : 물질에 섞인 불순물을 없애 그 물질을 더 순수하게 하는 것이다.

중합체 : 모든 물질을 구성하는 가장 작은 단위는 원자이며 원자들이 모여서 만든 결합체가 분자다. 이 분자들이 사슬처럼 엮여서 아주 큰 분자를 이루는 것이 중합체다.

너들 : 플라스틱 제품을 만들 때 원료로 사용되는 작은 플라스틱 알갱이, 물품을 포장할 때 완충재로 사용하기도 한다.

가소제 : 유연성과 강도를 높이기 위해 플라스틱에 첨가하는 재료.

예 비스페놀.

단열재 : 외부로의 열손실이나 열의 유입을 막기 위해 사용하는 재료.

매립지 : 각종 쓰레기를 묻어 폐기물을 처리하는 곳으로 이곳에서 유출된 유해 물질은 토양과 수질 환경오염의 원인이 되고 있다.

생물다양성협약CBD : 지구상의 생물종을 보호하기 위해 마련된 협약으로 1992년 '유엔환경개발회의'에서 채택되었다. 지구상의 생물종을 보호하기 위해 마련된 협약이다.

해양보존협회 : 해양 생물을 보호하고 해양 오염을 막기 위한 일을 하고 있다.

선진국의 플라스틱 대책

① **유럽연합** : 2030년까지 모든 일회용 포장지를 재사용하거나 재활용 포장

지로 바꾸고 커피 컵과 같은 일회용 플라스틱의 사용을 단계적으로 폐지하기로 함.

② **영국** : 일회용 비닐봉지 유료판매 제도에 이어 플라스틱과 유리병, 캔 등에 보증금을 부과하는 방안을 도입.

유럽연합 : 1993년 11월 1일에 유럽의 정치 경제 통합을 실현하여 유럽의 경제·사회 발전을 촉진하기 위함으로 창설되었다. 유럽연합의 회원국은 벨기에, 프랑스, 이탈리아, 룩셈부르크, 네덜란드, 독일, 덴마크 등 28개국이었으나 2016년 6월 영국이 탈퇴를 결정하면서 현재 27개국이 되었다.

먹이사슬 : 생물 사이의 먹고 먹히는 관계가 마치 사슬처럼 연결되어 있는 것을 말한다.

선진국 : 개발도상국에 비해 국민의 평균 소득과 생활수준이 높고 지식과 기술 보급이 잘 되어 있는 국가.

해양법 : 해양을 국제 사회가 질서 있게 합리적으로 규율함과 동시에, 그와 관련된 국제 분쟁을 평화적으로 해결하도록 하는 국제법.

플라스틱 제조과정

① 석유를 가열하여 정제해서 에틸렌과 프로필렌을 만든다.

② 에틸렌과 프로필렌을 다른 화학 물질과 결합시키면 플라스틱 중합체가 만들어진다.

③ 만들어진 플라스틱 중합체에 화학물질을 섞은 다음 열을 가한 뒤 틀에 붓는다(미가공 상태의 플라스틱이 만들어진다).

④ 미가공 플라스틱에 다시 열을 가하고, 유연성과 강도를 높이기 위해 가소제를 첨가한다.

업사이클링 : 업그레이드upgrade와 재활용recycling의 합성어. 약간의 가공을

통해 가치 있는 제품으로 재탄생시키는 것.

생물농축 : 화학성분 등 유해한 성분이 생물체로 들어와 먹이 사슬을 통해 쌓이는 것. 예를 들어 바닷속 미세플라스틱은 플랑크톤의 먹이가 되고 플랑크톤은 물고기의 먹이가 된다. 물고기는 최종적으로 사람의 식탁에 오르게 되고, 먹이 사슬의 상위단계 사람은 가장 높은 농도의 유해한 성분이 몸속에 쌓인다.

토론가능논제

1 일회용 플라스틱을 생분해되는 소재로 전환해야 한다.
2 월 1회 '일회용품을 쓰지 않는 날'을 정해야 한다.
3 해양 쓰레기의 심각성을 알리는 환경교육을 학교에서 정기적으로 실시해야 한다.

관련 과학자

리오 베이클랜드

Leo Hendrik Baekeland, 1863~1944, 벨기에 태생 미국인

1863년 벨기에의 겐트에서 태어났다. 17세에 대학에 입학한 베이클랜드는 21세에 박사학위를 얻고 26세에 그의 고향에 있는 겐트 대학 교수가 된다. 그 후 화학기업으로 자리를 옮겨 인공조명에서 현상되는 인화지인 '벨록스' 개발에 성공한다. 탐구심이 많았던 그는 1907년 최초의 합성수지 플라스틱인 '베이클라이트'를 만들었다.
베이클라이트는 천연원료를 사용하지 않고 만들어진 최초의 합성수지로, 절연성이 뛰어나고 부식되지 않으며 가볍고 튼튼하다. 이 업적으로 인해 베이클랜드는 플라스틱계의 에디슨이라 불린다. 그가 만든 베이클라이트로 인해 많은 사람들이 라디오, 전화기, 다리미, 프로펠러, 자동차 부품까지 다양한 물건을 가질 수 있게 되었다. 이처럼 플라스틱을 이용한 제품의 발명은 많은 사람들의 생활을 편리하게 해주는 중요한 역할을 하였다.

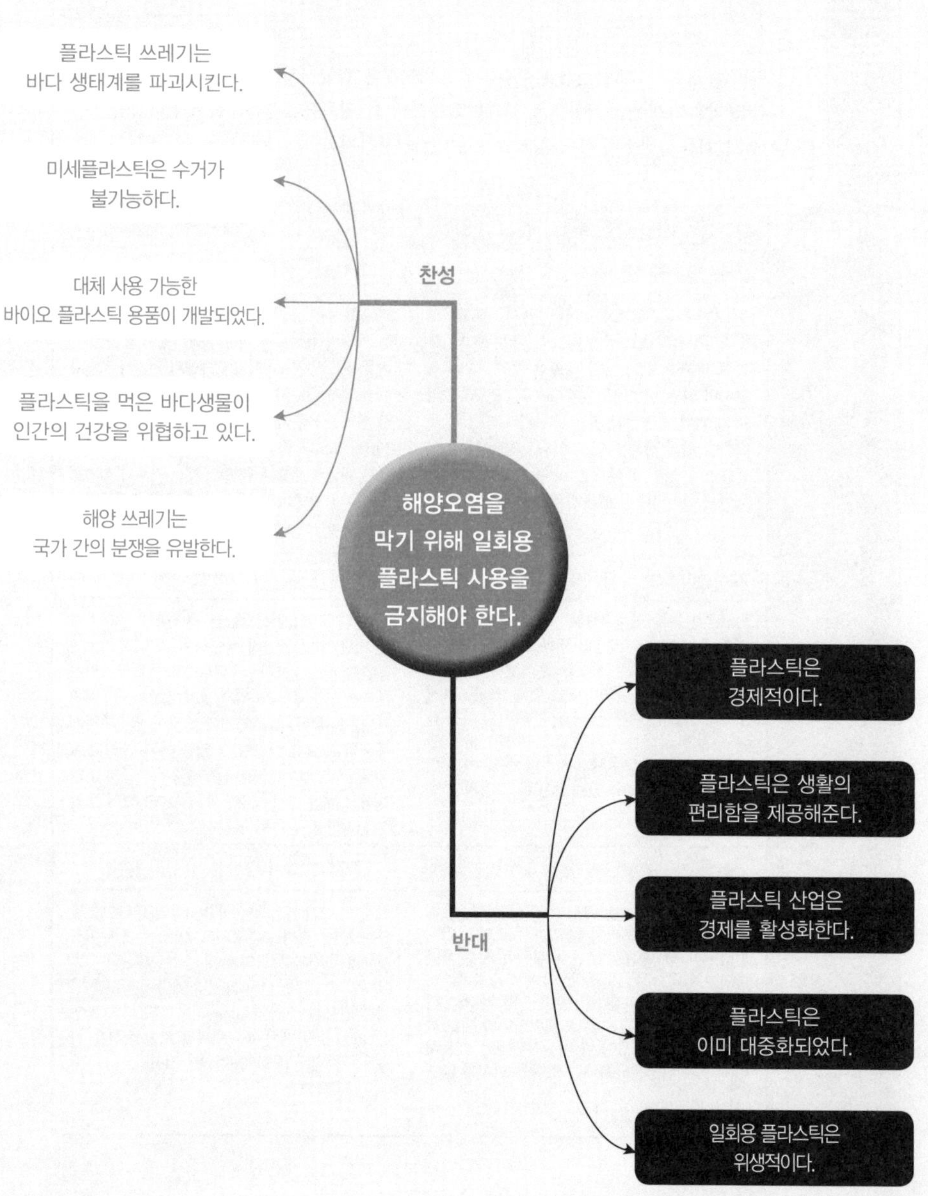
플라스틱 쓰레기는
바다 생태계를 파괴시킨다.
미세플라스틱은 수거가
불가능하다.
대체 사용 가능한
바이오 플라스틱 용품이 개발되었다.
플라스틱을 먹은 바다생물이
인간의 건강을 위협하고 있다.
해양 쓰레기는
국가 간의 분쟁을 유발한다.
찬성
해양오염을
막기 위해 일회용
플라스틱 사용을
금지해야 한다.
반대
플라스틱은
경제적이다.
플라스틱은 생활의
편리함을 제공해준다.
플라스틱 산업은
경제를 활성화한다.
플라스틱은
이미 대중화되었다.
일회용 플라스틱은
위생적이다.

토론 요약서

논 제	해양오염을 막기 위해 일회용 플라스틱 사용을 금지해야 한다.		
용 어 정 의	1) 일회용 플라스틱 : 에틸렌과 프로필렌에 화학물질을 결합시켜 플라스틱 중합체를 만든 후 열과 압력을 가해 만든 제품으로 일회용 플라스틱 컵, 일회용 포장용기를 뜻한다. 2) 금지 : 일회용 플라스틱 컵, 일회용 포장용기를 사용하지 못하게 하는 것이다.		
		찬성측	반대측
주 장 1	주장	플라스틱 쓰레기는 바다 생태계를 파괴시킨다.	플라스틱은 경제적이다.
	근거	2012년 유엔환경계획(UNEP)에서 발표한 '생물다양성협약보고서'에 따르면 해양 쓰레기로 인해 피해를 받은 바다 생물은 무려 663종에 달하며 매년 바다거북 종의 86%, 바닷새 종의 44%, 바다 포유동물 종의 43%가 플라스틱 쓰레기에 의해 피해를 입고 있다고 밝혔다. 특히 플라스틱 해양 쓰레기는 바다 생물이 먹이로 오인해 섭취하면서 생태계 문제를 일으킨다.	미니소, 다이소는 생활용품 전문 매장이다. 이들 매장의 플라스틱 제품의 판매율이 높은 이유는 플라스틱이 금속이나 나무보다 단가가 저렴하고 모양이 예쁘기 때문이다. 실제로 이들 매장에서 판매되는 플라스틱 제품 중 일회용 컵은 평균 200원 정도다. 플라스틱은 장난감, 컴퓨터와 같은 전자 제품의 주요 부품 소재이며, 가정에 설치된 파이프나 자동차의 부품, 비행기나 로켓에까지 생활 구석구석에서 사용되고 있다.
주 장 2	주장	미세플라스틱은 수거가 불가능하다.	플라스틱은 생활의 편리함을 제공한다.
	근거	2010년 영국 과학자 브라운 알은 영국 타마르강 30개 지점에서 952개의 플라스틱을 수집하여 크기와 밀도에 따른 특성을 분석했다. 그 결과 1mm 이하의 미세플라스틱이 전체 65%를 차지했다고 밝혔다. 미세플라스틱은 크기가 너무 작아 수거가 사실상 불가능해서 문제가 되고 있다. 게다가 현재 하수처리 시스템에서는 이러한 입자들을 걸러낼 수 있는 특별한 장비와 기술력이 없다.	바쁜 현대인에게 편리함을 제공하는 플라스틱은 지난 10년 동안의 생산량이 그 이전 100년 동안의 생산량보다 더 많다. 이는 플라스틱이 튼튼하고 오래 써도 쉽게 닳지 않으며, 잘 깨지지 않아 액체를 보관하기에 알맞아 광범위하게 사용되고 있기 때문이다. 또한 돌과 콘크리트, 강철, 구리, 알루미늄보다 가벼워서 쓰임새가 다양하고 여러 가지 모양으로 만들 수 있어 생활 속 편리함을 주고 있다.
주 장 3	주장	대체 사용 가능한 바이오 플라스틱 용품이 개발되었다.	플라스틱 산업이 경제를 활성화한다.
	근거	플라스틱은 분해 과정에서 독성 화학물질을 배출하고, 오랜 기간 썩지 않고 계속 오염을 일으킨다. 이러한 단점을 보완한 제품이 계속 개발발되고 있다. 바이오 플라스틱은 식물, 동물, 미생물 등 생물자원을 기반으로 만들기 때문에 자연조건에서 분해된다. 또 태워버린다 해도 식물이 성장하면서 포집한 이산화탄소만 배출하기 때문에 지구온난화에는 영향을 끼치지 않는다.	현재 전 세계 플라스틱 시장 규모는 1억 톤에 달하며 1회용 플라스틱 용기도 100조 원대에 이를 것으로 추정된다. 만약 플라스틱이 개발되지 않았다면 수십 나노미터 크기의 패턴 해상도를 가지는 반도체 소자, 얇고 화려한 색감의 LCD와 유기EL 디스플레이, 초극세사와 기능성 섬유, 자동차 내장재 등은 볼 수 없었을 것이다.

◐ 찬성측 입론서

• 논의 배경

플라스틱은 편리성과 경제성 때문에 '20세기 기적의 소재'로 불리며 현대인의 생활 속에서 광범위하게 사용되고 있다. 일상생활부터 첨단기기에 이르기까지 플라스틱이 사용되지 않은 곳을 찾아보기 힘들 정도다. 현재 전 세계 플라스틱 시장 규모는 약 1억 톤에 달한다. 하지만 과도하게 사용한 플라스틱은 해양 쓰레기가 되어 바다를 신음하게 하고 생태계에 심각한 문제를 일으키고 있다. 이로 인해 2017년 유엔이 해양 플라스틱 오염과의 전쟁을 선포한 가운데, 우리나라에서도 관련 대응책 마련이 시급하다는 지적이 나와 그에 따른 해결책에 대해 논의하는 시간을 갖고자 한다.

• 용어 정의

1_ **일회용 플라스틱** 에틸렌과 프로필렌에 화학물질을 결합시켜 플라스틱 중합체를 만든 후 열과 압력을 가해 만든 제품으로 일회용 플라스틱 컵, 일회용 포장용기를 뜻한다.

2_ **금지** 일회용 플라스틱 컵, 일회용 포장용기를 사용하지 못하게 하는 것이다.

주장 1 플라스틱 쓰레기는 바다 생태계를 파괴시킨다.

2012년 유엔환경계획(UNEP)에서 발표한 생물다양성협약보고서에 따르면 해양 쓰레기로 인해 피해를 받은 바다 생물은 무려 663종에 달하며 매년 바다거북 종의 86%, 바닷새 종의 44%, 바다 포유동물 종의 43%가 플라스틱 쓰레기에 의해 피해를 입고 있다고 밝혔다. 특히 플라스틱 해양 쓰레기는 바다 생물이 먹이로 오인해 섭취하면서 생태계 문제를 일으킨다.

한국해양과학기술진흥원의 '해양미세플라스틱 환경위해성 보고서'에 따르면 2016년 경남 거제와 마산 일대 양식장에서 채집한 굴, 담치, 게, 갯지렁이 등을 분석한 결과 조사 대상 해산물 중 97%에 달하는 135개체의 몸속에서 미세플라스틱이 발견됐으며, 한 개체에서 최대 61개의 입자가 검출됐다고 밝혔다. 이처럼 플라스틱을 삼킨 해양 동물은 플라스틱을 소화하지 못하거나 플라스틱으로 인한 포만감 등으로 인한 영양실조로 죽는 경우까지 발생한다. 게다가 썩지 않고 유해 성분을 배출하는 플라스틱은 이를 삼킨 해양 동물의 소화관에 축적됐다가 먹이사슬을 타고 상위 단계로 이동해 결국 인간에게까지 해로운 영향을 끼친다.

주장 2 미세플라스틱은 수거가 불가능하다.

2010년 영국의 과학자 브라운 알은 영국 타마르 강 30개 지점에서 952개의 플라스틱을 수집하여 크기와 밀도에 따른 특성을 분석한 결과 1mm 이하의 미세플라스틱이 전체 65%를 차지했다고 밝혔다. 플라스틱 쓰레기는 강에서 바다까지 떠내려가면서 마모되고 깨지면서 점점 더 작은 입자가 된다. 바람, 조류 등에 의해 잘게 부서진 미세플라스틱은 크기가 너무 작아 수거가 사실상 불가능해서 문제가 되고 있다. 게다가 현재 하수처리 시스템에서는 이러한 입자들을 걸러 낼 수 있는 특별한 장비와 기술력이 없다.

수거가 불가능한 미세플라스틱은 없어지지 않은 채 음식물 속까지 유입되고 있다. 중국 화동사범대학교 연구팀이 2016년 바다 소금을 분석한 결과 소금 1kg당 평균 550~681개의 미세플라스틱이 존재하는 것으로 조사됐다. 이 결과는 한국인 평균 섭취량에 맞춰 소금을 먹을 경우 1년에 2,700개의 플라스틱을 먹는 것만큼 많은 양이다. 2017년 9월 미국 미네소타주립대 연구진도 시중 판매 소금 12개 제품을 분석한 결과 10개 제품에서 미세플라스틱이 검출됐다.

주장 3 대체 사용 가능한 바이오 플라스틱 용품이 개발되었다.

플라스틱 제조과정에서 투입된 화학물질은 분해 과정에서 독성 화학물질을 배출한다. 또 한번 만들어지면 오랜 기간 썩지 않고 계속 오염을 일으킨다. 이러한 단점을 보완한 신물질이 최근 계속 개발되고 있다. 바이오 플라스틱의 성질은 기존 플라스틱과 비슷하지만 식물, 동물, 미생물 등 생물자원을 기반으로 만들기 때문에 자연조건에서 분해된다. 또 태워버린다 해도 식물이 성장하면서 포집한 이산화탄소만 배출하기 때문에 지구온난화에는 영향을 끼치지 않는다. 그렇기 때문에 많은 연구자들이 기존 플라스틱의 문제점을 보완하면서 대체하여 사용 가능한 바이오 플라스틱 용품을 개발하고 있다. 2016년 유럽 바이오 플라스틱 협회는 "2025년이면 바이오 플라스틱이 자동차부터 가전에 이르기까지 다양한 분야에 확산되어 전체 플라스틱 시장의 10% 이상을 차지하게 될 것"이라고 전망했다.

◑ 반대측 입론서

• **논의 배경**

과학기술의 발달로 그 영향력을 키워오던 플라스틱은 인간에게 풍요로움을 선물했다. 가볍고, 다양한 용도에 맞게 가공할 수 있는 플라스틱의 장점으로 인해 거리는 플라스틱 물건으로 넘쳐나며 사람들은 플라스틱에 둘러싸여 살아간다. 우리는 플라스틱으로 만든 옷을 입고 플라스틱으로 만든 테이블과 의자로 장식된 식당에서 식사를 하고 플라스틱 카드로 밥값을 치른다. 이처럼 플라스틱은 우리의 일상을 지배하는 강력한 존재가 되었다. 하지만 우리가 그동안 편리하게 사용했던 플라스틱은 '플라스틱 쓰레기 섬'이 되어 다시 되돌아왔다. 후손들에게 남겨줘야 할 큰 자산인 환경을 지키기 위해 일회용 플라스틱 사용에 대해 논의해보는 시간을 갖고자 한다.

• **용어 정의**

1_ 일회용 플라스틱 에틸렌과 프로필렌에 화학물질을 결합시켜 플라스틱 중합체를 만든 후 열과 압력을 가해 만든 제품으로 일회용 플라스틱 컵, 일회용 포장용기를 뜻한다.

2_ 금지 일회용 플라스틱 컵, 일회용 포장용기 사용을 못하게 하는 것이다.

주장 1 플라스틱은 경제적이다.

미니소, 다이소는 생활용품 전문 매장이다. 이들 매장의 플라스틱 제품의 판매율이 높은 이유는 플라스틱이 금속이나 나무보다 단가가 저렴하고 모양이 예쁘기 때문이다. 실제로 이들 매장에서 판매되는 플라스틱 제품 중 일회용 컵은 평균 200원 정도다. 플라스틱은 장난감, 컴퓨터, 휴대전화와 같은 전자 제품의 주요 부품 소재이며, 가정에 설치된 파이프나 자동차의 부품, 비행기나 로켓에까지 생활 구석구석에서 사용되고 있다.

통계청이 2016년 발표한 국가별 1인당 연간 플라스틱 사용량 조사에 따르면 우리나라가 1인당 평균 98.2kg으로 97.7kg를 사용한 미국을 제치고 세계 1위를 기록했다. 이처럼 플라스틱은 값이 싸고, 다양한 용도에 맞게 대량 생산이 가능하여 광범위하게 사용되고 있다.

주장 2 플라스틱은 생활의 편리함을 제공해준다.

바쁜 현대인에게 편리함을 제공하는 플라스틱은 지난 10년 동안의 생산량이 그 이전 100년 동안의 생산량보다 더 많다. 이는 플라스틱이 튼튼하고 오래 써도 쉽게 닳지 않으며, 잘 깨지지 않아 액체를 보관하기에 알맞아 광범위하게 사용되고 있기 때문이다. 또한 돌과 콘크리트, 강철, 구리, 알루미늄보다 가벼워서 쓰임새가 다양하고 여러 가지 모양으로 만들 수 있어 생활 속 편리함을 주고 있다. 동일한 플라스틱 원료로 면, 실크, 울 같은 부드러운 촉감의 인조섬유로 제조되기도 하고, 도자기나 대리석처럼 돌 같은 느낌을 주는 제품을 생산할 수도 있다.

한국플라스틱공업연합회에 따르면 2015년 기준 국민 1인당 연간 사용한 플라스틱 소비량이 135.4kg인 것으로 조사됐다. 통계청 1인당 '쌀 소비량' 61.9kg보다 73.5kg 많은 것으로 집계되어 쌀 소비량보다 플라스틱 소비량이 무려 2배 이상 많다고 조사되었다. 이렇게 플라스틱의 소비량이 증가하는 것은 플라스틱이 주는 편리함 때문이다.

주장 3 플라스틱 산업이 경제를 활성화한다.

그리스어로 성형하기 쉽다는 의미를 담고 있는 플라스틱은 말 그대로 컴퓨터, 의자, 볼펜, 냉장고, 자동차, 건물 등 다양한 모양으로 우리 주변에 자리 잡고 있다. 지난 1938년 뒤퐁사가 나일론을 합성하여 스타킹을 만든 후 플라스틱은 다양한 용도로 개발되었다. 현재 전 세계 플라스틱 시장 규모는 1억 톤에 달하며 1회용 플라스틱 용기도 100조 원대에 이를 것으로 추정된다. 만약 플라스틱이 개발되지 않았다면 수십 나노미터 크기의 패턴 해상도를 가지는 반도체 소자, 얇고 화려한 색감의 LCD와 유기EL 디스플레이, 초극세사와 기능성 섬유, 자동차 내장재 등은 볼 수 없었을 것이다.

다국적 컨설팅 회사인 매킨지에 따르면, 인도네시아, 말레이시아, 필리핀, 싱가포르, 태국, 베트남 등 6개 국가는 플라스틱 산업이 아세안 지역 GDP(국내 총생산량)의 95%를 차지하고 있다고 발표했다. 6개 국가는 플라스틱 제품으로 2013년 한 해에만 393억 달러에 이르는 수출 매출을 기록했을 정도로 성장세를 보였다. 이처럼 20세기를 주도한 기술 중 하나인 플라스틱은 합성과 진화를 나날이 거듭하면서 플라스틱 산업 경제를 활성화하고 있다.

과학 토론 개요서

참가번호	소속 교육지청명	학 교	학 년	성명

토론논제

지난 10년 동안 플라스틱 생산과 사용이 급증하여 과거 100년 동안의 생산량보다 더 많다. 하지만 사용한 폐플라스틱의 처리가 미흡하여 해양으로 방출되어 해양 생물들의 생태계를 위협하고 있다. 바다 생태계를 위협하고 있는 폐플라스틱의 문제점을 정리하고 이를 해결하기 위한 창의적인 대안을 제시하시오.

관련 영화

〈플라스틱 차이나〉 2016년, 감독 왕 지우 리앙

〈플라스틱 차이나〉는 플라스틱을 재활용해서 번 돈으로 살아가는 중국 농민에 대한 다큐멘터리다. 우리가 버린 플라스틱을 수입하여 그 쓰레기 속에서 살아가는 중국 쓰촨 성의 사람들의 비극적인 삶을 담아내고 있다. 주인공들은 플라스틱 재활용 공장에서 플라스틱 쓰레기를 씻고, 청소하고, 재활용하면서 빈곤 속에 고된 삶을 살아간다.

이 영화는 엄청난 폐기물을 생산해내고 있는 세계화 시대의 소비 문제를 지적하면서 점점 심화되고 있는 빈곤의 양극화를 들여다본다. 갈수록 심각해지는 쓰레기 문제를 고민해보고 환경의 소중함을 다시 한 번 생각하게 만드는 영화이다.

참고 도서

『장순근 박사가 들려주는 바다 쓰레기의 비밀』 장순근 / 리젬

『플랑크톤도 궁금해 하는 바다상식』 김웅서 / 지성사

참고 논문

「해변 플라스틱 쓰레기의 크기 그룹 간 관계를 이용한 미세플라스틱 오염 증가」 이종명 / 부경대학교

참고 사이트

해양 쓰레기 통합정보시스템 https://www.malic.or.kr

플라스틱 타임즈 http://plasticstimes.co.kr

07 GMO(유전자 변형 생물체)

교과서 수록부분
초등 과학 3~4학년 13단원 식물의 한 살이
초등 과학 5~6학년 4단원 다양한 생물과 우리 생활 /5단원 생물과 환경
중등 과학 1~3학년 3단원 생물의 다양성 / 21단원 생식과 유전

학습목표

1 GMO의 뜻과 문제점에 대해 알아본다.
2 GMO 식품 현황과 식품 표시제에 대해 조사해본다.
3 GMO 식품의 표시제 시행에 따른 적절성 여부를 논의해본다.

논제 GMO 식품 완전표시제를 전면 실시해야 한다.

유전자 변형 식물은 이미 우리 생활 곳곳에서 찾아볼 수 있다.

논제성립배경

★ 이야기 하나

"먹는 것만큼 중요한 게 있나요." 강원도 원주에 위치한 농장에서 구슬땀을 흘리고 있는 김 모 할머니(78세, 여)가 말을 꺼냈다. 2006년 국내 최초로 'Non-GMO Zone'을 선언한 김 할머니의 농장은 친환경 농사를 짓는 곳으로 잘 알려져 있다. 건강한 농산물을 키우고 싶은 마음에서 시작했지만, 유기농으로 농사를 짓는 일은 결코 쉽지 않은 일이다. 화약비료나 화학 농약을 쓰지 않기 위해 풀과 낙엽으로 퇴비를 만들어 사용하고 있기 때문이다.

"사람한테 해가 안 되게 하려니 손이 많이 가요. 약을 뿌리면 쉽겠지만 건강한 먹거리 만들기가 쉽지는 않네요." 김 할머니는 힘들어도 건강을 생각하는 마음으로 농사일을 하는 것이 보람되고 좋다고 거듭 강조했다.

★ 이야기 둘

평소 건강한 먹거리에 관심이 많은 최모 씨(35세, 여)는 우리나라 라면에서 GMO 성분이 나왔다는 뉴스를 보고 깜짝 놀랐다. 평소 최 씨는 우리나라에 GMO 콩과 GMO 옥수수가 수입되고 있는 것을 알고 있었지만 라면에 GMO 원료가 들어갈 수 있다는 것은 전혀 예상치 못했기 때문이다. 이후 식품의약품안전처는 방송 내용을 바탕으로 라면의 GMO 성분을 전수조사 했고, 의도치 않게 GMO 성분이 밀에 소량 혼입된 것이라고 밝혔다. 최씨는 GMO를 원료로 쓰는 제품뿐만 아니라

GMO를 원료로 쓰지 않는 제품도 확인되지 않은 경로로 GMO 성분이 혼입될 수 있다는 것을 알게 된 후 식품 선택할 때 고민하는 시간이 더 늘어났다.

★ 이야기 셋

Non-GMO 학교 급식을 시작한 곳이 있어 화제가 되고 있다. 경기 광명시는 전국 최초로 지난 2017년 1월부터 'Non-GMO 가공품 학교급식 지원사업'을 시작했다. 사업비는 4억 원으로 광명시는 관내 중·고등학교 22개교, 2만여 명의 학생들을 대상으로 콩, 옥수수, 밀을 주원료로 하는 17개 품목에 대해 Non-GMO 식품으로 대체하고 그 차액을 지원하기로 했다. 광명시는 "유해성 논란이 제기되고 있는 GMO 식품에 대해 단 1%의 유해 가능성이라도 있다면 학교 급식과 우리 사회에서 퇴출시켜야 한다는 의지를 반영해 사업을 추진했다"고 밝히고 Non-GMO가 학교 급식뿐만 아니라 가정의 식탁까지 연결될 수 있도록 최선을 다하겠다는 의지를 표명했다.

우리나라는 2001년부터 GMO 표시제를 시행하고 있다. 하지만 환경농업단체에서 현행 GMO 표시제의 예외사항의 내용은 반쪽짜리 표시제라는 이의를 제기했다. GMO 원료를 사용하는 가공식품일 경우, 표시를 하지 않아 국민의 알 권리를 침해하고 있다는 것이다. 반면에 예

외 사항은 전혀 문제되지 않는다는 반대 입장의 의견도 만만치 않다. 이처럼 GM 작물이 생산성을 높여 식량 문제를 해결해줄 수 있다는 입장과 인체나 환경에 좋지 않은 영향을 끼친다는 반대 입장은 주요 쟁점이 되고 있다. 과연 어느 입장이 맞는 것일까?

초등 중학년 추천도서

『황금 쌀과 슈퍼 연어의 비밀』 장기선 / 국립생태원

이 책은 급식 메뉴로 나온 토마토 샐러드를 먹으면서 선생님께 GMO 식품에 대한 이야기를 듣는 것으로 시작된다. 이후 아이들은 GMO 식품에 대해 배우고, GMO 식품 섭취에 따른 장·단점을 발표·토론을 하며 의견을 나누게 된다. 생명공학 분야의 하나인 GMO를 아이들 수준에 맞는 쉬운 용어와 적절한 그림으로 설명하고 있어 초등학생들이 어려움 없이 읽어볼 수 있는 유익한 책이다. 또한 '쏙쏙 정보 더하기' 코너는 아이들의 눈높이에 맞는 설명과 사진, 도표 등이 수록되어 있어 GMO에 대해 폭넓은 사고를 할 수 있도록 도움을 주고 있다.

초등 고학년 추천도서

『GMO 유전자 조작 식품은 안전할까?』 김훈기 / 풀빛

우리나라는 식량자급률이 낮아 식용 GMO를 가장 많이 수입하고 있는 국가이다. 하지만 정작 GMO에 대해 잘 알지 못하는 사람들이 대부분이기 때문에 GMO에 대한 관심이 더 요구되는 것이다.
이 책은 GMO의 정의에서 시작해 실천 방안까지 초등학생들의 눈높이에 맞는 예시로 설명되어 있다. 이미 우리의 생활에 깊숙이 자리하고 있지만 위험성에 대해서는 깊이 있게 생각해보지 못했던 GMO에 대해 자세하게 설명하는 한편 앞으로 어떻게 대처해야 하는지 그 방법까지 알려주고 있다.

『"먹지마세요" GMO』 마틴 티틀, 킴벌리 윌슨 / 미지북스

이 책은 유전자 조작 식품에 대해 체계적으로 정보를 알려주는 책이다. 생명공학의 위험성을 꾸준히 알려온 '책임 있는 유전학위원회' 마틴 티틀 의장과 킴벌리 윌슨이 유전자 조작식품이 만들어지는 과정의 불확실성에 대해 설명해주고 있다. 내용이 쉽지 않지만 GMO가 무엇인지, 왜 위험한지에 대해 상세하게 설명하고 있어 GMO를 알기 위한 입문서로 적당하다.

• **용어 사전**

GMO Genetically Modified Organism : 생산량 증대 및 질을 높이기 위한 목적으로 유전자 일부를 변형시켜 만든 생물체.

LMO Living Modified Organism : 스스로 생식과 번식이 가능한 GMO.

유전자 변형 기술 : 원하는 유전자를 선택해서 다른 생물체에 집어넣어 새로운 품종을 만드는 기술을 뜻한다.

GMO 식품 : 안전성 평가심사를 거친 GMO를 원료로 만든 식품 또는 식품첨가물.

GMO 국내 수입 농산물 품목 : 콩, 옥수수, 면화, 유채.

Non-GMO 식품 : GMO를 원료로 사용하지 않고 만든 식품.

GMO 종류 : GMO 식물, GMO 동물, GMO 미생물

① **GMO 식물** : 제초제 분해 효소 유전자를 이식하여 제초제에 저항성을 가진 식물. 예 콩 / 세포 내부에 살충성분 유전자를 이식하여 해충저항성을 강화시킨 식물. 예 옥수수

② **GMO 동물** : 질병을 치료할 목적으로 새로운 의약품을 개발할 때 이용되는 동물. 예 생쥐 / 생산성을 늘리기 위해 유전자를 변형한 동물. 예 젖소, 슈퍼연어

③ **GMO 미생물** : 치료약, 백신 등과 같은 의약품, 식품 첨가물 등을 만드는데 활용된다. 예 인슐린 생산

GMO 표시제 : GMO 재료의 사용 여부를 표기하는 것. 단, 최종 제품에서 GMO 단백질 · DNA가 검출되지 않으면 GMO 표시 대상에서 제외된다.

GMO 완전표시제 : 유전자 변형 농산물을 DNA나 단백질 잔류 여부가 아닌 원

재료에 대한 표시를 의무화하는 제도. 2017년 2월 4일 이전에는 GMO 표시 범위가 '원재료가 많이 들어간 1~5위'였지만 현재는 GMO를 식품 원료로 사용할 경우 함량과 관계없이 표시하도록 개정되었다.

비의도적 혼입치 : 일반 농산물 속에 우발적, 비의도적으로 유전자 변형 농산물이 섞인 경우를 말한다.

나라별 비의도적 혼입치 : 한국 3%, 호주와 뉴질랜드 1%, 유럽 0.9%, 중국 0%.

글리포세이트 : 1974년 미국 몬산토사가 개발한 제초제 '라운드업'에 들어가는 주요 성분이다. 세계보건기구 산하 국제암연구소는 2015년 3월 글리포세이트를 발암물질 분류 등급에서 두 번째로 위험한 '2등급 A' 물질로 분류했다.

WHO발암 물질 등급 구분

등급	분류 기준	
1등급	사람에게 발암성이 있는 그룹	벤젠, 담배, 주류 등 113종
2등급 A	암 유발 후보 그룹	글리포세이트, 납 합성 물질 등 66종
2등급 B	암 유발 가능 그룹	빛공해, 휴대전화 전자파, 납 등 285종
3등급	발암물질로 곤란한 그룹	형광 빛 등 505종
4등급	사람에 대한 발암성이 없는 것으로 추정되는 그룹	카프로락탐(나일론 원료) 등 1종

참고 자료 : 한국방송통신전파진흥원

바실루스 투링기엔시스 Bt : Bt는 자연 상태에서 존재하는 토양 박테리아로 벌레를 죽이는 살충제 역할을 한다.

재조합형 보빈 성장 호르몬rBGH : 정상적인 젖소보다 더 많은 양의 우유를 생산하도록 만드는 유전자 조작 호르몬.

제초제 : 잡초의 발생을 억제하거나 잡초를 죽일 때 사용하는 약제.

라운드업 : 미국 몬산토사가 1974년에 개발한 제초제. 글리포세이트가 주요 성분이다.

라운드업 레디: 라운드업의 제초 효력에 견딜 수 있도록 유전자를 변형한 농산물 종자.

식량자급률 : 사료용을 제외한 국내 농산물 소비량 대비 국내 생산량 비율.

곡물자급률 : 사료용을 포함한 국내 농산물 소비량 대비 국내 생산량 비율.

한국 곡물 및 식량자급률 추이 (단위: %)

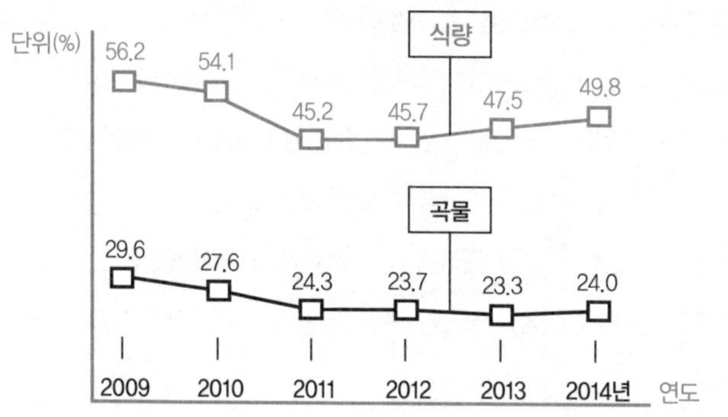

참고 자료 : 농림축산식품부

유전자 : 유전정보의 기본 단위로 부모로부터 자손에게 전해지는 유전적인 특징.

DNA : 생명체의 유전정보를 담고 있는 물질로 당, 인산, 염기로 구성된다. DNA 염기배열은 A(아데닌), C(시토신), G(구아닌), T(티민) 4종류가 나열된 이중나선 구조를 이루고 있는데 A는 T와, C는 G와 짝을 짓는다.

유전 공학 : 생물체가 가지고 있는 고유한 유전 기능을 변형하거나 가공하여 인간에게 유용한 생물을 만들 수 있도록 하는 학문.

유전자침묵 기술: 특정한 유전자가 작동하지 못하게 침묵하도록 만드는 기술.

예 사과를 잘랐을 때 갈색으로 변하게 하는 단백질을 작동하지 못하게 하는 기술.

예 감자를 기름에 튀겨 요리할 때 발암 물질이 만들어지지 않도록 하는 기술.

육종 : 생물의 유전질을 개선하기 위해 같은 종을 교배해 이용 가치가 더 높은 새로운 품종으로 기술. 인위적으로 다른 종의 유전형질을 집어넣는 GMO와 구별된다.

교배 : 동물이나 식물의 암수를 인간의 필요에 의해 수정시키는 것.

황금 쌀 : 베타카로틴을 생성하는 유전자를 넣어 비타민A 성분을 강화시킨 쌀. 야맹증 치료 등 영양소 결핍 문제를 해결하기 위해 개발된 GM 농산물이다.

베타카로틴 : 당근, 클로렐라, 고추, 시금치, 다시마 등 녹황색 채소나 과일, 조류에 많이 들어 있는 베타카로틴은 우리 몸속에 들어오면 비타민A로 바뀌어 백내장, 관절염, 성인병 등을 예방할 수 있게 해준다.

슈퍼연어 : 슈퍼연어는 보통 연어에 비해 크기가 2배에 생장속도는 3배 빠르다. 2015년 11월 미국 식품 의약국은 GMO 동물 최초로 슈퍼 연어를 먹거리로 인정했다.

GMO 프로모터 : 유전자가 스스로 '발현'할 수 있게 하는 것, 즉 첨가한 유전자가 움직이도록 명령을 작동시키거나 성능 조작상의 향상을 가져오는 물질.

유전자 총 : 식물 세포에 DNA를 도입하는 방법 중 하나로 외부 유전자를 입힌 초소형의 황금 탄환을 발사해 식물의 세포벽을 관통시켜 탄환의 DNA가 식물의 유전적 구조의 일부가 되게 하는 방법.

플레이버 세이버 토마토 : 1995년 미국식품의약국으로부터 세계 최초로 판매 허가를 받은 유전자 조작 토마토. 기존 토마토에 비해 무르지 않는 특징이 있다.

터미네이터 씨앗(씨 없는 씨앗) : 식물의 유전자를 변형시켜 2대를 생산하지 못하도록 한 씨앗.

아그로박테리움 : 재조합 DNA를 식물세포에 주입할 때 사용하는 흙속의 미생물.

슈퍼잡초 : 특정 제초제에 내성이 생겨 기존 제초체로 없앨 수 없는 잡초.

슈퍼버그 : 살충성 GM 농산물에 내성이 생겨 살충성 GM 농산물을 먹어도 죽지 않는 벌레.

몬산토(MONSANTO) : 1982년 최초로 식물을 이용하여 유전자 조작에 성공 한 미국의 다국적 기업. 전 세계 유전자 변형 식품 90%의 특허권과 세계 종자시장의 4분의 1 이상을 장악하고 있는 세계 최대의 종자회사이다.

GMO 재배국 : 미국, 브라질, 아르헨티나, 인도, 캐나다 등 5개국이 총 재배면적의 90%를 차지한다. 전 세계 26여 개국(2017년 기준)에서 재배하고 있다.

LMO작물 국가별 재배면적(2015년 말 기준)			
순위	국가	면적(백만ha)	유전자 변형 작물
1	미국	70.9(40%)	옥수수 33.1, 콩 32.4, 목화 3.4, 사탕무 0.471 카놀라 0.591(그 외, 알팔파, 호박, 파파야)
2	브라질	44.2(25%)	콩 30.33, 옥수수 13.14, 목화 0.74
3	아르헨티나	24.5(14%)	콩 21.1, 옥수수 2.9, 목화 0.5
4	기타 23개국	40(21%)	목화11.6 카놀라 7.4 옥수수0.3 목화 0.012

지구촌 GMO 재배면적 총 1억 7970만 ha

참고 자료 : ISAAA(국제농업생명공학정보센터)

GMO 표시 방법

① GM 농산물 : GM 농산물 자체인 경우–유전자 변형 ○○ (표기 예시 : 유전자 변형 콩). / GM 농산물이 포함된 경우–유전자 변형 ○○포함 (표기 예시 : 유전자 변형 콩 포함) / 정확하지는 않지만 포함될 가능성이 있는 경우–유전자 변형 ○○포함 가능성 있음.

② GM 식품 : GM 식품이 포함된 경우–유전자 변형 ○○포함 식품. / GM 식품이 건강기능식품에 포함된 경우–유전자 변형 ○○포함 건강기능식품. / 정확하지는 않지만 포함될 가능성이 있는 경우–유전자 변형 ○○포함 가능성 있음.

토론가능논제

1 GMO 식품은 계속 발전되어야 한다.
2 국내 GM 작물 시험재배를 금지해야 한다.
3 식물종자에 대한 특허권 부여는 정당하다.

관련 과학자

그레고어 멘델

Gregor Mendel, 1822~1884년, 오스트리아

오스트리아의 수도사였던 그레고어 멘델은 완두콩을 이용한 실험을 통해 유전법칙을 발견하고 처음으로 유전자 개념을 정립하였다. 완두콩의 색깔과 모양이라는 생물체의 고유한 형질이 세대를 거듭하면서 자식 세대에서 일정한 법칙에 따라 이어진다는 유전 원리를 통계학적으로 증명해보인 것이다. 하지만 멘델의 유전법칙은 발표 당시 생물학자들에게 인정을 받지 못했고, 그가 사망한 후인 1900년 무렵, 휘호 더프리스, 카를 코렌스, 에리히 폰 체르마크와 같은 유럽의 과학자들이 멘델이 발표한 유전법칙을 재입증하였다.
1909년 덴마크의 식물학자인 요한센은 멘델이 주장한 유전인자를 '겐Gen'이라는 용어로 이름 붙였으며 이것이 현재 '유전자Gene'의 기원이 되었다. 한편 1910년 토머스 헌트 모건이 초파리 연구를 통해 염색체상에 존재하는 유전자가 부모의 유전형질을 다음 세대로 전달하는 것을 증명함으로써 개념상으로만 존재하던 유전자의 실체가 서서히 밝혀지기 시작하였다. 멘델이 발견한 유전법칙은 근대 유전학의 출발점이 되었고 오늘날 유전학의 아버지로 추앙받고 있다.

마인드맵

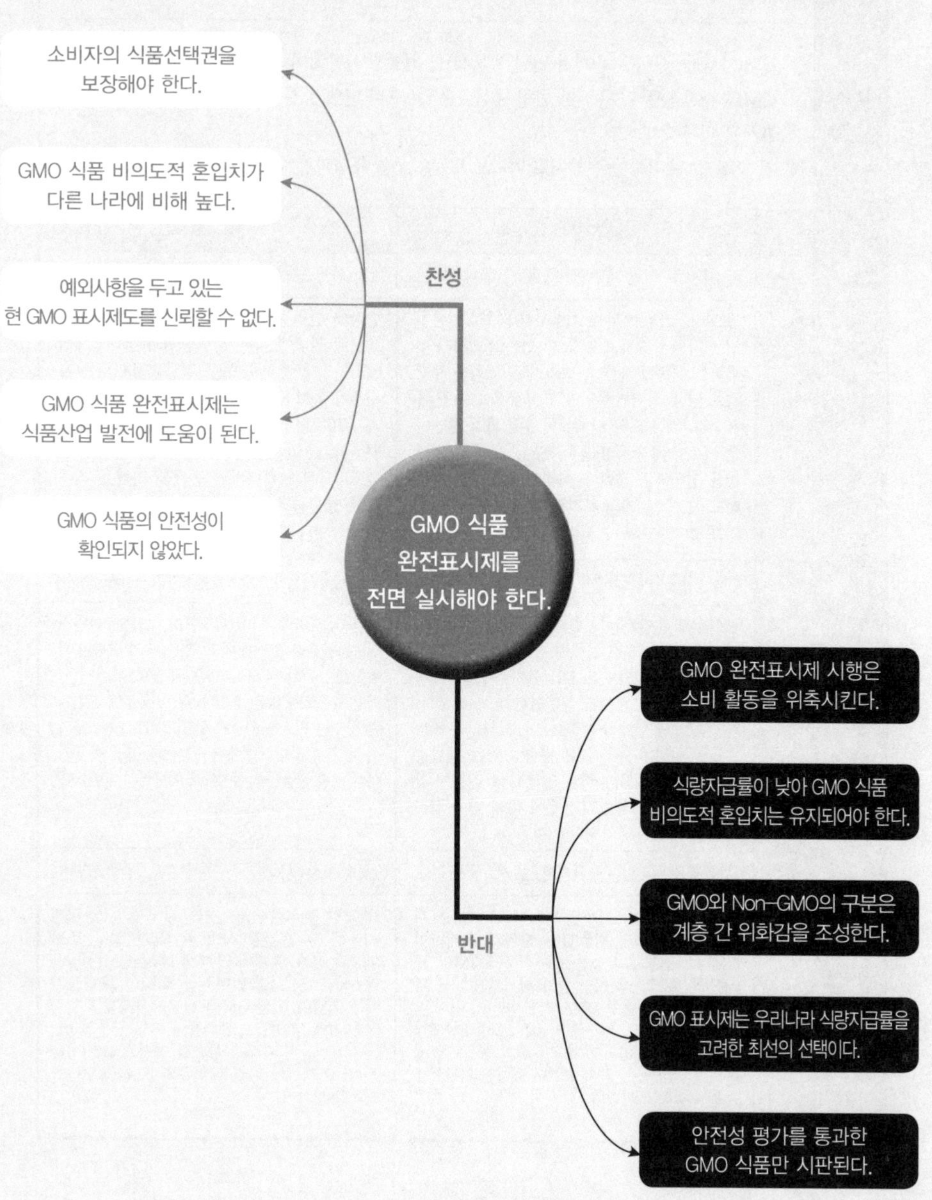
소비자의 식품선택권을
보장해야 한다.
GMO 식품 비의도적 혼입치가
다른 나라에 비해 높다.
예외사항을 두고 있는
현 GMO 표시제도를 신뢰할 수 없다.
GMO 식품 완전표시제는
식품산업 발전에 도움이 된다.
GMO 식품의 안전성이
확인되지 않았다.
찬성
GMO 식품
완전표시제를
전면 실시해야 한다.
반대
GMO 완전표시제 시행은
소비 활동을 위축시킨다.
식량자급률이 낮아 GMO 식품
비의도적 혼입치는 유지되어야 한다.
GMO와 Non-GMO의 구분은
계층 간 위화감을 조성한다.
GMO 표시제는 우리나라 식량자급률을
고려한 최선의 선택이다.
안전성 평가를 통과한
GMO 식품만 시판된다.

토론 요약서

		찬성측	반대측
논 제	GMO 식품 완전표시제를 전면 실시해야 한다.		
용어 정의	1) GMO 식품 : GMO(유전자 변형 생물체)를 원료로 사용하여 제조·가공한 식품. 2) GMO 완전표시제 : 유전자 변형 농산물을 DNA나 단백질 잔류 여부가 아닌 원재료에 대한 표시로 의무화하는 것. 3) 전면 실시 : 예외사항을 없애고 비의도적 혼입치를 유럽연합 수준으로 맞추는 것.		
주장 1	주장	소비자의 식품 선택권을 보장해야 한다.	GMO 완전표시제 시행은 소비 활동을 위축시킨다.
	근거	'소비자기본법'에서는 소비자의 8가지 기본적인 권리를 규정하고 있다. 이 법은 소비자가 섭취하는 식품에 대한 정보를 받을 권리를 보장하고 있다. 하지만 GMO 표시제에서, 가공 후 유전자의 DNA의 단백질이 검출되지 않는다는 이유로 예외 사항을 둔 것은 소비자의 알 권리를 침해하는 것이다. 따라서 헌법에서 보장하고 있는 소비자의 자기결정권을 명백히 침해하는 것이라고 볼 수 있다.	중앙대 산업경제학과 진현정 교수는 'GMO 표시제 확대에 따른 식품산업과 국내경제에 미치는 영향에 대한 연구' 결과에서 GMO 표시제가 유럽 수준으로 확대될 경우 식품산업과 소비자의 부담 등 사회적 비용이 크게 증가된다고 2008년 발표했다. 연구보고서를 통해 "표시제를 확대하면 콩기름 가격은 최대 24% 상승하고, GDP(국내총생산)은 3235억 원 감소한다"고 밝혔다.
주장 2	주장	GMO 식품 비의도적 혼입치가 다른 나라에 비해 높다.	식량자급률이 낮아 비의도적 혼입치는 유지되어야 한다.
	근거	비의도적 혼입치는 일반 농산물 속에 우발적, 비의도적으로 유전자 변형 농산물이 혼입되는 것을 말한다. 비의도적 혼입치를 나라별로 보면 우리나라 3%, 호주 1%, 유럽연합 0.9%를 적용하고 있다. 유럽연합 기준으로 우리나라는 비의도적 혼입치가 매우 높은 만큼 GMO 원료를 많이 섭취하게 된다. 이로 인해 GM 작물에 살포되는 제초제 성분도 유럽에 비해 많이 섭취하게 되어 건강에 악영향을 끼친다.	농림축산식품부에 따르면 2016년 기준 우리나라 식량자급률은 50.9%이고, 그중 콩과 옥수수의 자급률이 각각 24.6%, 3.7%에 불과했다. 식량 의존도가 높은 우리나라가 비의도적 혼입치를 낮추면 원료를 구하기 힘들고 비싼 값에 사와야 한다. 또 검수 과정에서 드는 비용이 크게 증가하여 식량 공급이 안정적으로 이루어지기 힘들다.
주장 3	주장	예외 사항을 두고 있는 현 표시제도를 신뢰할 수 없다.	GMO와 Non-GMO의 구분은 계층 간 위화감을 조성한다.
	근거	우리나라는 2011년부터 GMO 표시제를 시행했으며 현재는 원료함량 순위와 관계없이 GMO를 원료로 사용한 모든 식품에 GMO 표시를 하고 있다. 하지만 현 표시제도는 가공 과정에서 유전자 변형 DNA 성분이 남아 있지 않은 식용유, 당류, 간장, 주류 등은 표시 대상에서 제외하고 있다. 따라서 가공 식품의 경우 GM 제품과 일반 제품이 섞여 진열돼 있다면 외관상으로는 구별하기 어렵다.	2012년 한국식량관리처는 세계 콩 생산량의 40%를 미국이 차지하고 있다고 밝혔다. 또한 미국의 전체 콩 재배 면적 중 Non-GMO 콩을 약 6%만 재배하고 있어 Non-GMO 콩 확보가 매우 어렵다. 만약 GMO 완전표시제를 도입하여 Non-GMO 콩으로 식품을 만들 경우 Non-GMO 식품의 가격은 상승할 것이고, 소비자들은 경제 여건에 따라 GMO와 Non-GMO를 선택할 것이다.

◐ 찬성측 입론서

• 논의 배경

세계 곡물 소비량과 식량 가격이 계속 상승하면서 GMO 작물의 재배 면적은 갈수록 증가하고 있다. 우리나라도 안정적인 곡물 공급을 위해 2008년 5월부터 식용 GMO를 수입하고 있다. 농림축산식품부에 따르면 2016년 기준 우리나라 식량자급률은 50.9%이고, GMO 작물 수입량은 214만 톤으로 세계 1위의 식용 GMO 수입국이 되었다. 하지만 GMO의 인체 및 환경에 대한 안정성 논란은 여전히 계속 되고 있다. 이에 GMO 식품 완전 표시제를 전면 실시해야 하는 것에 대해 논의하고자 한다.

• 용어 정의

1_ **GMO 식품** GMO(유전자 변형 생물체)를 원료로 사용하여 제조·가공한 식품.

2_ **GMO 완전표시제** 유전자 변형 농산물을 DNA나 단백질 잔류 여부가 아닌 원재료에 대한 표시로 의무화하는 것.

3_ **전면 실시** 예외 사항을 없애고 비의도적 혼입치를 유럽연합 수준으로 맞추는 것.

주장 1 소비자의 식품 선택권을 보장해야 한다.

'소비자기본법'에서는 소비자의 8가지 기본적인 권리를 규정하고 있다. 그 가운데 소비자는 섭취하는 식품에 대한 정보를 받을 권리가 있다. 우리나라를 포함한 64개국 나라에서 GMO 식품에 대한 표시를 요구하고 있는데 현재 우리나라는 가공식품 중 유전자의 DNA단백질이 검출되지 않으면 표시를 하지 않는다. 이처럼 GMO 표시제에서 예외 사항을 둔 것은 소비자의 제품에 대한 식품 선택권을 침해하는 것이다.

1997년 거버 이유식 및 유전자 조작 식품의 제조사인 노바티스사가 실시한 설문조사에서 응답자의 93%가 성분 표시가 필요하다는 데 동의했다. 또 2014년 우리나라에서도 바이오안전성 한국시민네트워크의 국민여론조사에 따르면, 응답자의 86%가 식품에 GMO 원료를 사용했다면 모두 표시해야 한다고 응답하였다. 이처럼 국민들의 알 권리에 대한 요구가 높은 상황에서 GMO 완전표시제로 소비자가 모든 식품에 대한 성분을 알고 선택할 수 있도록 보장해주어야 한다.

주장 2 GMO 식품 비의도적 혼입치가 다른 나라에 비해 매우 높다.

비의도적 혼입치는 일반 농산물 속에 우발적, 비의도적으로 유전자 변형 농산물이 혼입되는 것을 말한다. 비의도적 혼입치를 나라별로 보면 우리나라 3%, 호주 1%, 유럽연합 0.9%를 적용하고 있다. 유럽연합 기준으로 우리나라는 비의도적 혼입치가 매우 높은 만큼 GMO 원료를 많이 섭취하게 된다. 이로 인해 GM 작물에 살포되는 제초제 성분도 유럽에 비해 많이 섭취하게 되어 건강에 악영향을 끼치게 된다.

GM 작물이 재배될 때 가장 많이 사용되는 제초제가 '글리포세이트'이다. 문제는 글리포세이트가 세계보건기구 산하 국제암연구소에서 2015년 3월 발암성물질 분류등급에서 두 번째로 위험한 '2등급 A' 물질로 분류될 정도로 위험하다는 것이다. 부에노스아이레스 대학의 안드레스 카타스 교수의 조사에 따르면 아르헨티나의 차코 주에서는 1996년부터 GMO 콩을 재배하면서 불임, 유산, 사산, 암, 종양 등 수많은 질병이 급증했다. 이 같은 질병의 원인을 제공할 수 있는 GMO 식품의 비의도적 혼입치는 선진국 수준으로 낮춰야 한다.

주장 3 예외 사항을 두고 있는 현 GMO 식품 표시제도를 신뢰할 수 없다.

우리나라는 매년 200만 톤이 넘는 GMO 농산물을 수입하는 세계 최대의 수입국으로 사료용을 포함하면 약 1000만 톤을 수입하고 있다. GMO 수입량이 급증하면서 우리나라는 2011년부터 GMO 표시제를 시행하고 있으며 현재는 원료함량 순위와 관계없이 GMO를 원료로 사용한 모든 식품에 GMO 표시를 하도록 하고 있다.

하지만 현 GMO 식품 표시제도는 가공 과정에서 유전자 변형 DNA 성분이 남아 있지 않은 식용유, 당류 , 간장, 주류 등은 표시 대상에서 제외하고 있다. 그렇기 때문에 가공 식품의 경우 GM 제품과 일반 제품이 섞여 진열돼 있다면 외관상으로는 구별하기 어렵다. 둘 다 색깔도 크기도 비슷하고 먹어봐도 그 맛의 차이를 느낄 수 없기 때문이다. 결국 식품 표시가 없으면 GMO 원료가 사용되었는지 여부를 알 수 없어 소비자의 불신을 야기하게 된다.

◑ 반대측 입론서

• 논의 배경

농업과 식품 분야의 세계화가 확산되고 있다. 시장의 세계화로 다양하고 수많은 농산물과 식품들은 여러 나라에서 거래되었고, 소비자들은 다양한 농식품을 싼값에 소비할 수 있게 되었다. 식량 자급률이 낮은 우리나라는 시장의 세계화에 발맞춰 농산물과 식품뿐만 아니라 GMO 원료까지 수입하는 상황이다. 이에 따라 정부는 국민의 알권리를 보장하기 위해 수입되는 원료의 표시제를 2001년부터 시행하였다. 하지만 일부 소비자단체는 현재 시행되고 있는 GMO 표시제를 '반쪽짜리 표시제'라고 문제를 제기하며 GMO 완전표시제를 요구하고 있다. 따라서 GMO 완전표시제에 대해 논의해보는 시간을 갖고자 한다.

• 용어 정의

1_ **GMO 식품** GMO(유전자 변형 생물체)를 원료로 사용하여 제조·가공한 식품.

2_ **GMO 완전표시제** 유전자 변형 농산물을 DNA나 단백질 잔류 여부가 아닌 원재료에 대한 표시로 의무화하는 것.

3_ **전면 실시** 예외사항을 없애고 비의도적 혼입치를 유럽연합 수준으로 맞추는 것.

주장 1 GMO 완전표시제 시행은 국민의 경제활동을 위축시킨다.

2008년 중앙대 산업경제학과 진현정 교수는 'GMO 표시제 확대에 따른 식품산업과 국내경제에 미치는 영향에 대한 연구' 결과 GMO 표시제가 유럽 수준으로 확대될 경우 식품산업과 소비자의 부담 등 사회적 비용이 크게 증가된다고 발표했다. 또한 "GMO 표시제를 확대하면 콩기름 가격은 최대 24% 상승하고 GDP(국내총생산)은 3235억 원 감소한다"고 밝혔다. 그리고 표시제 확대로 인한 식품산업의 비용 상승을 4가지 경로로 제시했다. Non-GMO 원료의 구입 비용이 GMO 대비 20~40% 증가하고, 구분유통 비용이 5.1% 더 늘어나며, 기계 설비비와 검사비도 각각 58억 원, 154억 원씩 더 부담해야 한다는 것이다. 이에 따라 대두와 옥수수를 생산하는 1차 가공기업은 대략 5400억 원의 생산액과 2300억 원의 이윤이 줄고, 32조 7000억 규모의 식품산업 생산액은 최대 9533억 원이 감소하는 것으로 추정했다. 이 같은 식품산업의 비용 상승은 소비자의 부담을 가중시키고, 소비자의 부담은 기업 생산 활동에 차질로 이어져 결국 국민의 경제활동을 위축시킨다.

주장 2 식량자급률이 낮아 GMO 식품 비의도적 혼입치는 유지되어야 한다.

농림축산식품부에 따르면 2016년 기준 우리나라 식량자급률은 50.9%이고, 그중 콩과 옥수수의 자급률이 각각 24.6%, 3.7%에 불과했다. 식량 의존도가 높은 우리나라가 비의도적 혼입치를 낮추면 원료를 구하기 힘들고 비싼 값에 사와야 한다. 또 검수 과정에서 드는 비용이 크게 증가하여 식량공급이 안정적으로 이루어지기 힘들다.

2012년 한국농촌경제연구원이 발표한 '식량안보지표개발 연구' 보고서에 따르면 우리나라는 식량안보지표 순위가 G20(주요 20개국)에서 유럽연합을 제외한 19개국 중 하위권인 16위였다. 호주는 식량 안보지표 순위에서 1위를 차지했고, GMO 표시제의 비의도적 혼입치 비율이 1%다. 하지만 우리나라는 식량자급률이 낮아 식량자급률이 높은 다른 나라처럼 비의도적 혼입치를 낮춘다면 이는 결국 식량 수급에 문제를 가져올 것이다.

주장 3 GMO와 Non-GMO를 구별함으로써 계층 간 위화감을 조성한다.

한국바이오안전성정보 센터에 따르면 2015년 GMO 수입량은 약 1023만 톤이며 그중 식용 GMO는 약 214만 톤이다. 또 GMO 재배 면적은 1996년 상업화 이후 100배 이상 증가해 2015년 기준 28개국의 재배 면적은 1억 7970헥타르로, 전체 GMO 생산의 90%가 상위 5개국(미국, 브라질, 아르헨티나, 캐나다, 인도)에 집중되어 있다. 재배되고 있는 작물은 콩, 옥수수, 면화, 카놀라가 99.99%를 차지하고 있다. 한편 한국식량관리처는 2012년 기준 미국이 세계 콩 생산량의 40%를 차지하고 있다고 밝혔다. 또 미국은 전체 콩 재배 면적 중 약 6%만 Non-GMO 콩을 재배하고 있어 Non-GMO 콩 확보가 어렵다. 미국뿐만 아니라 GMO 콩의 경우 세계적으로 재배면적이 해마다 증가되고 있지만, Non-GMO 콩 재배면적은 지속적인 감소 추세에 있다. 이런 상황에서 만약 GMO 완전표시제를 실시한다면 Non-GMO 원료의 수요가 부족하기 때문에 Non-GMO 식품을 만들 경우 가격은 상승할 것이고, 소비자들은 경제 여건에 따라 GMO와 Non-GMO를 선택할 수밖에 없다. 그 결과 소비 패턴의 양극화를 초래하고 소비계층 간의 위화감이 조성된다.

과학 토론 개요서

참가번호	소속 교육지청명	학 교	학 년	성명

토론논제

UN 식량농업기구는 “2050년 세계 인구가 97억 명이 될 것이며 지금의 1.7배 이상의 식량이 필요하다”고 내다봤다. 또한 우리나라의 곡물자급률(사료용 곡물 포함)은 24%에 불과해 국가 식량 안보를 위협하는 수준이다. 이런 상황에서 GMO는 식량 위기에 처한 인류에게 하나의 대안으로 떠오르고 있다. 과연 GMO가 인류의 식량 문제를 해결할 수 있는 방안이 될 수 있는지 그렇지 않은지 과학적인 방법으로 분석하고 유전자 변형 식품을 이용하는 것 외에 식량난을 해결할 수 있는 창의적인 방안을 제시하시오.

관련 영화

〈GMO OMG GMO OMG〉 2013년, 감독 제레미 세이퍼트

우리나라는 식용 GMO 최대 수입국가이다. 그러나 GMO가 무엇인지 제대로 알고 사용하는 사람은 드물다. 이러한 현실에서 이 영화는 GMO에 대한 현실적인 정보를 알려준다. 식량 문제의 심각성을 사람들에게 알리고자 이 영화를 만든 미국의 제레미 세이퍼트 감독은 이를 위해 지구촌 식량수급 시스템의 변화에 대해 경고하고 있다.
미국의 대부분 사람들은 GMO를 수용하고 식품의 대부분을 GMO로 해결하고 있다. 하지만 빈곤과 굶주림에 허덕이는 아이티 소작농부들은 GMO 씨앗을 모아 불태워버렸다. 왜 그런 일을 벌였을까? 이 영화를 보면서 고민하다 보면 해답을 찾을 수 있다.

참고 도서

『생각하는 십대를 위한 환경 교과서 에코사전』 강찬수 / 꿈결출판사
『모든 생명은 GMO이다』 최낙언 / 예문당
『GMO 바로 알기』 이철호 외 2명 / 도서출판 식안연
『정답을 넘어서는 토론학교』 가치를 꿈꾸는 과학교사 / 우리학교
『생명공학 소비시대 알 권리 선택할 권리』 김훈기 / 동아시아

참고사이트

한국바이오안전성정보센터 http://www.biosafety.or.kr
식품안전나라 http://www.foodsafetykorea.go.kr

참고 문헌

'GMO표시제 어떻게 해야 하나-GMO표시제의 올바른 과제 도출을 위한 정책 토론회', 2012년 8월 31일.

08 맞춤아기

교과서 수록부분
초등 과학 5~6학년 16단원 우리 몸의 구조와 기능
중등 과학 1~3학년 21단원 생식과 유전

학습목표

1 '맞춤아기'와 '인간복제'에 대해 알아본다.
2 '맞춤아기' 시대가 가져올 명암에 대해 구체적으로 살펴본다.
3 '맞춤아기'가 상용화될 세상에 대한 제도적·사회적 장치를 마련하기 위한 소양을 기른다.

논제 맞춤아기를 갖는 것은 개인의 선택이다.

최근엔 인공수정과 시험관 아기 등 다양한 방법으로 아이를 출산하고 있다.

논제성립배경

★ 이야기 하나

A군은 시험관수정 배아 상태에서 '다이아몬드 블랙팬 빈혈'을 앓고 있는 4살 배기 형의 조직과 똑같도록 하는 유전자 편집과정을 거쳐 태어났다. A군의 부모는 '구세주 아기saviour sibling(형제자매를 살리기 위해 태어난다는 이유로)'로 태어난 A군의 골수를 추출해 병을 앓고 있는 형에게 이식하였다. 이 희귀빈혈은 형제·자매로부터 줄기세포를 이식받는 것이 유일한 치료법이다. 이 병에 걸린 사람이 같은 면역체계를 가진 사람의 혈액세포를 이식받지 못할 경우, 30세 이상 생존할 가능성이 거의 없다. 죽어가는 아이를 그냥 두고 볼 수만 없었던 부모는 깊은 고민 끝에 '유전자 편집'이라는 쉽지 않은 결정을 내렸다. 지금은 다행히 두 아이 모두 건강하게 자라고 있다. A군의 가족은 맞춤아기 기술로 다시 찾은 행복한 일상에 감사해하고 있다.

★ 이야기 둘

B양의 부모는 자녀가 좀 더 완벽한 능력을 가지고 태어나길 바랐다. 그래야 남보다 성공의 기회를 쉽게 잡을 수 있기 때문이다. 주변 사람들을 보아도 부모가 원하는 대로 유전자를 바꾸어서 태어난 아이와 자연임신에 의해 태어난 아이는 삶의 질에서 큰 차이가 있다. 그래서 B양의 부모 역시 경제적으로 아주 여유가 있는 것은 아니었지만, 유전자 배아단계에서 좋지 않은 형질을 덜어내고 본인들이 원하는 형질, 즉 성격, 집중력, 암기력이 좋아지는 형질을 일으키는 유전자로 채워 넣었다. 마

음 같아선 키와 피부색도 바꾸고 싶었지만 그러려면 비용이 너무 많이 들기 때문에 포기했다. 그렇게 포기한 것이 마음에 좀 걸리기는 했지만, 이 정도도 못해주는 부모에 비하면 그나마 다행이라 생각하고 있다. 앞으로 B양은 자신들보다 훨씬 나은 삶을 살아갈 수 있으리라는 희망에 만족스럽다.

생명공학의 급격한 발전으로 우리는 앞으로 태어날 아기에게 이상 유전자가 있는지를 미리 확인할 수 있는 단계에 이르렀다. 더 나아가 아이의 외모와 지능까지 부모 마음대로 골라서 낳는 '맞춤아기' 기술에 대한 연구가 활발히 진행되고 있다. 유전자 변형을 통해 모든 열성인자가 제거된 완벽한 아기가 태어나고 타고난 유전자에 의해 운명이 결정되는 세상, 머지않은 미래에 우리가 맞이하게 될 수도 있다. 유전자를 마음대로 골라 아기를 맞추는 시대가 과연 올 것인지에 대해 기술적인 부분에서는 가까운 시일 내에 가능해질 것이라고 전문가들은 답한다. 이제 우리가 고민해보아야 할 것은 제도적·사회적 여건이다. 생명공학 분야의 기술 발전 속도가 빠르고 파급력이 큰 만큼 기술의 활용 범위에 대한 사회적 논의가 시급하다.

초등 중학년 추천도서

『WHAT? 줄기세포』 존 블리스 / 내인생의책

이 책은 줄기세포가 무엇이고, 우리 몸 어디에서 줄기세포를 얻을 수 있는지, 줄기세포를 이용하여 치료할 수 있는 질병에는 어떤 것이 있는지 알려준다. 또 넘어지고 다쳐도 새살이 돋는 이유가 바로 줄기세포 때문임도 알 수 있다. 난자와 정자가 만나 수정란이 생기고 그 수정란에서 어떻게 아기가 만들어지는지에 대해도 자세히 설명하고 있다. 또한 줄기세포에 대한 장점과 단점을 소개하고 있어 어린이들이 고민해보고 토론하기에 적합하다.

초등 고학년 추천도서

『세상에 대하여 우리가 더 잘 알아야 하는 교양-맞춤아기, 누구의 권리일까?』 존 블리스 / 내인생의책

이 책은 빠르게 발전하고 있는 생명공학 분야의 중심인 맞춤아기에 대해 다양한 관점에서 접근하고 있다. 또한 맞춤아기가 가능하게 된 역사, 시험관 아기, 유전자 치료, 게놈 프로젝트 등의 유전공학에 대해서도 알려준다. 특히나 이 책은 맞춤아기로 태어나게 될 아이, 맞춤아기가 필요한 아픈 아이, 부모, 이 기술을 이용하는 소비자와 판매자 각각의 권리에 대해 특히 주목하여 기술한다. 각자의 입장에서 바라봄으로써 독자들에게 생명윤리와 개인의 권리, 과학기술에 대해 생각해보게 한다.

『GMO 사피엔스의 시대』 폴 뇌플러 / 반니

이 책은 생물학자이자 과학자인 폴 뇌플러에 의해 쓰였다. 유전자 변형 인간의 탄생이 최근에 이슈가 된 이유, 인간복제, 맞춤아기의 시도를 가능하게 해준 과거의 유전학적 발견 및 연구, 우생학과 초인간주의, 유전학이 고도로 발달한 미래 사회 등에 대해 자세하게 설명한다. 저자는 여전히 많은 사람들이 유전자 변형 기술이 직접적으로 자신과 상관없을 것이라고 생각하거나 실제 이러한 기술의 실현가능성을 의심하는 상태라고 말한다.
지금부터라도 기술 발전의 정보를 공유하고 토론과 합의를 통해, 필요한 법적 제도와 원칙이 무엇인지 논의해야 한다. 그리고 그런 준비가 완료되기 전까지는 임상치료 목적의 인간 생식세포계열 편집 사용을 유예하자는 합의에 동의해야 한다고 말한다.
결국, 이 기술을 사용하게 되면 실질적으로 혜택 또는 피해를 보는 것은 우리들 자신이기 때문에 엄청난 파급력을 몰고 올 사건이 될 맞춤아기 시대를 긍정적 변화로 이끌어가기 위해서는 우리 모두가 관심을 갖고 노력해야 한다.

• **용어 사전**

맞춤아기 : 아픈 자녀를 치료하거나 부모가 원하는 우월한 유전자를 가진 아이를 얻기 위해 유전자를 변형시켜 탄생시킨 아기.

유전자 가위 : 특정 유전자의 DNA를 정교하게 자르고 붙이는 편집 기술. 유전자 편집은 DNA을 구성하는 4가지 염기인 아데닌(A), 시토신(C), 구아닌(G), 티아민(T)을 의도적으로 변경하는 작업이다.

크리스퍼-Cas9(크리스퍼 유전자 가위) : 3세대 유전자 가위기술로, 1세대 유전자 가위 징크핑거 뉴클레이즈, 2세대 탈렌과 달리 복잡한 단백질 구조가 없고 DNA를 더욱 깊게 자를 수 있다. 크리스퍼가 개발되면서 획기적인 발전을 이루었다.

국 가	내 용
미 국	인간 배아 및 생식세포 유전체 교정 허용 권고
영 국	2016년 2월 유전체 고정 연구 허용 (불임 치료)
일 본	2016년 5월 기초연구에 한해 인간 배아 유전체 교정 연구 허용
중 국	규제 없음. 배아교정 연구 적극 추진
한 국	생명윤리법에 의해 배아 유전자 교정 연구 금지

참고 자료 : 2017년 9월 10일자 《매일경제》

유전체(게놈) : 인간의 세포에 있는 46개(23쌍)의 염색체, 즉 31억 쌍의 염기서열에 담겨 있는 종합적인 유전정보를 말한다.

유전자 : 부모가 자녀에게 물려주는 특징을 만들어내는 유전정보의 기본 단위.

DNA : 생명체의 유전정보를 담고 있는 물질로 당, 인산, 염기로 구성된다. DNA 염기배열은 A(아데닌), C(시토신), G(구아닌), T(티민) 4종류가 나열된 이중

나선 구조를 이루고 있는데 A는 T와, C는 G와 짝을 짓는다.

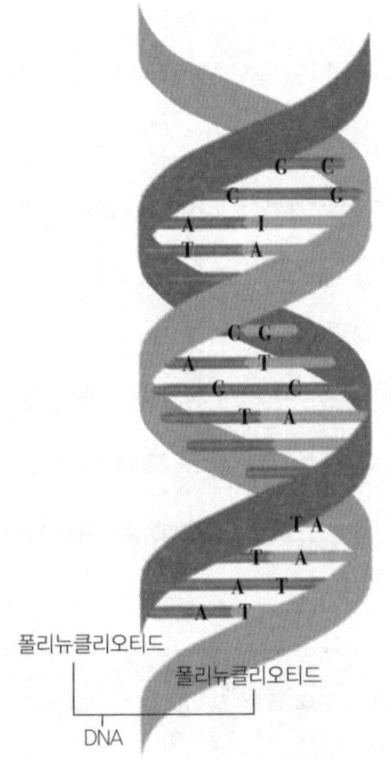

DNA의 이중나선 구조

사람의 DNA 길이 : 사람 세포 하나에 들어 있는 DNA는 총 2m 정도다.

세포 : 생물의 몸을 구성하는 기본 단위.

세포핵 : 세포의 모든 활동을 조절하는 세포 소기관의 하나. 핵 속에는 그 생물체의 특성을 결정짓는 유전정보를 가지고 있는 DNA가 들어 있다.

미토콘드리아 : 세포에 에너지를 공급하는 일을 한다. 문제가 생기면 간 질환, 실명 등 신체에 여러 가지 문제가 발생한다.

줄기세포 : 우리 몸의 각각의 신체 조직으로 발달할 수 있는 능력을 가진 세포.

① **배아줄기세포** : 배아에 존재하는 세포로 250여 개 장기 세포로 분화할 수 있는 능력이 있다.

② **성체줄기세포** : 사람의 몸속에 존재하면서 필요한 만큼의 새로운 세포를 생산해준다.

생식세포 : 생식을 통해서 유전정보를 다음 세대로 전달하는 세포. 정자와 난자를 말한다.

체세포 : 생식세포를 제외한 생물체를 구성하는 모든 세포. 세포의 크기는 생물마다 다르지만 일정 정도 이상은 자라지 못하기 때문에 몸집이 큰 동물은 체세포의 수가 많다.

뉴클레오티드 : DNA 사슬의 기본 구성 단위.

염색체 : 세포분열 시 핵 속에 나타나는 막대 모양의 구조물로 유전물질을 담고 있다. 세포가 분열하지 않을 때에는 실처럼 풀어져 있고(염색사), 세포가 분열할 때만 염색사가 응축되어 염색체를 형성한다.

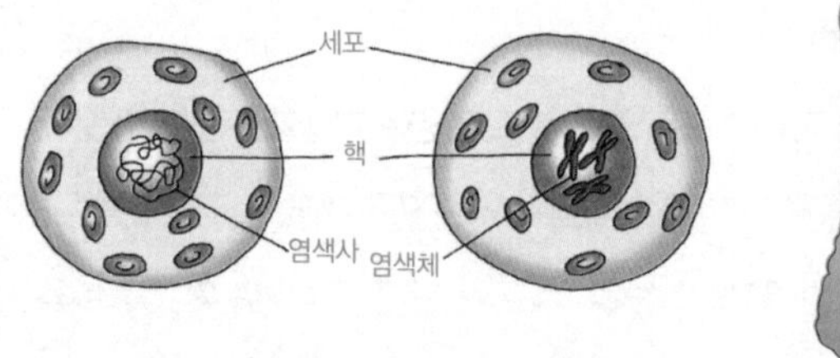

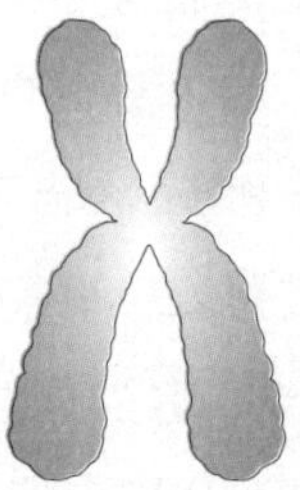

그림 출처 : 『톰슨이 들려주는 줄기세포 이야기』(자음과모음, 왼쪽)

염색체의 구조 : 염색체는 DNA와 단백질로 구성되며, 하나의 DNA에는 많은 수의 유전자가 있다. 사람의 유전자 수는 대략 2만 6,000~4만 개 정도로 추정한다.

사람의 염색체 : 사람의 세포 1개의 핵 속에 들어 있는 염색체 수는 46개(23쌍)이다. 46개 중 23개는 아빠에게서, 23개는 엄마에게서 온 것이다.

다운증후군 : 21번 염색체가 염색체를 한 개 더 가지게 되어서 나타나는 유전성 질환. 작은 체형, 낮은 지능, 비만 등과 같은 증상을 보인다. 양수검사를 통해 아기가 태어나기 전에 미리 알아낼 수 있다.

단백질 : 몸의 각 기관을 구성하는 물질. 호흡, 소화, 배설 등의 화학적 반응을 수행하기도 한다. DNA의 염기서열에 단백질을 만드는 데 필요한 모든 정보가 담겨 있다.

골수 : 사람의 뼈에서 적혈구, 백혈구, 혈소판과 같은 혈액 세포를 만드는 조직. 많은 줄기세포를 가지고 있으며 이들 줄기세포들이 계속 분열하여 혈액세포를 만든다.

혈액세포

① **적혈구** : 혈액을 구성하는 세포 중 하나로써 산소를 운반하고 이산화탄소를 없애준다. 혈액 세포 중 가장 수가 많으며, 사람의 혈액에는 약 25조 개의 적혈구가 존재한다.

② **백혈구** : 식균 작용을 하는 혈구 세포. 감염에 저항할 수 있게 해준다.

③ **혈소판** : 혈액 응고나 지혈 작용을 하는 혈구 세포로, 크기가 매우 작고 모양이 불규칙하다. 혈관이 손상되어 피가 나면 혈소판이 혈액을 응고시켜 혈액이 밖으로 빠져나가지 못하게 한다.

세부모체외수정법 : 부모와 미토콘드리아 기증 여성, 즉 3명의 유전정보를 가지고 태어나는 아기를 허용하는 법안으로, 2015년 10월 영국에서 시행되었다. 세부모아기 시술은 미토콘드리아에 이상이 있는 여성의 난자에서 핵을 추출한 후 건강한 여성의 난자에 이식하는 방식으로 이루어진다.

착상전유전자진단법 : 부부의 난자와 정자를 체외수정해서 얻은 수정란을 여성의 자궁에서 키우기 전에 미리 유전자 정보를 검사하는 기술이다.

할구 : 수정란에서의 난할(세포분열)에 의하여 만들어지는 각각의 세포. 주로 2세포기에서 포배기까지의 세포로, 미분화된 세포를 말한다(수정 후 6~7일이 되면 100여 개의 세포가 만들어지는 포배기 상태가 된다).

난할 : 하나의 수정란에서 계속해서 세포분열이 일어나는 것을 말한다. 배아가 8세포기까지 자라면 세포를 한두 개 떼어내어 유전자 정보를 검사(착상전유전자 진단)한다. 이후 질환 자녀의 세포 조직과 완전히 일치하는 특정배아를 가려내 맞춤아기를 탄생시킨다.

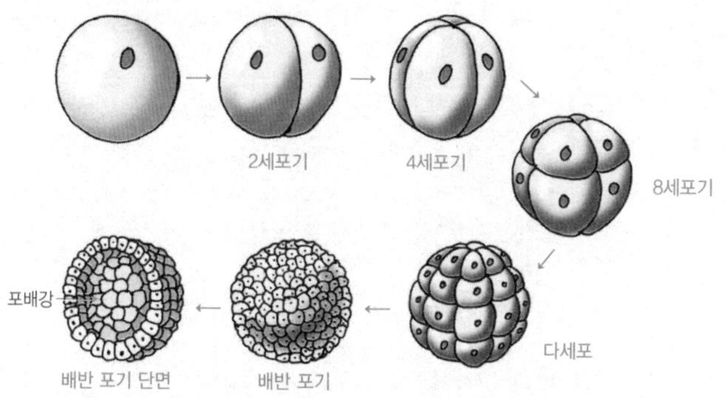

그림 출처 : 『톰슨이 들려주는 줄기세포 이야기』(자음과 모음)

배아 : 수정란이 처음 세포분열을 시작하여 분열을 완전히 끝내고 태아가 되기 전까지의 시기를 말한다. 사람의 경우 일반적으로 임신 8주 이전까지이다.

태아 : 임신 초기에서부터 출생에 이르기까지 말한다. 수정 후 2주 후부터 8주까지를 배아, 수정 8주 이후부터를 태아로 구별한다.

수정란 : 정자의 핵과 난자의 핵이 합쳐진 결과물. 수정란은 아버지와 어머니의 염색체 모두를 가지고 있으며 세포분열을 거쳐 태아가 된다.

우생학 : 유전학을 이용해 인류를 우수하게 개량할 목적을 가진 학문. 유전학, 의학, 통계학 등을 기초로 우수한 유전자를 증가시키고 열등한 유전자를 감소

시키는 것을 목표로 한다.

오적중 효과 : 유전자 편집도구가 게놈에서 엉뚱한 위치를 찾아가는 경우를 말한다. 예를 들어 목표는 유방암과 관련된 유전자 돌연변이의 수정이었지만, 유전자 편집도구가 전혀 다른 유전자를 바꾸는 것이다.

모자이크형 배아 : 유전자 편집도구가 세포 일부만 편집하여 교정된 세포와 교정되지 않은 세포가 섞여 유전자 교정이 일부만 이루어지는 것을 말한다.

GMO 사피엔스 : 새로운 가상의 맞춤아기. GMO와 호모 사피엔스를 결합해서 만든 단어이다.

토론가능논제

1 맞춤아기 기술은 사회발전에 기여한다.
2 맞춤아기 기술을 허용해야 한다.
3 배아줄기세포 연구를 전면 허용해야 한다.

관련 과학자

왓슨과 크릭

James D. Watsonl, 1928~?, 미국
Francis Crick, 1916~?, 영국

왓슨과 크릭은 각각 37세, 25세의 나이에 DNA의 이중나선 구조를 밝혀냈다. 왓슨은 미국의 생물학자로 일찍이 DNA의 중요성을 깨달았다. 영국에서 태어난 크릭은 본래 물리학자였는데, 물질의 외적인 구조와 형태를 탐사하는 결정학 연구를 주로 하였다.

DNA는 당-인산-염기로 구성된 뉴클레오티드 사슬 2개가 꼬여 있는 이중 나선으로 되어 있다. 뉴클레오티드는 결합되어 있는 염기에 의해 종류가 나뉘며, A(아데닌), G(구아닌), C(시토신), T(티아민)의 4가지 염기가 존재한다. 이 4가지가 배열된 순서에 따라 유전정보가 결정된다. 즉, 염기의 순서에 따라 머리색, 피부, 쌍꺼풀 유무 등의 특징이 결정된다. '최고의 콤비'인 두 사람이 이중 나선 구조를 밝혀냄으로써 DNA가 세포 내에서 어떻게 복제되는지 그 과정의 설명이 가능해졌으며, 나아가 맞춤아기가 탄생하는 계기가 되었다.

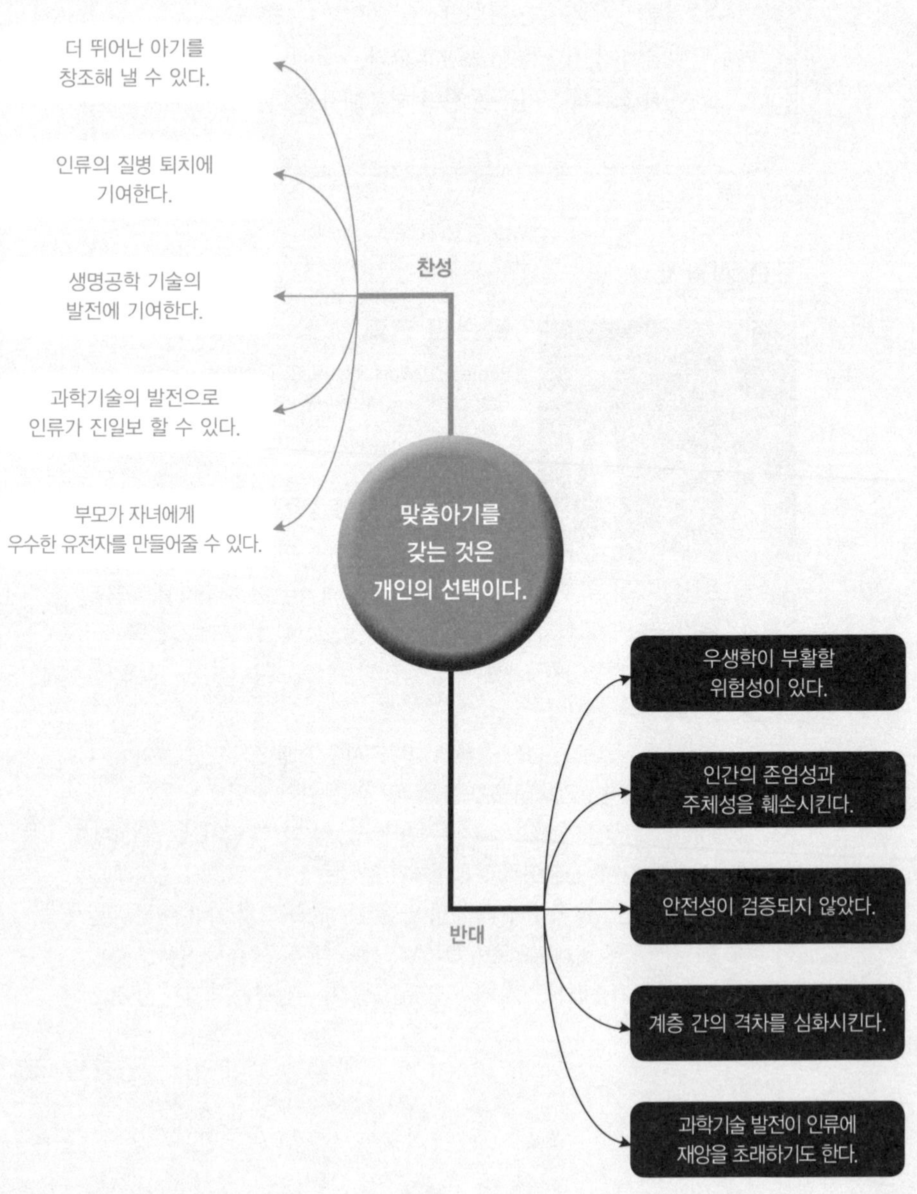
더 뛰어난 아기를
창조해 낼 수 있다.
인류의 질병 퇴치에
기여한다.
생명공학 기술의
발전에 기여한다.
과학기술의 발전으로
인류가 진일보 할 수 있다.
부모가 자녀에게
우수한 유전자를 만들어줄 수 있다.
찬성
맞춤아기를
갖는 것은
개인의 선택이다.
반대
우생학이 부활할
위험성이 있다.
인간의 존엄성과
주체성을 훼손시킨다.
안전성이 검증되지 않았다.
계층 간의 격차를 심화시킨다.
과학기술 발전이 인류에
재앙을 초래하기도 한다.

토론 요약서

논 제	맞춤아기를 갖는 것은 개인의 선택이다.	
용어 정의	1) 맞춤아기 : 난치병을 앓고 있는 형제자매를 치료할 목적과 뛰어난 유전자를 가진 아이를 만들 목적으로 유전자 편집 과정을 거쳐 태어난 아기를 뜻한다. 2) 개인의 선택 : 법적, 제도적으로 금지하지 않고 개인이 선택하게 하는 것. '맞춤아기'를 허용하는 것을 의미한다.	
	찬성측	**반대측**
주장 1 (주장)	'더 뛰어난 아기'를 창조해낼 수 있다.	우생학이 부활할 위험성이 있다.
주장 1 (근거)	유전자 편집기술은 빛의 속도로 빠르게 발전하고 있다. 크리스퍼-CAS9이라는 기술의 진보로 우리는 원한다면 아인슈타인이나 마리 퀴리처럼 더 영리하고 창조적인 사람으로 성장할 수 있는 아기를 만들어낼 수 있다. 만약 이전보다 똑똑하고 우월한 유전자를 선택해서 아기를 낳는다면, 세상에는 우수한 유전자를 가진 사람들이 많아질 것이고 결국 인류는 새로운 단계로 진화할 수 있을 것이다.	과거 독일에서는 실명, 난청, 신체 기형과 같은 유전적 장애를 가진 사람들이 아이를 가질 수 없도록 불임수술을 강요하는 등의 우생학 정책을 실시하였다. 유전자 변형을 통한 맞춤아기 역시 인간에게 등급을 매겨 인류를 개량하려고 하는 우생학적 관점과 너무도 유사하다. 이는 특정 조건을 가진 사람에 대한 차별로 이어질 수 있다.
주장 2 (주장)	인류의 질병 퇴치에 기여한다.	인간의 존엄성과 주체성을 훼손시킨다.
주장 2 (근거)	크리스퍼-CAS9의 출현으로 혈우병, 겸상 적혈구 빈혈증, 헌팅턴병 등의 희귀 유전질환을 치료할 수 있는 길이 열렸다. 또한 맞춤아기 기술은 불치병을 가진 자녀로 인해 고통받는 가족을 구해줄 수 있다. 실제로 미국과 영국에서는 맞춤아기로 태어나 형제·자매에게 새 생명을 찾아준 사례가 있다.	인간이 될 가능성이 있는 배아를 폐기하고, 아이의 동의 없이 부모 마음대로 유전자를 선택해서 맞춤아기를 만드는 것은 목적을 이루기 위한 수단으로 생명을 이용하는 것이다. 인간은 어떤 이유에서든 수단화되어서는 안 되며 생명 자체로 목적이 되어야 한다. 맞춤아기는 이러한 관점에서 볼 때, 생명윤리를 위반하는 행위이다.
주장 3 (주장)	생명공학 기술의 발전에 기여한다.	안전성이 검증되지 않았다.
주장 3 (근거)	생명공학 기술은 4차 산업혁명 시대의 미래 산업을 이끌 수 있는 핵심기술로 주목받고 있다. 생명공학 분야 가운데서도 유전자가위 기술은 가장 혁명적인 기술로 꼽히지만 우리나라의 '생명윤리법'에서는 인간 배아에 대한 유전자 연구 및 치료를 금지하고 있어 그 기술의 발전이 제한되고 있다. 세계 생명공학 기술 발전에 발맞추고 세계 시장을 선점할 수 있게 맞춤아기의 선택을 개인에게 맡김으로써 생명공학 기술을 발전시킬 수 있는 기회로 삼아야 한다.	안전성이 확보되지 못한 맞춤아기 기술은 인간과 사회 모두에 뜻하지 않은 무서울 결과를 초래할 수 있다. 과학자의 실수 또는 기술 자체의 불안전성으로 인해 원래의 목적은 달성하였으나, 발달장애, 자폐증, 알츠하이머 발병과 같은 뜻하지 않은 일이 발생할 수 있다. 이렇듯 유전자 변형 기술은 위험성이 크고, 그 위험이 세대를 초월하는 실험이다.

◐ 찬성측 입론서

• 논의 배경

과학계를 뜨겁게 달구고 있는 맞춤아기 기술은 인간의 질병을 보다 효율적으로 치료하여 생명유지를 돕고자 하는 선한 의도에서 시작되었다. 이 기술로 2016년 9월, 멕시코에서 '하산'이라는 맞춤아기가 태어났다. 하산의 친엄마는 '리 증후군'이라는 유전병을 가졌는데, 이는 미토콘드리아의 유전자 이상으로 생기는 질병이다. 의료진은 다른 여성의 건강한 난자에 엄마의 핵을 이식한 다음 아빠의 정자와 수정시켜 엄마의 자궁에 착상시켰다. 이렇게 해서 세계 최초로 부모가 셋인 아이가 탄생한 것이다. 현재 하산은 건강하게 잘 자라고 있다. 하산의 사례와 같이 유전자 변형 인간은 10년 안에 현실화될 것이라고 전문가들은 예견하고 있다. 따라서 불치병을 앓고 있는 사람들에게 구세주가 되어줄 유전자 편집기술에 대해 사회·제도적 기준을 마련하기 위한 토론이 필요한 시점이다.

• 용어 정의

1_ 맞춤아기 난치병을 앓고 있는 형제자매를 치료할 목적과 뛰어난 유전자를 가진 아이를 만들 목적으로 유전자 편집 과정을 거쳐 태어난 아기를 뜻한다.

2_ **개인의 선택** 법적·제도적으로 금지하지 않고 개인이 선택하게 하는 것. 여기에선 '맞춤아기'를 허용하는 것을 의미한다.

주장 1 '더 뛰어난 아기'를 창조해낼 수 있다.

2013년 개발된 유전자 편집기술은 빛의 속도로 빠르게 발전하고 있다. 그 기술의 중심에는 크리스퍼-CAS9이 있다. 유전자 편집기술의 발달로 우리는 DNA를 구성하는 4가지 염기인 아데닌(A), 시토신(C), 구아닌(G), 티민(T)을 변경하는 작업만으로 언제든 원하는 아기를 만들어낼 수 있게 되었다. 부모가 원한다면 아인슈타인이나 마리 퀴리처럼 더 영리하고 창조적인 사람으로 성장할 수 있는 아기를 만들어낼 수 있게 된 것이다. 또 재앙이나 다름없는 루게릭병에서 해방된 제2의 스티븐 호킹도 만들어낼 수 있다.

'더 뛰어난 아기'를 만들고자 하는 '진보적 우생학'은 과거 나치의 '낡은 우생학'과는 구별된다. '진보적 우생학'은 사람들에게 각자 선택의 자유와 결정권을 부여하고 인종이나 사회적 다원주의의 가치에 구애받지 않는다. 따라서 유전학 기술을 인간의 건강을 개선하는 데 사용할 수 있다면 인간의 능력을 향상시키는 데에 사용하지 못할 이유가 없다. 맞춤아기 기술로 이전보다 똑똑하고 우월한 유전자를 선택해서 아기를 낳게 된다면, 세상에는 우수한 유전자를 가진 사람들이 많아질 것이고 결국 인류 진화의 새로운 단계를 촉진시킬 수 있을 것이다.

주장 2 인류의 질병 퇴치에 기여한다.

세계보건기구에 따르면, 인간의 질병 중 단일유전자 변이로 인한 유전질환은 1만 가지가 넘는 것으로 조사되었다. 실제로 2015년 4월 중국의 한 연구팀은 인간 배아에서 빈혈을 일으키는 유전자를 없애는 실험에 성공했다. 이 실험은 인간 배아를 대상으로 유전자 편집기술을 적용한 첫 번째 사례다. 따라서 혈우병, 겸상 적혈구 빈혈증, 헌팅턴병 등 희귀질환을 앓고 있는 수많은 사람들에게 미칠 파급 효과는 매우 클 것이다.

특히 맞춤아기 기술은 건강한 줄기세포로 아픈 자식을 치료할 수 있기 때문에 불치병을 가진 자녀를 둔 부모에게 구세주와도 같은 역할을 하고 있다. 최초의 맞춤아기는 2000년 미국에서 탄생했다. '판코니 빈혈'이라는 유전질환을 앓고 있는 6살짜리 여아 '몰리'에게 조직이 일치하는 골수를 제공할 목적으로 '아담'이라는 남자 동생이 태어났다. 몰리의 부모는 아담의 탯줄 혈액을 아이의 골수에 이식했고, 3주 만에 혈소판과 백혈구를 만들어내기 시작해 아이의 생명을 되찾을 수 있었다. 이렇듯 맞춤아기 기술은 불치병을 앓고 있는 사람들에게 빛과 같은 역할을 할 것이다.

주장 3 생명공학 기술의 발전에 기여한다.

생명공학 기술은 4차 산업혁명 시대의 미래 산업을 이끌 수 있는 핵심기술로 주목받고 있다. 생명공학 분야 가운데서도 유전자가위 기술은 가장 혁명적인 기술로 꼽힌다. 세계적인 과학 잡지인 《사이언스》와 《네이처》에서 2015년 최고의 생명공학 기술로 평가되었으며 우리나라에서도 한국생명공학연구원이 선정한 2017년 바이오 헬스를 선도할 10대 유망 기술로도 꼽히기도 했다. 우리나라에서도 2014년 차병원 줄기세포연구소에서 세계 최초로 성인 체세포를 복제한 배아줄기세포를 만드는 데 성공했으며 2017년 8월에는 유전자가위 기술을 이용해 '비후성 심근증'을 초래하는 유전자 변이를 정상 유전자로 복구시키는 데 성공하는 등 유전자가위 연구에 박차를 가하고 있다.

이 같은 중요성에도 불구하고 우리나라의 '생명윤리법'에서는 인간 배아에 대한 유전자 연구 및 치료를 금지하고 있다. 그 때문에 그 기술의 발전이 제한되고 있어 인체 대상 연구나 임상시험에서는 크게 뒤처지고 있는 실정이다. 미국, 영국, 중국, 일본 등이 기초 연구를 목적으로 배아 연구를 허용한 것과 대조를 이룬다. 이에 따라 현재 보유한 원천기술까지 선진국에 빼앗길 수 있다는 우려까지 제기되고 있다.

유전자가위 기술은 생명공학을 미래 4차 산업혁명의 주역으로 성장시켜 나갈 주요 기술이다. 따라서 세계 생명공학 기술의 발전에 발맞추고 세계 시장을 우리가 선점해 나갈 수 있게 맞춤아기의 선택을 개인에게 맡김으로써 생명공학 기술을 발전시킬 수 있는 기회로 삼아야 한다.

반대측 입론서

• 논의 배경

의사이자 선교사로서 인류애를 실천한 슈바이처(1875~1965)는 '생명에 대한 경외'를 강조하는 생명중심주의의 대표자이다. 생명공학 역시 생명에 깊숙이 관여하기 때문에 생명중심주의에 의해 끊임없이 비판을 받는다. 빛의 속도로 발전하고 있는 맞춤아기 기술에 사용되는 인간 배아도 비록 인간의 형태를 갖고 있지는 않지만 살아 있는 존재로서 마땅히 존중받아야 한다. 환자의 생명을 되찾는 것도 중요하지만, 배아라는 생명체를 희생시키면서까지 유전자 변형 기술에 대한 연구가 계속 이루어지는 것이 과연 바람직한지 토론해보고자 한다.

• 용어 정의

1_ **맞춤아기** 난치병을 앓고 있는 형제자매를 치료할 목적과 뛰어난 유전자를 가진 아이를 만들 목적으로 유전자 편집 과정을 거쳐 태어난 아기를 뜻한다.

2_ **개인의 선택** 법적·제도적으로 금지하지 않고 개인이 선택하게 하는 것. 여기에선 '맞춤아기'를 허용하는 것을 의미한다.

주장 1 우생학이 부활할 위험이 있다.

우생학이란 인류를 개량할 것을 목적으로 우수하고 건강한 사람들의 인구 증가를 유도하고 열악하고 병약한 인구의 증가를 억제하기 위해 연구하는 학문을 말한다. 독일 나치 때 시행했던 극단적인 우생정책은 인권을 침해했던 대표적인 사례로 꼽힌다. 실명, 난청, 신체 기형과 같은 유전적 장애를 가지고 태어난 사람들이 아이를 가질 수 없도록 불임수술을 강요하는 단종법에 따라 35만여 명 이상의 독일인이 강제 불임수술을 받았다. 또한 정신 질환자와 장애인들을 '살아갈 가치가 없다'고 판단하여 죽음으로 내몰기도 하였다. 우생학적 사고의 결정판이 바로 '홀로코스트'다.

유전자 변형을 통해 열성인자가 제거되고 '뛰어난' 유전자를 가지고 태어나는 맞춤아기는 인간에게 등급을 매겨 인류를 개량해야 한다는 우생학적 관점과 너무도 유사하다. 유전학의 도움을 받아 '뛰어난 아이'를 만든다는 발상은 인간의 다양한 능력을 축소하고 특정 조건을 가진 사람에 대한 차별을 심화시킬 수 있다. 새로운 유형의 인종 간 갈등, 즉 유전자 변형 인간과 자연인과의 갈등을 심화시켜 새로운 사회 문제로 대두될 것이다.

주장 2 맞춤아기는 인간의 존엄성과 주체성을 훼손시킨다.

치료용 맞춤아기는 시험관 수정 기술을 이용해 질병 유전자가 없는 배아를 골라 탄생시킨 아기를 말한다. 이때 여러 개의 배아가 만들어지는데, 자궁에 이식되지 못한 배아는 폐기되어 죽을 가능성이 높다. 맞춤아기에서 문제가 되고 있는 것은 '인간이 될 가능성이 있는' 배아를 이용하는 데 있다. 폐기되는 배아도 엄마의 자궁에 착상이 되면 인간으로 탄생할 수 있다. 인간은 수정이 되는 순간 46개의 염색체가 완성된다. 따라서 처음 수정란에서 인간에 이르기까지 인간은 연속적으로 형성되는 것이지, 어느 특정 시점에 이르러서 인간이 되는 것은 아니다. 배아나 태아는 가장 취약한 형태의 인간 생명으로 어떠한 목적에서든 이들을 파괴하는 것은 '무고한 생명을 죽이는' 살인 행위이다.

일각에선 형제자매의 치료를 위한 맞춤아기는 어쩔 수 없다는 입장이지만, 이것은 치료 목적으로 아기를 창조해서 사용하겠다는 의도다. 이렇게 창조된 아기가 장기기증의 의무를 강요받는 것이 타당한 것인가? 자기 의지와는 상관없이 골수, 장기 등을 내주어야 하는 아이의 입장에서 본다면 신체의 자유와 인권이 무시당하는 것이다. 인간이 존엄하다는 것은 어떤 이유에서든 수단화되어서는 안 된다는 의미다.

주장 3 안정성이 검증되지 않았다.

인간의 특성은 매우 복잡해서 '단성유전'이라고 부르는 하나의 유전자로만 그 특성이 통제되지 않는다. 그러므로 인간의 생식세포 계열을 편집했을 때 단 하나의 결과만 일어날 것으로 단정 짓는 것은 위험한 발상이다. 유전자 변형을 통해 만들어진 사람에게는 원래 개선시키려고 했던 표적유전자 외의 다른 유전자에서 뜻하지 않은 오류가 생길 가능성이 항상 존재한다. 그 작은 결함이 발달장애나 암, 알츠하이머와 같은 질병으로 발전할 수도 있다. 하지만 이러한 부정적 결과는 실제로 유전자 변형 인간을 창조해보기 전까지는 알 수가 없다.

실제로 유전자 편집과정에서 발생할 수 있는 오류는 크게 3가지 유형이다. 첫째, 유전자 편집도구가 인간 배아의 게놈에서 올바른 표적을 찾고도 편집을 잘못한 경우, 둘째, 유전자 편집도구가 게놈에서 엉뚱한 위치를 찾아가는 경우, 마지막으로 가장 문제가 되는 유전자 편집도구가 게놈 내부에서 무작위로 이동해 유전자 1개, 심지어 여러 유전자 다발을 제거해버리는 경우이다. 유전자 변형 인간이 실제로 만들어지기 전까지는 안전 여부를 확인할 수 없는 상황에서 위험천만한 맞춤아기 기술을 허용해서는 안 된다. 이는 유전자 변형 인간 당사자만의 문제가 아니라 세대를 초월한 문제이고, 사회 전체에 큰 위험을 초래할 수 있는 일이다.

과학 토론 개요서

참가번호	소속 교육지청명	학 교	학 년	성명

토론논제

생명과학 분야의 놀라운 성과인 크리스퍼-CAS9의 출현으로 맞춤아기의 실현 가능성이 한층 높아졌다. 수년 안에 과학자들은 유전자 변형 인간을 만들려고 할 것이다. 하지만 이 같은 유전자 가위 기술이 발달함에 따라 생명 윤리에 대한 논쟁도 거세지고 있다. 인간의 유전자 변형을 통해 생길 수 있는 문제점에 대해 분석하고 그것을 극복할 방법을 제시하시오.

관련 영화

〈마이 시스터즈 키퍼〉 2004년, 감독 닉 카사베츠

11살의 안나는 언니 케이트의 병을 치료하기 위한 맞춤형 아기로 태어났다. 안나의 부모는 의사로부터 백혈병에 걸린 큰 딸 케이트를 치료하기 위해서는 골수가 필요한데, 골수, 장기, 줄기세포 등이 부모와는 유전학적으로 일치하기 힘들다는 말을 듣는다. 그리하여 케이트와 유전자가 일치하는 아기를 시험관 시술을 통해 갖게 된다. 안나가 태어나면서부터 안나의 백혈구, 골수, 제대혈, 줄기세포들을 끊임없이 채취해 케이트의 몸에 이식한다. 하지만 병은 좀처럼 낫지 않는다.

언니의 병이 재발할 때마다 병원을 다니며 아픔을 참았던 안나는 결국 자신의 몸에 대한 권리를 찾기 위해 유명한 변호사를 찾아가 부모를 고소하기에 이른다. 아빠는 어떻게든 안나의 마음을 돌려보려고 노력하지만 굳게 닫혀버린 안나의 마음은 쉽게 열리지 않는다. 결국 법정에서 엄마와 대립하게 되지만 영화는 반전을 보여준다.

이 영화는 재판 과정에서 가족이 겪는 이야기를 각자 주인공이 되어 자신의 관점에서 풀어나가며, 환자를 돌보는 가족이 겪는 고통과 인간의 존엄성, 생명윤리 문제에 대해 생각하게 한다.

참고도서 및 동영상

『나쁜 과학자들』 비키 오랜스키 위튼스타인 / 다른

『내가 유전자 쇼핑으로 태어난 아이라면?』 정혜경 / 뜨인돌

『생명 윤리 이야기』 권복규 / 책세상

『어린이 토론학교 – 생명윤리』 소이언 외 / 우리학교

『윌머트가 들려주는 복제 이야기』 황신영 / 자음과모음

『정답을 넘어서는 토론 학교』 가치를 꿈꾸는 과학교사 모임 / 우리학교

09 인공지능

교과서 수록부분
중등 과학 1~3학년 7단원 과학과 나의 미래 / 24단원 과학기술과 인류 문명

학습목표

1 인공지능 산업에 따른 일자리 문제와 로봇세 도입 배경에 대해 알아본다.
2 로봇세 도입의 기대 효과와 부작용에 대해 살펴본다.
3 로봇세 부과가 사회에 미치는 영향을 분석해본다.

논제 로봇세, 부과해야 한다.

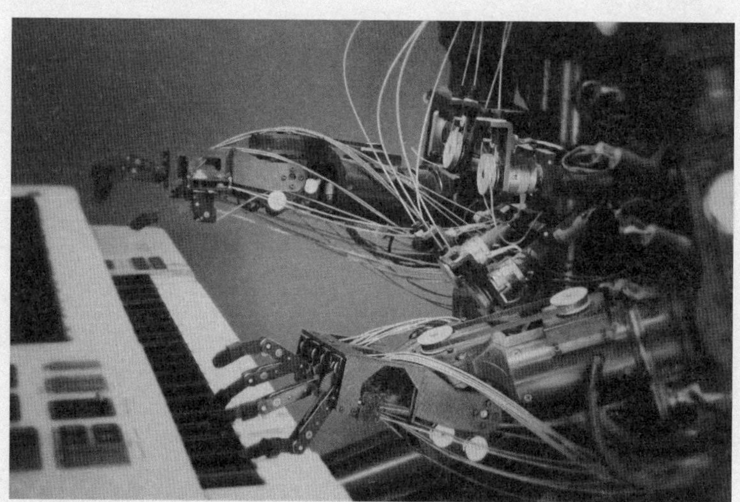

인공지능 기반 기술은 생각보다 우리 일상에 가까이 있다.

논제성립배경

★ 이야기 하나

J대 전문통번역학과 졸업을 앞둔 김모 씨(35세, 남)는 졸업 후 취업 걱정으로 답답하다며 한숨을 내쉬었다. "원하는 직업이 통번역사인데 인공지능 통·번역기가 등장하면서 통·번역사라는 직업이 곧 사라지게 된다고 하니 큰일이네요." 과거 취업률이 높아 인기를 끌던 통번역사가 현재 사라질 직업에 포함된다는 사실을 받아들이기 힘들다는 김씨는 일자리를 가져간 번역기에 세금을 부과해 실업에 대한 대책을 마련하는 것이 나을 것 같다며 로봇세의 필요성에 대해 이야기했다.

★ 이야기 둘

G대학 경영학과 박모 씨는 로봇세 도입을 찬성하는 쪽의 의견을 듣고는 주저 없이 반대 의견을 제시했다. 로봇세를 걷게 되면 로봇으로 수익을 창출하는 기업들이 세금 부담을 느끼게 될 것이기 때문이다. 또 기업들이 로봇세를 내지 않기 위해 로봇세 부담이 없는 나라로 공장을 이전한다면 우리나라의 로봇산업 발전에 큰 걸림돌이 될 것이라고 주장했다. 오히려 그는 "로봇세로 실업자를 구제하는 것보다 로봇기술 개발로 경제를 발전시키는 것이 낫기 때문에 로봇세 부과는 세금 만능주의 발상으로밖에 볼 수 없다"며 찬성 측에 대한 비판을 감추지 않았다.

★ 이야기 셋

유명 스포츠 브랜드의 생산 공장에서 근무하는 김모 씨(38세, 남)는 최근 공장 내에서 떠도는 소문으로 인해 잠을 이루지 못한다. 경쟁 브랜드의 생산 공장에서 인공지능 로봇을 이용해 제품 생산부터 배달까지 시간을 단축하여 효율적인 생산을 하게 되었고, 이로 인해 600명이 하던 일을 단 10명이 하게 되었다는 얘기를 들었기 때문이다. 해당 회사의 책임자 최모 씨(50세, 남)는 생산직 직원들의 불안감을 해소하기 위해 "다른 많은 공정에 여전히 제조 인력이 필요하기 때문에 실직자가 발생할 것으로 생각하진 않는다"고 말했다. 하지만 김 씨는 공정이 자동화됐을 때 공장에 남아 있는 사람이 과연 얼마나 되겠느냐며 인원 감축에 대한 불안감을 감추지 못했다.

그동안 유럽에서 시작된 로봇세 논의는 IT업계 대표적인 인사인 빌 게이츠가 로봇으로 인한 실업을 해결하려면 로봇에게 세금을 걷어야 한다고 제안하면서 찬반논란이 더욱 확산되고 있다. 빌게이츠는 노동자들이 소득세나 사회보장세를 내는 것처럼 로봇도 사람과 동일한 일을 한다면 세금을 내야 한다며 로봇세 도입을 주장했다. 하지만 로봇세를 반대하는 입장에서는 로봇세가 로봇기술과 산업 발전을 가로막는 걸림돌이 될 것이라고 주장하며 강력하게 반대하고 있어 논쟁은 갈수록 뜨거워지고 있다.

초등 저학년 추천도서

『WHAT? 로봇과 인공지능』 강이든 / 파랑새

로봇은 사람을 대신하여 힘들고 위험한 일을 해주고 사람에게 친구가 되어주기도 한다. 이처럼 로봇은 단순한 자동화 기계부터 휴머노이드까지 다양한 목적과 쓰임에 따라 계속 발전하고 있다. 이 같은 로봇의 역사와 로봇이 움직이는 원리, 빅데이터와 인공지능 등 초등학생들에게 다소 어려운 용어나 내용들을 이해하기 쉽게 이야기로 풀어서 설명하고 있는 책이다. 또 돌발퀴즈, 지식코너 등을 통해 로봇에 대한 기초 지식을 탄탄히 쌓을 수 있도록 도와준다.

초등 중학년 추천도서

『인공지능과 4차 산업혁명 이야기』 김상현 / 팜파스

인공지능과 인간의 공존은 생각보다 훨씬 빨라져 어른들은 물론 어린이까지 실감할 수 있는 사건들이 계속 생겨나고 있다. 인공지능과 함께 하는 미래는 어떤 모습일까? 이 책에서는 동화 속 친구들이 직접 겪는 일들을 통해 다가올 미래가 두렵기만 하기보다 오히려 즐거운 일들이 생겨날 것임을 알 수 있게 도와준다. 학교 친구들과 자율주행차를 타고 친구 집에 놀러가는 내용과 아침 등교 때마다 엄마 대신 옷을 골라주고 밥을 차려주는 가사 도우미 로봇 등의 이야기는 먼 미래의 이야기가 아닌 곧 다가올 미래임을 상상하게 해준다.

초등 고학년 추천도서

『왜 인공지능이 문제일까?』 조성배 / 반니

2016년 3월 이세돌 9단과 알파고 대결은 세간의 큰 관심을 끌었다. 알파고가 승리한 후 신문과 방송은 하루가 멀다 하고 인공지능에 대한 기사로 넘쳐났고 인공지능에 대한 관심이 커지기 시작했다. 이 책은 10대에게 들려주는 인공지능 이야기에 관한 책이다. 과연 인공지능은 인류에게 축복일까, 아니면 재앙일까?

중고등 추천도서

『노동 없는 미래』 팀 던럽 / 비즈니스맵

로봇과 인간은 공존이 가능할까? 노동 없는 미래는 예측할 수 있을까? 로봇으로 인한 인간의 일자리가 줄어들기 시작하면서 로봇세를 부과하자는 논의가 시작되었다. 로봇 분야의 전문가들은 로봇과 인공지능이 인간의 일자리를 빼앗아갈 것이라는 예측을 내놓고 있다. 저자는 일에서 자유로워지는 탈 노동의 시대를 맞이하게 될 것임을 예측하면서 그로 인한 인간의 노동과 일자리에 가져올 변화를 어떻게 받아들여야 할지에 대한 의견을 다양하게 제시하고 있다.

• **용어 사전**

로봇세 : 경제적 불평등을 해결하기 위해 로봇의 노동에 대해 매기는 세금으로 로봇을 소유한 개인이나 기업에게 부과하는 세금 제도.

알고리즘 : 주어진 문제를 해결하기 위한 절차나 방법을 뜻하는 말로 컴퓨터에게 일을 시키기 위한 명령어들의 순서를 의미한다.

코딩 : 컴퓨터가 이해하는 언어로 입력하는 과정.

프로그래밍 : 컴퓨터에게 시키고 싶어 하는 일을 실제로 작동하는 프로그램으로 만드는 전 과정.

애플리케이션(앱) : 컴퓨터 프로그램을 스마트폰에서 실행할 때 쓰는 응용 프로그램.

IT : 정보를 주고받는 것은 물론 개발, 저장, 처리, 관리하는 데 필요한 모든 기술.

사물인터넷 : 인터넷을 기반으로 모든 사물을 연결하여 사람과 사물, 사물과 사물 간의 정보를 상호 소통시켜주는 기능형 기술 및 서비스를 말한다.

빅데이터 : 컴퓨터나 스마트폰의 활용으로 늘어난 대규모 정보를 일컫는 말. 정보뿐만 아니라 정보를 수집하고 분석하는 기술까지 통틀어 말한다.

기계학습(머신러닝) : 기계가 경험을 통해 스스로 학습하는 것. 컴퓨터 스스로 정보를 학습하고 분석하면서 자체적으로 규칙을 찾거나 앞으로의 행동을 예측하는 기술.

딥러닝 : 기계 학습의 한 분야로 특정 데이터를 컴퓨터에 입력하면 컴퓨터가 각각의 중요한 특징을 찾아 스스로 학습하는 기술. 알파고도 이 기술을 통해 만들어진 프로그램이다.

튜링테스트 : 로봇이 가진 인공지능이 얼마나 사람과 비슷한가를 측정하는 시험.

인공신경망 : 신경세포의 연결로 이루어진 두뇌 구조를 모방해서 만든 기계학습 모델이다.

휴머노이드 : 사람처럼 두 팔과 두 다리를 가진 로봇. 사람을 뜻하는 'Human(휴먼)'이란 단어와 닮았다는 뜻을 지닌 'oid(오이드)'의 합성어다.

안드로이드 : 인간을 닮은 인공적 존재라는 뜻으로 겉보기에 사람과 거의 구분이 안 되는 로봇을 말한다. 그리스어로 인간을 뜻하는 '안드르andr'와 닮았다는 뜻을 지닌 '–oid'가 합쳐진 말.

사이보그 : 신체의 일부가 기계로 개조된 인조인간. 인공두뇌학을 뜻하는 cybernetic(사이버네틱)과 생물을 뜻하는 organism(오거니즘)의 합성어이다.

로봇의 3원칙 : 로봇을 만들 때 지켜야 할 세 가지 원칙으로 아이작 아시모프가 자신의 소설『아이로봇』에서 제안했다.

원칙 1. 로봇은 인간을 해치거나 위험에 내버려두어선 안 된다.

원칙 2. 원칙 1에 위배되지 않는 한 인간의 명령에 복종한다.

원칙 3. 원칙 1, 2에 위배되지 않는 한 자신의 존재를 보호한다.

인공지능(AI) : 인간의 지능이 가지는 학습능력, 추론능력, 지각능력 등을 컴퓨터 프로그램으로 실현한 기술.

① **약한 인공지능** : 인간의 다양한 능력 중 특정 능력만 구현할 수 있지만 컴퓨터 기반의 인공지능으로 방대한 데이터와 정보를 빠르게 수행한다.

예 구글의 알파고, IBM의 왓슨, 소프트뱅크의 페퍼 등.

② **강한 인공지능** : 지성, 이성, 감성 등 인간의 다양한 능력을 모두 갖추고 있다.

③ **초인공지능** : 강한 인공지능이 진화하여 인간의 두뇌를 월등히 능가하는 경우를 말한다.

약한 인공지능 종류

① **알파고** : 구글에서 개발한 인공지능 프로그램으로 2016년 3월 바둑기사 이세돌 9단을 이겨 화제가 되었다.

② **왓슨** : IBM 창업자 토머스 왓슨의 이름을 딴 인공지능으로 의료, 법률, 금융 등 다양한 분야에서 활동하고 있다.

자율주행 자동차 : 운전자가 핸들과 가속페달, 브레이크 등을 조작하지 않아도 차량의 각종 센서로 상황을 파악해 스스로 목적지까지 찾아가는 자동차를 말한다.

① **자율주행 자동차의 기술 단계** : 미국 자동차공학회는 자율주행 자동차 기술을 레벨 0에서 5까지 총 6단계로 구분했다. 현재 개발된 자율주행자동차는 3~4단계 수준에 해당된다.

레벨	단계	설명
레벨 0	운전자가 차량을 직접 운전하는 단계	운전자가 차량의 모든 것을 통제하며 운전한다.
레벨 1	시스템이 운전자를 지원하는 단계	주행 시 운전자는 보조 역할을 하고 차량 시스템이 운전자를 지원해준다.
레벨 2	부분적으로 자율주행이 이뤄지는 단계	운전자는 모든 상황을 제어하고 앞차와의 간격 유지, 자동 방향 조정 등 자율주행이 부분적으로 이뤄진다.
레벨 3	조건부 자율주행 단계	자동차가 시스템의 운전 상황을 제어하지만 위급 상황 시 운전자가 차량을 통제해야 한다.
레벨 4	적극적 주행 단계	운전자가 운전에 전혀 개입하지 않고 자동차가 모든 운전 기능을 제어한다.
레벨 5	운전자가 타지 않아도 주행할 수 있는 단계	운전자가 타지 않아도 주행할 수 있고 자동차의 시스템으로 완전 자율주행이 이루어진다.

② **자율주행 자동차 장점** : 자율주행 자동차는 교통사고의 주요 원인인 과속, 음주, 운전 미숙과 부주의, 전방주시 태만 등을 발생시키지 않기 때문에 교통사고를 크게 줄일 수 있다(전 세계 교통사고로 인한 사망자는 120만 명으로 매년 히로시마의 원자폭탄을 10개씩 터트리는 경우와 피해 규모가 같다). 또 차량의 간격과 속도를 고려하기 때문에 주행 시간을 줄여주고 연료를 절약할 수 있다.

③ **자율주행 자동차 문제점** : 자율주행 자동차는 자율주행 자동차의 시스템이 해킹당할 경우 차량이 통제권을 빼앗기게 되어 큰 사고로 이어질 수 있으며, 자율주행 자동차로 인한 인명 피해가 발생될 경우 사고 책임에 대한 명확한 법안이 없다. 또 타인의 생명과 운전자의 생명을 선택해야 하는 상황에 대한 사회적 합의도 이뤄지지 않았다는 문제 등이 있다.

드론 : 사람이 타지 않고 무선전파로 원거리에서 조종하는 무인비행기를 말한다. 재난현장이나 방송용 촬영, 배달 업무 등 다양한 분야에서 활용되고 있으며 인공지능을 이용해 자율주행이 가능한 무인서비스도 준비 중이다.

스마트 시티 : 언제 어디서나 인터넷 접속이 가능하고 영상회의 등 첨단 IT 기술을 자유롭게 사용할 수 있는 미래형 첨단도시를 말한다.

산업혁명

① **1차 산업혁명** : 18세기 영국에서 제임스 와트가 증기기관을 이용해 면직물을 대량 생산하기 시작한 것이 산업혁명의 계기가 되었다.

② **2차 산업혁명** : 19세기 후반 백열등을 개발한 것부터 시작되어 전기의 시대라고도 한다.

③ **3차 산업혁명** : 20세기 후반에 일어난 컴퓨터와 인터넷을 기반으로 한 지식정보화 혁명을 말한다.

④ **4차 산업혁명** : 인공지능, 사물인터넷과 같은 정보통신기술이 이끄는 차세대 산업혁명으로 생산의 저비용 및 고효율이 극대화되는 시대를 뜻한다.

'탈노동'의 미래 : 철학박사 팀 던럽은 인간이 더 이상 일을 하지 않는 미래가 아니라 생산적인 일은 기계에 떠넘기고 생존을 위한 일에서 벗어난 자유로운 상태를 '탈노동'의 미래라고 말했다.

기본소득제도 : 재산이나 근로 여부, 근로의사 여부와 관계없이 사회의 모든

구성원에게 균등하게 지급되는 소득.

프레카리아트 : '불안정한precarious'과 '노동자 계급proletariat'을 합성한 신조어로 계약직, 아르바이트처럼 필요 시에만 고용되는 비정규직 노동자로 인공지능 시대에 처할 노동자의 운명을 뜻한다.

로봇의 어원 : 로봇이란 체코어로 "노동"을 의미하는 robota가 어원이다. 사람과 비슷한 모습의 기계로 1920년 체코슬로바키아의 작가 카렐 차페크가 처음 사용했다.

로봇의 종류

① **산업용 로봇** : 산업현장에서 사용되어 있는 로봇(용접로봇, 도장로봇).

② **지능형 로봇** : 스스로 상황을 판단하는 로봇(아시모 , 휴보).

③ **안드로이드** : 인간의 모습을 닮은 로봇(AI로봇-소피아).

AI로봇 소피아 : 인공지능 개발자 '데이비드 핸슨'이 개발한 로봇, 유머 감각이 있고 감정을 표현할 수 있다. 로봇 최초로 사우디아라비아로부터 시민권을 획득했다.

웨어러블(입는 로봇) : 사람 몸에 착용하는 로봇으로 자체 인지, 판단, 제어 기능이 있다. 하지만 웨어러블은 스스로 작동하지 않고 사람 동작에 맞춰 기능을 수행할 수 있다.

구분	기준
고령화 사회	전체 인구 중 65세 이상 인구 비율이 7% 이상일 경우
고령 사회	전체 인구 중 65세 이상 인구 비율이 14% 이상일 경우
초고령 사회	전체 인구 중 65세 이상 인구 비율이 20% 이상일 경우

UN(국제연합)에서 분류한 기준을 적용

※ 통계청에 따르면 우리나라의 노령인구 비율이 2000년 7%, 2018년 14%, 2026년에 20%로 초고령 사회에 접어들 것으로 예상하고 있다. 미국의 경우 노령인구 비율이 1942년 7%, 2015년 14%, 2036년 20%로 우리나라보다 초고령 사회로의 진입이 늦은 편이다.

토론가능논제

1 인공지능 시대의 기본소득제를 보장해야 한다.
2 기본소득을 보장하는 것은 국가의 경제 발전을 저해한다.
3 로봇과 인간은 공존이 가능하다.

관련 과학자

조지프 엥겔버거

Joseph F. Engelberger, 1925~2015, 미국

엥겔버거 박사는 로봇산업협회 창립 멤버이며, '미국 로봇산업의 선구자'로 불리는 인물이다. 1954년 '유니메이션'이라는 회사를 설립하고 세계 최초로 제조용 로봇 '유니메이트'를 선보였다. 또한 1980년대에는 '트랜지션 리서치 코퍼레이션'이라는 회사를 세우고 병원에서 노약자나 환자를 돌보는 '헬프메이트' 보급에 나서는 등 로봇의 산업화에 커다란 공헌을 했다.
엥겔버거는 제조공학자협회가 수여하는 발전상을 비롯하여 미국기계공학에서 수여하는 레오나르도 다빈치상 등을 수상했고, 《런던 선데이 타임즈》에서 선정한 20세기를 대표하는 1,000여 명의 메이커에 이름을 올리기도 했다. 그는 로봇 분야에서 다양한 저술 활동을 한 것으로도 유명하다. 『실전 로봇공학』이나 『서비스 로봇공학』은 전 세계 로봇공학도들에게 로봇 분야의 지침서 역할을 하고 있다. 그는 실용성을 강조하는 엔지니어였고, 늘 로봇의 상품성을 강조한 연구자였다.

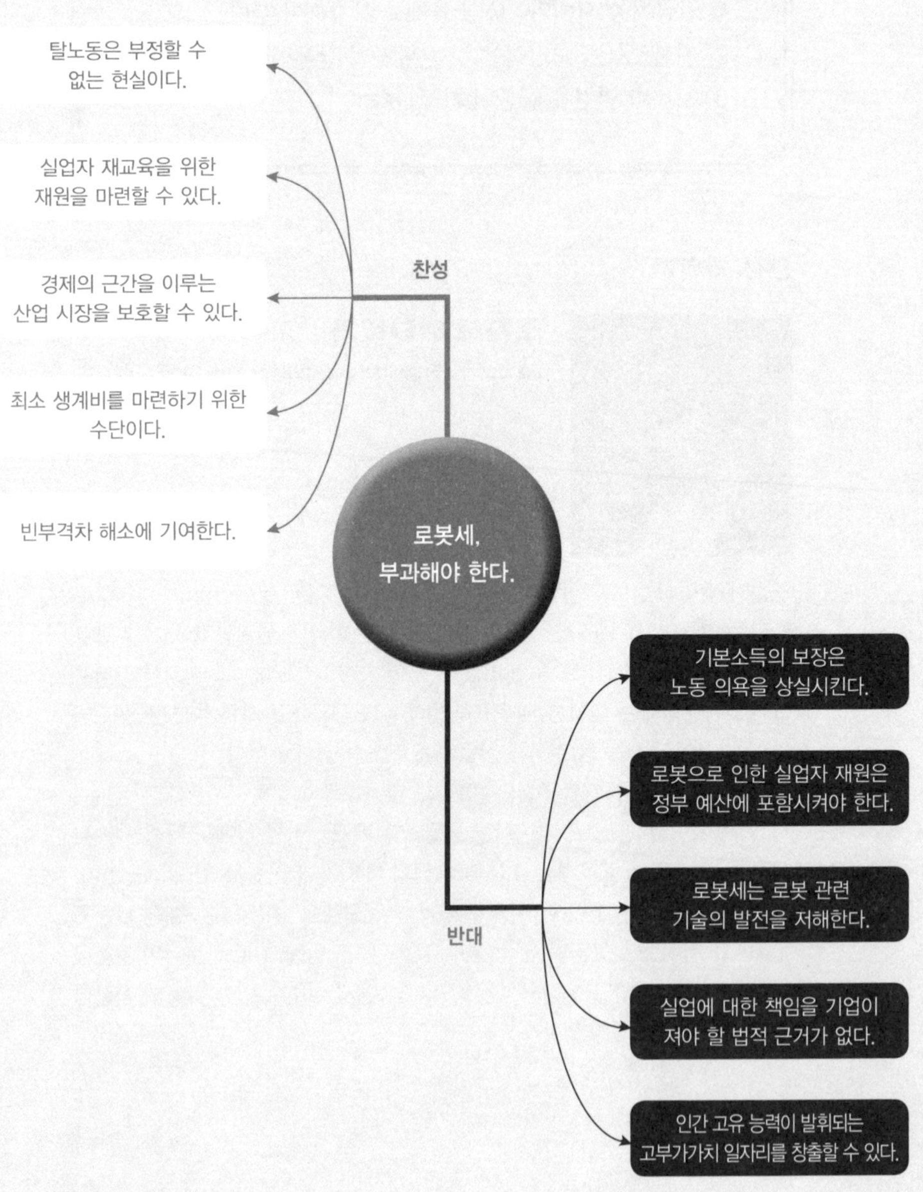
탈노동은 부정할 수 없는 현실이다.
실업자 재교육을 위한 재원을 마련할 수 있다.
찬성
경제의 근간을 이루는 산업 시장을 보호할 수 있다.
최소 생계비를 마련하기 위한 수단이다.
빈부격차 해소에 기여한다.
로봇세, 부과해야 한다.
기본소득의 보장은 노동 의욕을 상실시킨다.
로봇으로 인한 실업자 재원은 정부 예산에 포함시켜야 한다.
로봇세는 로봇 관련 기술의 발전을 저해한다.
반대
실업에 대한 책임을 기업이 져야 할 법적 근거가 없다.
인간 고유 능력이 발휘되는 고부가가치 일자리를 창출할 수 있다.

토론 요약서

논 제	로봇세, 부과해야 한다.		
용어 정의	로봇세 : 실업자를 위한 재원 마련을 목적으로 로봇을 소유한 사람이나 기업에게 세금을 부과하는 제도(로봇을 이용하여 수익을 창출하는 경우로 한정한다).		
		찬성측	반대측
주장 1	주장	탈노동은 부정할 수 없는 현실이다.	기본소득의 보장은 노동 의욕을 상실시킨다.
	근거	2017년 옥스퍼드대 칼프레이 교수는 미래에는 직업과 소득의 양극화의 심화로 현재 미국에 있는 일자리 중 상당수가 기계로 대체될 것이라는 전망했다. 이에 철학박사 팀 던럽은 "탈노동의 미래란 인간이 더 이상 일을 하지 않는 미래가 아니라 생존을 위한 일에서 벗어난 자유로운 상태"라고 말했다.	프레카리아트란 2003년 이탈리아에서 처음 등장한 말로 노동이 대부분 AI로 대체된 미래 사회에서 임시 계약직·프리랜서 형태의 단순 노동에 종사하면서 저임금으로 근근이 살아가는 계층을 말한다. 이들은 최소한의 생계가 보장될 경우 빈곤 상태는 아니기 때문에, 일자리를 잃는다 해도 굳이 새 일을 찾지 않을 것이다. 경제 전문작가인 스티브 랜디 월드만은 정부의 기본 소득 보장제도로 프레카리아트 계층은 취업을 하지 않을 것이며 일자리 선택에 더욱 까다로워질 것이라고 말했다.
주장 2	주장	최소 생계비 보장과 실업자 재교육을 위한 재원이 된다.	로봇으로 인한 실업자 재원을 정부 예산에 포함시켜야 한다.
	근거	2013년 영국의 옥스퍼드대 마이클 오스본 교수와 칼 베이닉트 교수는 공동 연구를 통해 향후 10~20년 후 미국을 비롯한 선진국 고용자가 하고 있는 일의 47%가 컴퓨터나 로봇으로 대체되어 자동화될 가능성이 높다는 전망을 내놓았다. 이로 인해 앞으로 사라질 일자리에 종사하는 사람들은 실업에 직면하게 되기 때문에 이를 해결하기 위해서는 로봇세 부과를 통해 그 비용을 충당해야만 한다.	한국고용정보원은 2025년 국내 직업종사자의 61.3%가 로봇으로 대체될 가능성이 높다고 밝혔다. 로봇으로 인해 사람이 일자리가 대체되면 실업자가 속출할 것이고, 그들에 대한 대책을 기업만의 책임으로 전가하는 것은 예산 확보의 문제가 있다. 로봇으로 인한 실업자 재원을 정부 예산에 포함시켜 실업자의 재원을 마련해야 노동자와 고용주들 간에 존재하는 힘의 불균형 상태가 균형 있게 바로잡힐 것이다.
주장 3	주장	경제의 근간을 이루는 산업 시장을 보호할 수 있다.	로봇세는 로봇 관련 기술의 발전을 저해한다.
	근거	세계경제포럼은 2016년 '직업의 미래 보고서'에서 2020년까지 710만 개의 일자리가 사라지고 만들어질 일자리는 200만 개에 그칠 것이라고 예견했다. 조지 메이슨 대학의 타일러 코웬 교수는 2015년 '기계의 시대, 미래의 일자리' 학술세미나에서 기술 발전의 흐름을 주도하고 쫓아갈 수 있는 10%는 고임금과 풍요로운 삶을 누리지만, 나머지 90%는 임금이 정체되거나 감소하는 상황에 직면한다고 예상했다.	국제로봇연맹에 따르면 최근 로봇 시장은 금융위기 이후 연평균 18% 내외로 성장했다. 특히 자동화를 주도하고 있는 자동차산업은 연평균 20% 이상 늘어났고, 서비스용 로봇의 경우 가정 및 오락용 중심으로 16% 증가했다. 미국 경제학자 제임스 베슨은《포춘》의 기고문을 통해 로봇세 도입이 오히려 신규 일자리 창출을 저해할 것이라는 반대 의견을 내놓았다.

◑ 찬성측 입론서

• 논의 배경

4차 산업혁명과 인공지능 및 로봇 산업의 발달로 상당수의 일자리가 로봇에 의해 대체될 것이라는 두려움이 확산되고 있다. 한국고용정보원에 따르면, 2025년이 되면 국내직업종사자의 61.3%가 로봇으로 대체될 가능성이 높다고 분석했다. 이러한 전망으로 인해 세계 곳곳에서는 인간의 일자리를 대신하는 로봇에게 세금을 부과해야 하다는 논쟁이 과열되고 있다. 우리나라 국회 입법연구모임인 '어젠다 2050'에서도 "인간을 대체하는 인공지능(AI)에 대해 세금을 부과하는 '기계 과세' 도입을 검토해야 한다"는 의견이 나왔다. 국내에서도 로봇세 논의가 뜨거운 감자로 떠오를 전망이다.

• 용어 정의

로봇세 실업자를 위한 재원 마련을 목적으로 로봇을 소유한 사람이나 기업에게 세금을 부과하는 제도(로봇을 이용하여 수익을 창출하는 경우로 한정한다).

주장 1 탈노동은 부정할 수 없는 현실이다.

2017년 옥스퍼드대 칼프레이 교수는 미래에는 직업과 소득의 양극화가 심화되어 현재 미국에 있는 일자리 중 상당수가 기계로 대체될 것이라고 전망했다. 또 단순 사무직과 같은 중간 난이도의 일자리가 사라지고 저숙련 일자리와 고숙련 일자리로 양극화가 심화될 것으로 예측했다. 이에 철학박사 팀 던럽은 "탈노동의 미래란 인간이 더 이상 일을 하지 않는 미래가 아니라 생존을 위한 일에서 벗어난 자유로운 상태"라고 말했다. 또 영국 정치평론가 아론 바스타니는 인공지능 기술들을 수용하고 우리 사회를 그 기술을 중심으로 조직한다면, 노동에서 벗어나 일주일에 10시간만 일하는 여유로운 삶을 살 것이라고 예측했다.

이처럼 우리가 삶을 일 중심으로만 생각하다 보면, 그 일을 앗아가는 인공지능 기술을 위협으로 받아들일 수밖에 없게 된다. 그러나 일이 인간 삶의 중심이라는 생각에서 벗어나 인공지능 기술 발달에 따른 로봇의 일자리 역할을 수용한다면 일에 얽매이는 대신 우리의 재능을 개인의 만족을 위해 쓰는 삶을 살아가게 될 것이다.

주장 2 최소 생계비 마련과 실업자 재교육을 위한 재원을 마련할 수 있다.

2013년 영국의 옥스퍼드대 마이클 오스본 교수와 칼 베이닉트 교수는 공동연구를 통해 향후 10~20년 후 미국 내 일자리 중 47%가 컴퓨터나 로봇으로 대체되어 자동화될 가능성이 높다는 전망을 내놓았다. 현재 4차 산업혁명과 인공지능의 확산 추세를 보면 앞으로 사라질 일자리에 종사하는 사람들의 실업은 피할 수 없는 현실이다.

마이크로소프트 창업자 빌 게이츠도 2016년 2월 온라인 매체 '쿼츠'와의 인터뷰에서 "인간과 로봇이 똑같은 일을 해도 인간은 소득세를 내야 하여 로봇보다 수입이 적어지기 때문에 로봇의 노동에도 소득세를 징수해야 한다"고 밝혔다. 그리고 로봇에게 받은 로봇세는 근로자와 지원과 실업자 교육에 필요한 재원으로 활용해야 한다고 주장했다. 로봇으로 인해 급격하게 진행되는 자동화가 발생시킬 실업 문제를 해결하기 위해서 로봇세를 부과하여 근로자의 최소 생계비용을 보장하는 기본소득 보장 제도를 시행해야 한다는 것이다. 또한 실업자들이 경제적 빈곤에서 벗어나 일자리를 찾을 수 있도록 실업자 재교육을 시행해야 한다는 것이다.

주장 3 경제의 근간을 이루는 산업의 시장을 보호할 수 있다.

세계경제포럼은 2016년 '직업의 미래 보고서'에서 2020년까지 710만 개의 일자리가 사라지고 만들어질 일자리는 200만 개에 그칠 것이라고 예견했다. 조지 메이슨 대학의 타일러 코웬 교수는 2015년 '기계의 시대, 미래의 일자리' 학술세미나에서 "로봇공학의 발달은 미국 인구를 상위 10%와 나머지 90%로 양분하게 될 것"이라고 예상했다. 기술 발전의 흐름을 주도하고 쫓아갈 수 있는 10%는 고임금과 풍요로운 삶을 누리지만, 나머지 90%는 임금이 정체되거나 감소하는 상황에 직면하게 된다는 것이다

이처럼 로봇은 생산 시간을 단축시켜 기업의 생산량을 기하급수적으로 증가시킨다. 하지만 로봇 도입으로 일자리를 빼앗긴 실업자들은 구매 여력이 없기 때문에 물건은 남아돌게 된다. 결국 기업은 물건을 생산해도 구매할 소비자가 없어 수익을 창출하기 어렵게 된다. 따라서 산업시장의 붕괴를 막기 위해서는 로봇세 부과로 실업자의 구매 여력을 향상시켜야 한다.

◐ 반대측 입론서

• **논의 배경**

2016년 세계적 경영자문 기업 보스턴컨설팅그룹BCG는 "향후 10년간 로봇으로 인력을 대체하는 데 따른 평균 인건비 절감이 16%에 달하며 특히 한국은 2025년엔 한국 제조업 생산인력의 40%를 로봇이 대체할 것"이라고 전망했다. 이러한 전망 속에서 우리나라뿐만 아니라 전 세계적으로 로봇세 부과에 대한 논란의 목소리가 커지고 있다. 로봇세를 부과해 그 재원으로 실업자를 도와야 한다는 찬성의견과 로봇세 신설이 기업 경쟁력과 고용에 부정적인 결과를 추래할 수 있다는 반대의견이 대립각을 세우고 있다. 이에 적합한 해결책은 어떤 것인지에 대해 토론에서 논의해보고자 한다.

• **용어 정의**

로봇세 실업자를 위한 재원마련을 목적으로 로봇을 소유한 사람이나 기업에게 세금을 부과하는 제도(로봇을 이용하여 수익을 창출하는 경우로 한정한다).

주장 1 기본소득의 보장은 노동 의욕을 상실시킨다.

프레카리아트란 2003년 이탈리아에서 처음 등장한 말로 precarious(불안정한)와 proletariat(노동자)가 합성된 말이다. 프레카리아트는 노동이 대부분 로봇으로 대체된 미래 사회에서 임시 계약직·프리랜서 형태의 단순 노동에 종사하면서 저임금으로 근근이 살아가는 계층을 말한다. 이들은 최소한의 생계가 보장될 경우 빈곤 상태에 빠지지 않기 때문에, 일자리를 잃는다 해도 굳이 새 일을 찾아 나설 필요성을 느끼지 못할 것이다. 또 최소한의 소득보장으로 일은 하지 않고 하루 종일 비디오 게임만 하고 있을 수도 있고 심지어 받은 돈을 모두 합쳐 집단적으로 주거를 확보해서 '게으름뱅이 공동체'를 출범시킬 가능성도 있다.

이에 경제 전문작가인 스티브 랜디 월드만은 정부의 기본소득 보장제도로 프레카리아트 계층은 취업을 하지 않을 것이며 일자리 선택에 더욱 까다로워질 것이라고 말했다. 이처럼 기본소득을 보장하면 근로자들의 노동 의욕은 상실된다.

주장 2 로봇으로 인한 실업자 재원을 정부 예산에 포함시켜야 한다.

한국고용정보원은 2025년 국내 직업종사자의 61.3%가 로봇으로 대체될 가능성이 높다고 밝혔다. 로봇으로 인해 사람의 일자리가 대체되면 실업자가 속출할 것이고, 그들에 대한 대책을 기업만의 책임으로 전가하는 것은 문제가 있다. 로봇으로 인한 실업자 재원을 정부 예산에 포함시켜 실업자의 재원을 마련해야 노동자와 고용주들 간에 존재하는 힘의 불균형을 균형 있게 바로잡아줄 것이다.

예산 마련에 대해 스코틀랜드 이익단체의 실무 책임자 고든 매킨 타이어-캠프는 실업자 지원을 통해 빈곤을 줄이면 질병의 확산을 방지해 의료비용 절감이 가능하며 각종 세금 제도의 개선을 통해 정부의 예산 확보가 가능하다고 주장했다. 이처럼 정부는 로봇으로 인해 앞으로 닥쳐올 대량 실업과 소득감소 문제, 인간소외 문제 등 제반 사항을 종합적으로 검토하여 산업구조의 개편, 장기적인 예산편성, 재정지출계획 수립 등을 통해 실업자 복지 정책을 세워 나가야 할 것이다.

주장 3 로봇세는 로봇 관련 기술의 발전을 저해한다.

국제로봇연맹에 따르면 최근 로봇 시장은 금융위기 이후 연평균 18% 내외로 성장했다. 특히 자동화를 주도하고 있는 자동차산업은 연평균 20% 늘어났고, 서비스용 로봇의 경우 가정 및 오락용 중심으로 16% 증가하였다. 또 지능형 로봇에 대한 수요 증가로 2019년까지 연평균 13%의 경제가 성장할 것이고 밝혔다. 인공지능과 로봇은 기업의 생산성과 효율성을 향상시키면서 기업을 발전시키고 있는 것이다.

이러한 현실에서 로봇세는 로봇 산업의 발전을 저해할 수 있다. 미국 경제학자 제임스 베슨은 《포춘》의 기고문을 통해 로봇세 도입이 오히려 신규 일자리 창출을 저해할 것이라는 의견을 내놓았다. 또한 미국의 래리 서머스 교수 역시 "로봇은 단순히 생산량을 늘리는 자동화 설비가 아니라 더 좋은 제품 등을 만드는 데 기여하고 있다"고 주장하며 세금부과는 로봇의 이런 역할을 억제할 것이라고 우려했다.

과학 토론 개요서

참가번호	소속 교육지청명	학 교	학 년	성명

토론논제

우리나라 로봇 밀집도는 2015년 세계 1위를 기록했다. 로봇 산업은 4차 산업혁명을 이끌 핵심 분야다. 하지만 로봇 활용에 의한 자동화는 근로자가 보유한 기술 수준에 따른 계층 간의 소득불균형을 심화시킬 소지가 있다. 정부 차원에서 계층 간 소득 불균형을 해결할 수 있는 구체적이고 체계적인 방안을 제시하시오.

관련 영화

〈채피〉 2015년, 감독 닐 블롬캠프

2016년, 매일 300건의 범죄가 폭주하는 요하네스버그의 치안은 세계 최초의 로봇 경찰 '스카우트' 군단이 책임지고 있다. 이들을 설계한 로봇 개발자 '디온'은 폐기된 스카우트 22호에 고도의 인공지능을 탑재하여 스스로 생각하고 감정을 느끼는 로봇 '채피'를 탄생시킨다.

이 영화의 핵심은 로봇도 교육을 통해 배우고 익히면 인간의 감성을 가져 인간과 공존이 가능하다는 것을 보여준다.

감독은 인간보다 더 도덕적이고 양심적인 로봇의 모습을 통해 우리가 살아갈 미래의 세상에는 인간과 로봇이 교감하게 될 것이라는 가능성을 시사하고 있다.

참고도서

『4차 산업혁명과 미래직업』 이종호 / 북카라반

『기본소득 보장인가, 일자리 보장인가』 최희선 / 산업연구원

『로봇 시대, 인간의 일』 구본권 / 어크로스

『로봇의 부상』 마틴 포드 / 세종서적

『로봇은 인간을 지배할 수 있을까?』 이종호 / 북카라반

『인간은 필요 없다』 제리 카플란 / 한스미디어

『제리 카플란 인공지능의 미래』 제리 카플란 / 한스미디어

10 과학자 윤리

교과서 수록부분
중등 과학 1~3학년 7단원 과학과 나의 미래 / 24단원 과학기술과 인류 문명

학습목표

1 과학이 우리 생활과 사회에 미치는 영향에 대해 알아본다.
2 '좋은 과학'과 '나쁜 과학'의 기준은 무엇이며, 이것이 인류에 미치는 영향에 대해 살펴본다.
3 과학기술을 올바르게 사용하기 위해서 갖추어야 할 기본 소양은 무엇인지 생각해본다.

논제 과학자는 과학기술의 발전을 우선시해야 한다.

원자폭탄 투하. 1945년 8월 6일에 히로시마, 이어 9일에는 나가사키에 떨어졌다.

논제성립배경

★ 이야기 하나

2년 전 지카 바이러스로 골치를 앓았던 브라질이 최근 또다시 '황열병' 공포에 떨고 있다(2017년 10월). 황열병에 감염되어 사망한 사람의 수가 200명을 넘어섰고, 보건소마다 예방접종을 받으려는 사람들로 장사진을 이루고 있다. 또한 황열병으로 죽은 원숭이가 발견되면서 마을 주립 공원에는 폐쇄 공고문이 붙었다.

황열병은 바이러스에 감염된 원숭이를 문 모기를 매개로 하여 옮겨진다. 피부가 노랗게 변하고 고열이 나며, 심하면 사망에 이를 수도 있다. 전문가들은 예방주사를 맞으면 평생 면역이 생기므로, 황열병 우려 지역에 가려면 10일 전에 예방주사를 접종해야 한다고 당부하고 있다.

황열병의 원인이 밝혀진 것은 미국 의사 제시 러지어의 희생에 따른 결과이다. 존스홉킨스 병원에서 말라리아 병원충을 연구하던 러지어는 1900년 황열병 조사단에 참가해 쿠바로 건너갔다. 그 후 황열병의 전염 경로를 증명하기 위해 여러 차례 자신의 몸에 실험을 하다가 황열병에 감염되어 결국 세상을 떠났다. 어떤 과학자들은 다른 사람들을 살리기 위해 자신을 희생하는 것을 마다하지 않는다. 이들의 용기와 희생이 있었기에 현대를 살아가는 우리는 안락하고 편리한 삶을 영위해 나가고 있는 것이다.

★ 이야기 둘

2004년 2월, 황우석 박사는 체세포복제(체세포핵이식) 기술을 통해 세계 최초로 인간 복제 배아에서 모든 세포로 분화할 수 있는 줄기세포 확립에 성공하였다. 그 결과 세계적으로 크게 각광을 받았지만 2005년 11월, 공동 연구자인 피츠버그 의대의 섀튼 교수가 결별을 선언하면서 연구에 대한 의혹이 불거지기 시작했다. 〈PD 수첩〉이 이 문제를 집중 취재한 결과, 제작진이 제기한 의혹이 대부분 사실로 드러났다. 황우석 교수는 결국 《사이언스》에 실린 논문에 조작이 있었음은 시인했으나, 맞춤형 줄기세포의 원천기술은 가지고 있다고 주장하였다. 하지만 서울대학교 조사위원회는 논문은 모두 조작되었고, 줄기세포를 만들었다는 증거도 없으며, 원천기술이라고 내세울 만한 기술이 없다는 결론을 내렸다. 결국 황우석 박사 사건은 '과학 부정행위'로 판명됐다.

과학기술은 우리의 삶을 풍요롭게 해주는 원동력이지만, 다른 한편으로 우리의 생활과 건강을 빼앗을 수 있는 파괴자가 될 수도 있다. 인간은 원하든 원하지 않든 과학기술이 만들어낸 세상에서 살고 있으며, 이 세상은 점점 더 빠르게 변화하고 있다. 이러한 기술 발전은 우리의 생활을 편리하게 만들어주지만 지금까지 없었던 새로운 문제들을 양산해 냈다. 그러한 문제들을 제대로 해결하지 않으면 인간의 편리를 위해 만들어진 과학기술이 오히려 인간의 삶을 파괴할 수도 있다. 과학기술이 진정으로 인간을 위해서 사용되려면 그에 대한 깊이 있는 사고와 성찰이 반드시 필요하다.

초등 중학년 추천도서

『어린이를 위한 과학이란 무엇인가』 백은영 / 주니어김영사

드론으로 도둑을 잡게 된 아이, 3D 프린터로 장난감을 만드는 아이, 호기심으로 인해 쇼핑몰을 해킹하게 된 아이들이 출연하여 일상생활에서 어린이들이 충분히 겪을 만한 이야기들을 소개하고 있다. 동화 속 친구들이 이러한 일들을 겪는 과정을 보면서, 어린이들은 무엇이 어떻게 잘못된 것인지, 새로운 과학기술을 사용할 때 어떤 마음가짐을 가져야 하는지를 자연스럽게 깨닫게 된다. 과학기술에 대해 생각해보고 토론해볼 거리도 제공해주고 있다.

초등 고학년, 중고등 추천도서

『나쁜 과학자들』 비키 오랜스키 위튼스타인 / 다른

근대의 인체실험에서부터 줄기세포 연구까지 우리가 결코 외면해서는 안 되는 과학의 발견 뒤에 감추어진 추하고 부끄러운 민낯을 낱낱이 공개한 책이다. 마주하고 싶지 않은 충격적인 사실과 과학자와 대중이 과학기술을 어떻게 윤리적으로 이용해야 하는지에 대한 고민을 함께 제시해준다. 전염병 치료법을 찾기 위해 타인의 몸에 병균을 주입하고, 아이의 병을 치료해준다고 속인 후 플루토늄을 주사한 사례를 비롯해 또한 전쟁이라는 상황에서 벌어진 무자비한 인체 실험 등 수많은 끔찍하고 부끄러운 사례를 하나하나 적나라하게 보여준다.

『세상을 살린 10명의 용기 있는 과학자들』 레슬리 덴디, 멜 보링 / 다른

이 책은 기꺼이 '기니피그 과학자'가 됨으로써 세상을 이롭게 한 10명의 과학자들을 소개하고 있다. 10개의 이야기가 간략하고 재미있게 서술되어 있고, 곳곳에 있는 사진과 삽화는 읽는 사람으로 하여금 더욱 흥미를 일으키게 한다. 자신의 몸을 실험 도구로 사용하며 과학에 대한 호기심과 열정을 펼쳤던 조지 포다이스 외 10명의 과학자들에 대한 이야기는 많은 사람들에게 감동과 여운을 안겨준다.

• **용어 사전**

인간 기니피그 : 어떤 목적을 위해 생체실험 대상으로 삼은 사람. 이 용어는 아일랜드의 극작가 조지 버나드 쇼가 제일 처음 만들어냈다.

아우슈비츠 수용소 : 제2차 세계대전 중에 있었던 독일 최대 규모의 강제 수용소이자 집단학살 수용소. 나치에 의해 400만 명이 학살된 곳으로, 현재 가스실, 철벽, 군영, 고문실 등이 남아 있다.

뉘른베르크 강령(1947년) : 제2차 세계대전 중 비인간적인 인체실험을 한 나치 독일의 의사와 과학자에 대해 뉘른베르크 전범 재판소는 유죄 판결을 내리고, 인간을 대상으로 하는 실험에서 지켜야 할 윤리적 원칙을 제정하였다. 이것은 생명윤리의 초석이 되는 귀중한 문서로, 인간을 대상으로 실험을 할 때 지켜야 할 10가지 원칙이 기록되어 있다.

① 실험 대상인 사람의 자발적인 동의는 필수적이다.

② 실험은 다른 연구 방법·수단으로는 얻을 수 없는 것으로 사회적으로 유익한 결과를 낳을 수 있어야 하며, 무작위로 행해지거나 불필요한 것이어서는 안 된다.

③ 실험은 기대되는 결과가 실험의 실행을 정당화할 수 있게 동물 실험 결과와 연구 대상인 질병의 자연 발생사 및 기타 문제에 관한 지식을 근거로 계획되어야 한다.

④ 실험에서는 모든 불필요한 신체적 · 정신적 고통과 침해를 피해야 한다.

⑤ 사망 또는 불구의 장애가 발생할 수 있으리라 추측할 만한 이유가 있다면 실험을 행할 수 없다. 실험을 하는 의료진도 그러한 실험은 예외로 한다.

⑥ 실험으로 감수해야 하는 위험의 정도가 그로 해결될 문제의 인도주의적

중요성보다 커서는 안 된다.

⑦ 상해, 불구, 사망의 어떠한 일말의 가능성에 대해서도 실험 대상자를 보호하기 위해 적절한 준비와 적당한 시설을 갖추어야 한다.

⑧ 실험은 과학적으로 자격을 갖춘 자만 행해야 한다. 실험을 시행하고 이에 참여하는 사람에게는 실험의 모든 단계에서 최고도의 기술과 주의가 요구된다.

⑨ 실험이 진행되는 동안 실험 대상자는 자신이 실험을 계속하기 불가능한 신체적·정신적 상태에 이르렀다고 판단되면 실험을 자유로이 종료할 수 있어야 한다.

⑩ 실험이 진행되는 동안 실험에 참여한 과학자는 그에게 요구되는 선의와 고도의 기술 및 주의력으로 판단해볼 때 실험을 계속하는 것이 실험 대상자에게 상해나 장애 또는 죽음을 야기하리라고 믿을 만한 상당한 이유가 있다면 어느 단계에서든 실험을 중지할 준비가 되어 있어야 한다(참고 자료 : 『생명윤리 이야기』, 책세상).

탈리도마이드 아기들 : 1962년 입덧 개선제인 탈리도마이드를 복용한 임신 여성 수천 명에게서 선천적 기형아가 태어났다. 팔과 다리가 지느러미 모양으로 태어난 아기들의 모습은 사람들에게 충격을 주었다.

벨몬트 보고서 : 1979년 미국 국가위원회에서 발간한 보고서로, 인간을 대상으로 한 연구 윤리를 획기적으로 변화시켰다. 벨몬트 보고서는 의학연구에서 반드시 지켜야 할 3가지 원칙을 담고 있다.

① **인간 존중의 원칙** : 모든 피험자의 자발적인 사전 동의를 받아야 한다.

② **선행의 원칙** : 실험으로 인한 피험자의 혜택을 최대화하고 위험을 최소화한다.

③ **정의의 원칙** : 실험으로 인한 혜택은 일부 집단이 아니라 모든 사람이 동등하게 받아야 한다.

맨해튼 프로젝트 : 1939년 제2차 세계대전이 시작되기 직전, 나치가 핵무기를 개발 중이라는 사실을 알게 된 미국의 과학자들이 히틀러가 원자폭탄을 손에 넣기 전에 원자폭탄을 제조하기 위하여 미국 프랭클린 루즈벨트 대통령의 지원을 받아 시작하게 된 비밀 과학 연구.

임상시험 : 의약품, 외과수술과 같은 새로운 치료법이나 의료기구 등의 안전성과 유효성을 증명하기 위해 사람을 대상으로 실시하는 시험.

임상시험 수탁기관 : 신약 개발에 들어가는 비용을 줄이기 위해 제약회사가 임상시험 연구를 아웃소싱하는 기관.

제731부대 : 제2차 세계대전 때 일본이 조선인과 중국인 등을 대상으로 생체실험을 벌인 세균전 부대. 731부대를 이끌었던 이시이 시로의 이름을 따 '이시이 부대'라고도 한다.

아산화질소 : 무색 투명하며 마취성이 있어 외과수술 시 전신마취에 사용하는 기체. 아산화질소를 마시고 마취가 되면 입 안에서 치과 기구의 움직임과 의사 손의 압력은 느낄 수 있지만 통증은 느껴지지 않는다.

지카 바이러스 : 이집트숲모기를 통해 사람에게 감염되는 바이러스의 일종. 신생아의 소두증을 유발하는 것으로 알려져 있다.

이집트숲모기 : 전 세계에 서식하는 3,000여 종의 모기 중 거미줄 같은 날개에 약한 다리를 가지고 있고 머리카락 같은 안테나가 달려 있는 모기.

황열병 : 모기에 의해 전파되는 아르보 바이러스를 통해 발생하는 출혈열. 아프리카와 남아메리카 지역에서 유행한다.

라듐 : 1898년 퀴리 부부가 함께 발견. 라듐은 우라늄보다 200만 배가 넘는 에

너지를 발산하는 물질로 생물학 및 의학, 유전학 등에 유용하다.

일산화탄소 : 무색 무취로 석탄이나 천연가스가 탈 때 발생한다. 혈액 내에서 산소를 운반하는 헤모글로빈에 달라붙어 산소의 결합을 방해함으로써 신체 각 조직 세포에 산소를 공급하지 못하게 해서 세포를 죽게 한다.

열사병 : 무더운 날씨에 장시간 노출될 경우 뇌의 체온 조절 기능에 문제가 생겨 발생하는 병. 일사병이라고도 한다. 이런 증상이 발생하고 급격히 몇 분 안에 의식이 없어진다.

형광투시경 : 엑스선이 신체를 관통해서 형광 스크린에 상을 맺히게 하는 의료기. 신체 내부의 움직임이 그대로 비친다.

카테터 : 병을 치료하거나 수술할 때 인체에 삽입하는 의료용 기구.

히포크라테스 선서 : 기원전 5세기 무렵 그리스에 살았던 의학자 히포크라테스의 이름을 딴 것으로, 의사가 따라야 할 윤리 지침을 정리한 것이다. 그중 가장 중요한 지침은 "환자에게 해를 끼치지 말 것"이었다.

토론가능논제

1 과학 교과과정에 철학 교육을 포함시켜야 한다.
2 과학기술의 발전은 인류에게 축복이다.
3 과학자에게 과학기술에 대한 사회적 책임을 물어야 한다.

관련 과학자

마리 퀴리

Marie Curie, 1867~1934, 프랑스

프랑스의 물리학자이자 화학자다. 남편과 함께 방사능을 연구하여 최초의 방사성 원소 폴로늄과 라듐을 발견하였다. 이는 학계의 관심을 불러일으켜 새 방사성 원소를 연구하는 계기가 되었다. 이러한 공로로 1903년 베크렐과 함께 노벨 물리학상을 받았다. 남편 사망 후 후임으로 최초의 소르본 대학 여성 교수가 된 후에도 연구를 계속 이어가던 중 1934년 백혈병으로 세상을 떠나게 된다.
퀴리 부부는 라듐을 얻기 위한 연구를 진행하는 동안, 라듐이 손에 어떻게 화상을 입히는지 끊임없이 관찰하였다. 파리 '프랑스 국립도서관'에 가면 100년 전 마리 퀴리가 손으로 직접 적은 노트에 실험한 횟수, 양, 온도, 결과가 자세히 기록되어 있다. 이렇듯 자신의 생명을 단축하면서까지 연구에 헌신한 마리 퀴리 덕분에 해마다 전 세계 수백만 명의 암 환자들이 소중한 생명을 되찾아 행복한 삶을 지속할 수 있게 되었다.

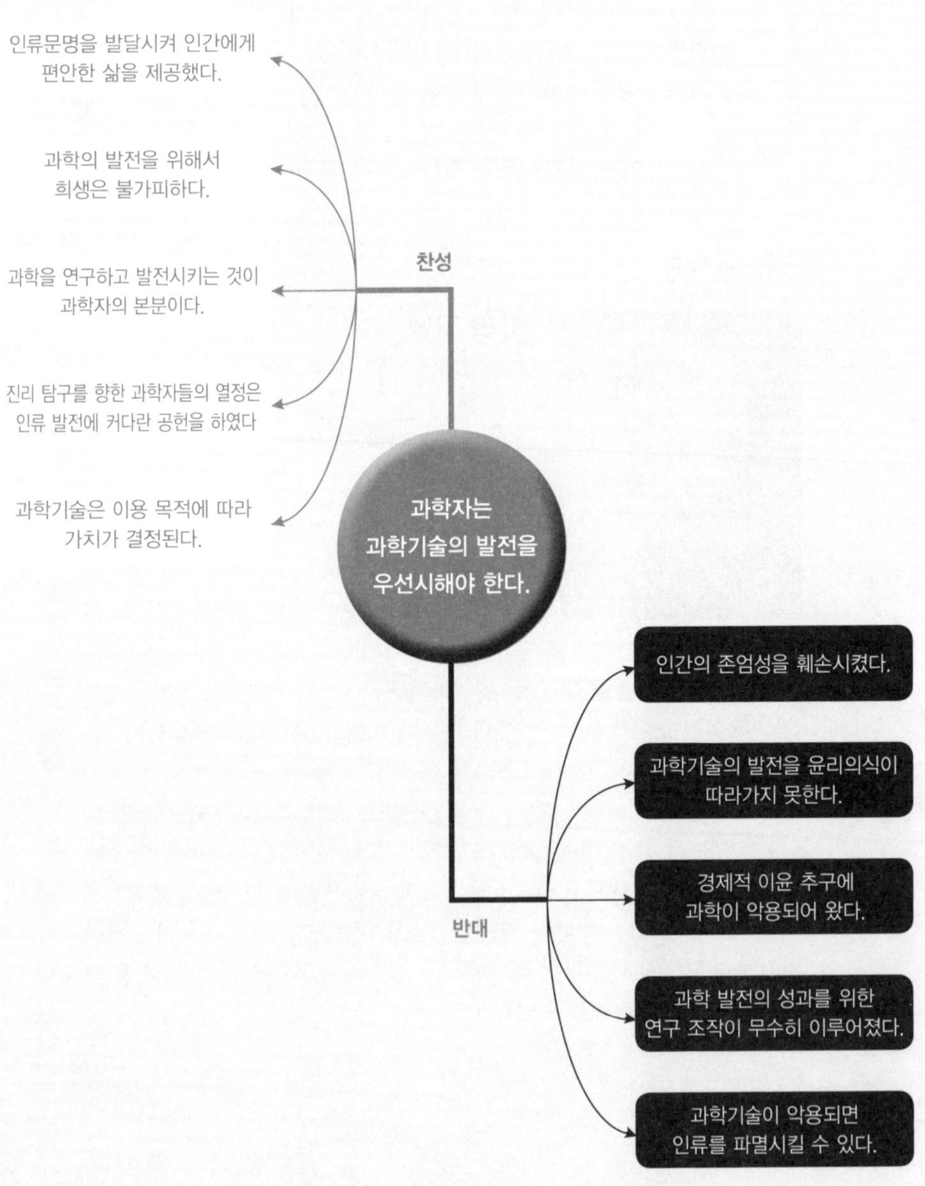
인류문명을 발달시켜 인간에게
편안한 삶을 제공했다.
과학의 발전을 위해서
희생은 불가피하다.
찬성
과학을 연구하고 발전시키는 것이
과학자의 본분이다.
진리 탐구를 향한 과학자들의 열정은
인류 발전에 커다란 공헌을 하였다
과학기술은 이용 목적에 따라
가치가 결정된다.
과학자는
과학기술의 발전을
우선시해야 한다.
인간의 존엄성을 훼손시켰다.
과학기술의 발전을 윤리의식이
따라가지 못한다.
경제적 이윤 추구에
과학이 악용되어 왔다.
반대
과학 발전의 성과를 위한
연구 조작이 무수히 이루어졌다.
과학기술이 악용되면
인류를 파멸시킬 수 있다.

토론 요약서

논제	과학자는 과학기술의 발전을 우선시해야 한다.	
용어 정의	1) 과학자 : 이론적 또는 실험적 연구를 통하여 과학지식을 탐구하는 사람. 의사 또는 의학, 대학과 의료 기관의 연구자들, 신약을 개발하는 기업의 연구원 등을 말한다. 2) 과학기술 : 의학, 물리학, 생리학, 약학을 포함한 여러 과학 분야를 실제로 적용하여 인간 생활에 유용하도록 가공하는 수단. 3) 우선시하다 : 과학 기술의 진보를 가장 중요한 가치로 여겨 과학을 연구하는 것.	

		찬성측	반대측
주장 1	주장	인간에게 편안한 삶을 제공했다.	인간의 존엄성을 훼손시켰다.
	근거	우리가 살아가고 있는 세상의 근본적인 원동력은 과학기술이고, 인간들은 그로 인해 많은 혜택을 받으며 살아가고 있다. 인류의 더 나은 삶을 위해 순수한 목적을 가지고 과학을 연구하는 이들이 있었기에 현재 우리는 안락한 삶을 영위할 수 있게 되었다.	과학자들은 치료제 개발과 전쟁을 목적으로 고아, 노인, 장애인 등의 사회적 약자와 개발도상국 국민들을 인체 실험에 이용하였다. 이것은 인간을 살리기 위해 또 다른 인간을 희생시키는 것이다. 이 과정에서 인간의 생명윤리에 반하고 인권을 짓밟는 행위가 무수히 자행되었다.
주장 2	주장	최소한의 희생은 불가피하다.	과학기술의 발전을 윤리의식이 따라가지 못한다.
	근거	인간의 질병을 치료하고 건강을 증진시키기 위해 인체를 대상으로 하는 의학실험은 불가피하다. 과거 생명윤리, 인권에 대한 개념이 부족하고, '전쟁'이라는 법의 영향력이 미치지 않는 특수한 상황에서 인간에 대한 존엄성이 훼손된 부분이 있지만, 의학실험은 수많은 사람들을 살리고 질병에서 인류를 구원해주었다.	과학기술은 인간을 싣고 질주하는 기관차와도 같다. 대부분의 사람들은 기술의 부작용을 제대로 알기 어려울 뿐만 아니라 기술을 이용하는 것을 자연스러운 현상으로 받아들인다. 그러므로 전문가 및 대중들의 논쟁과 합의 과정을 통해서 과학기술이 인간의 생명에 어떤 위험성을 줄 수 있는지 미리 점검해보아야 한다.
주장 3	주장	기술 발전을 우선시하는 것이 과학자의 본분이다.	경제적 이윤 추구에 과학이 악용되어 왔다.
	근거	과학기술은 가치중립적이기 때문에 기술 자체를 '선'하다 또는 '악'하다의 기준으로 판단하기 어렵다. 과학은 그것을 누가, 어떻게, 어떤 목적으로 사용하느냐에 따라 가치가 결정되는 것이다. 따라서 과학자는 자신들의 본분인 과학연구 활동에 집중하고, 과학이 인간의 삶에 긍정적인 영향을 줄 수 있도록 사회 · 제도적 여건을 마련하는 것이 중요하다.	제약 회사들이 신약을 개발하는 과정에서 '속도는 이윤'을 의미한다. 그러므로 연구자들은 종종 원칙을 무시하고 실험 결과를 부풀리기도 한다. 뿐만 아니라 경제적 이득을 위해 사회적 약자나 개발도상국을 대상으로 임상실험을 실시하는 경우가 많다. 하지만 사람을 대상으로 하는 연구에는 경제적 이익보다는 윤리적인 고민이 동반되어야 한다.

◐ 찬성측 입론서

• 논의 배경

과학기술은 사람들의 생활과 사회, 문화 등 모든 방면에 걸쳐 커다란 영향을 미친다. 성공한 과학의 발견이나 발명은 많은 이들의 집중적인 조명을 받는 데 반해, 그 과정에서 행해졌던 과학자들의 노력과 열정은 묻혀버리는 경우가 많다. 무모할 정도의 열정과 용기를 가진 과학자들이 있었기에 오늘날 우리는 편안하고 풍요로운 세상에서 살고 있다. 그러므로 인간을 이롭게 하는 연구를 위해 자신을 희생한 과학자들에 대해 알아보고, 우리가 과학을 어떻게 이용해야 하는지 고민해보는 시간을 갖고자 한다.

• 용어 정의

1_ 과학자 이론적 또는 실험적 연구를 통하여 과학지식을 탐구하는 사람. 의사 또는 의학, 과학을 연구하는 과학자들, 대학과 의료 기관의 연구자들, 신약을 개발하는 기업의 연구원 등.

2_ 과학기술 의학, 물리학, 생리학, 약학을 포함한 여러 과학 분야를 실제로 적용하여 인간 생활에 유용하도록 가공하는 수단.

3_ 우선시하다 과학 기술의 진보를 가장 중요한 가치로 여겨 과학을 연구하는 것.

주장 1 인간에게 편안한 삶을 제공했다.

우리가 살아가고 있는 세상의 근본적인 원동력은 과학기술이고, 이러한 과학기술의 발전은 인류 문명의 발전으로 이어진다. 인류 문명의 발전으로 식량 문제, 에너지 문제 등이 해결되었고, 스마트폰과 같은 문명의 발달로 우리는 편리한 삶을 이어가고 있다. 또한 수많은 사람들을 고통과 죽음으로 몰아넣었던 질병에 대한 치료법을 연구한 과학자들 덕분에 인간은 보다 편안하고 건강한 삶을 살 수 있게 되었다.

오븐처럼 뜨거운 방에서, 외로운 동굴에서, 고압실에서, 실험실에서 고통과 위험을 감수하며 스스로 기꺼이 '인간 기니피그'가 되었던 과학자들의 희생으로 심장 이상, 궤양, 혈액 질환에 대한 치료법이 개발될 수 있었다. 또한 죽음을 무릅 쓰고 자신의 몸에 병균을 주입한 과학자가 있어 광견병, 콜레라, 전염병 백신이 개발되었고, 실험을 위해 기체를 들이마신 과학자들 덕분에 고통 없이 외과 수술도 받을 수 있게 되었다. 인류의 더 나은 삶을 위해 고통과 위험을 감수하며 스스로를 실험의 대상으로 삼았던 과학자들의 노력 덕분에 우리는 오늘날 보다 안전하고 안락한 삶을 보장받게 된 것이다.

주장 2 최소한의 희생은 불가피하다.

인간의 질병을 치료하고 건강을 증진시키기 위한 의료기술의 발전 과정에서는 인체를 대상으로 하는 의학실험이 꼭 필요하다. 과거 생명윤리, 인권에 대한 개념이 부족하고, 전쟁이라는 법의 영향력이 미치지 않는 특수한 상황에서 인간에 대한 존엄성이 훼손된 부분이 있지만, 의학실험 덕분에 수많은 사람들의 생명을 살리고 인류를 질병에서 구원할 수 있었다.

또한 현대사회를 살아가는 우리들도 의학적 발견과 치료법 덕분에 많은 혜택을 받고 있다. 많은 사람들의 생명을 구하기 위해서 누군가 피해를 입는 것은 어느 정도 불가피하다. 하지만 의학연구는 어떤 경우라도 생명 존중과 혜택 정의라는 조건을 충족시켜야 한다. 이를 위해 1979년 미국에서 국가위원회에 의해 '벨몬트 보고서'가 발간된 이후, 인간을 대상으로 한 연구 윤리는 획기적으로 변화되었다. 이 보고서는 인간을 대상으로 하는 의학 연구에서 인간존중의 원칙, 선행의 원칙, 정의의 원칙을 담고 있다. 이러한 규정을 통해 인종과 경제적 계급, 나이에 의해 차별받지 않고, 피험자들에게 동등한 혜택을 주기 위해 노력하고 있다. 이와 같이 사회는 점점 피험자들에 대한 인권을 최대한 존중해주면서 과학기술의 발전을 위해 노력하고 있다.

주장 3 과학기술의 발전을 우선시하는 것은 과학자의 본분이다.

'과학기술의 발전은 문명의 발전으로 이어진다'라는 말을 부정할 사람은 없을 것이다. 수많은 사람들이 눈부신 과학 발전의 혜택을 받으며 살고 있지만, 그 이면에는 과학기술이 인류에게 고통을 안겨준 측면이 있는 것도 사실이다. 하지만 과학기술은 가치중립적이기 때문에 과학기술 자체를 '선'하다 또는 '악'하다는 기준으로 판단할 수는 없다. 과학은 그것을 누가, 어떻게, 어떤 목적으로 사용하느냐에 따라 가치가 결정되는 것이지, 과학기술 자체가 문제가 되는 것은 아니다. 무기로 인하여 많은 사람들이 죽었다고 해서 그런 무기를 개발한 과학자에게 책임을 물을 수는 없다. 무기를 만든 것은 과학자이지만 그것을 사용한 사람은 군인과 정치인이기 때문이다.

따라서 과학자는 자신들의 본분인 과학연구 활동에 집중하고, 과학이 인간의 삶에 긍정적인 영향을 줄 수 있도록 사회 · 제도적 여건을 마련하는 것은 정치인, 인문학자, 철학자들의 몫이어야 한다. 인공지능· 로봇의 발전이 사람들의 일자리를 빼앗아갈 것이라는 우려가 끊임없이 제기되고 있지만, 인공지능 기술을 멈출 수는 없다. 이로 인해 사람들에게 미치는 악영향을 최소할 수 있도록 사회 · 제도적 논의가 충분히 이루어져야 한다.

◐ 반대측 입론서

• **논의 배경**

연구에 대한 과학자들의 순수한 열정은 인류를 질병과 아픔에서 구해주었고, 과학으로 인해 인류는 그 어느 때보다 풍요롭고 편리한 삶을 영위하고 있다. 하지만 이러한 눈부신 과학과 의학의 발전 뒤에는 또 다른 힘없는 인간을 실험 도구로 삼고, 생명윤리에 어긋나는 일들이 수없이 자행된 것도 사실이다.

실험실의 연구 결과는 과학자에게만 영향을 미치는 것이 아니다. 우리 모두의 일상생활과 삶에 깊숙이 자리한다. 이번 토론을 통해서 과학기술이 앞으로 어떤 방향으로 발전해야 하는지, 대중들은 어떠한 판단 기준을 마련해야 하는지 숙고해보기를 바란다.

• **용어 정의**

1_ 과학자 이론적 또는 실험적 연구를 통하여 과학지식을 탐구하는 사람. 의사 또는 의학, 과학을 연구하는 과학자들, 대학과 의료 기관의 연구자들, 신약을 개발하는 기업의 연구원 등.

2_ 과학기술 의학, 물리학, 생리학, 약학을 포함한 여러 과학 분야를 실제로 적용하여 인간 생활에 유용하도록 가공하는 수단.

3_ 우선시하다 과학 기술의 진보를 가장 중요한 가치로 여겨 과학을 연구하는 것.

주장 1 수많은 이들의 존엄성을 훼손시켰다.

인간은 누구나 타인에 의해 존엄성이 훼손되지 않고, 행복을 추구할 권리가 있다. 하지만 과거에 이루어진 많은 인체실험들은 우리가 소중하게 생각하는 인간의 존엄성, 개인의 신상 보호, 선택의 자유 등 많은 것들을 침해하였다. 미국은 과거 방사능이 인체에 미치는 영향을 연구하기 위하여 뼈암에 걸린 어린 소년에게 암 치료제 대신 플루토늄이라는 방사성 물질을 몰래 주사하기도 했다. 또한 흑인 노예들이 고통스러운 수술로 내몰리기도 했으며, 수감자에게는 독성이 있는 산으로 생긴 흉터를 평생 안고 살아가게 했다. 이러한 비인간적인 일들은 그 후로도 수없이 자행되었고, 고아들은 자신들도 모르는 사이 실험 대상자가 되는 경우가 많았다.

지난 100여 년 동안 인간을 살리는 수많은 의약품 개발 등 의사와 과학자들이 이룬 의학적 성과는 실로 엄청나지만, 이러한 성과 뒤에는 수많은 사람들의 인권이 침해되어 왔다. 과학자들은 치료제 개발 및 비밀 군사실험을 목적으로, 법적보호를 받을 수 없는 고아, 노인, 장애인 등 사회적 약자를 인체 실험에 이용하였다. 인간을 살리기 위해 또는 애국심을 명분으로 인간을 실험의 대상으로 삼은 것이다. 우리는 목적이 수단을 정당화할 때 어떤 일이 벌어지는지 깨달아야 한다. 설령 목적이 선하다 할지라도 인간 생명을 훼손시키고 인권을 짓밟는 행위가 반복되어서는 안 된다.

주장 2 과학기술의 발전 속도를 윤리의식이 따라가지 못한다.

처음 등장할 때만 해도 크게 각광을 받았던 과학기술이 오래지 않아 커다란 부작용으로 인간을 불안하게 만드는 경우는 셀 수 없이 많았다. 플라스틱과 비닐의 놀라운 성능은 인간을 편리하게 만들었지만 지구는 쓰레기로 몸살을 앓게 되었고, 값싸고 풍부한 에너지를 제공해주는 원자력은 원자폭탄이라는 끔찍한 기억이 잊히기도 전에, 원전 사고라는 비극까지 안겨주었다. 과학기술이 발달할수록 인간은 과학기술에 점점 더 크게 의존하게 된다.

과학기술은 우리를 싣고 질주하는 기관차와도 같다. 심각한 것은 기관차의 속도는 점점 더 빨라지는데 그 브레이크의 작동 여부를 대중은 알 수가 없다는 것이다. 대부분의 사람들은 기술의 부작용을 제대로 알기 어려울 뿐만 아니라 기술을 이용하는 것을 자연스러운 현상으로 받아들이기 때문에 무관심으로 일관한다. 최근 줄기세포, 맞춤아기 등 빠른 속도로 발전하는 생명공학 분야에서도 윤리적 · 법적 문제에 대한 논쟁이 뜨겁다. 이러한 논쟁과 합의의 과정을 통해서 우리는 자신의 육체에 대한 개인의 권리와 유전학적 치료 또는 강화가 인간의 생명에 어떤 위험성을 제기하는지 미리 점검해보아야 한다.

주장 3 경제적 이윤 추구에 과학이 악용되어 왔다.

의학 연구는 수십억 달러의 이윤이 달린 거대 사업이 되었다. 그러므로 새로운 약들이 너무나 빨리 임상시험의 장으로 나오고 있다. 개발 중인 신약 후보물질 중 최종 약품으로 살아남는 것은 10~20% 정도에 불과하다. 우여곡절 끝에 신약이 개발되더라도 약에 대한 특허권의 유효 기간은 10년 안팎에 불과하고 이 기간 동안 투자금을 최대한 회수해야 한다. 신약 개발에 성공하게 되면 그 경제적 이익은 엄청나므로 이들은 가장 빠른 시간 내에 가장 많이 팔기 위해 과학을 이용한다. 이 과정에서 연구자들은 종종 원칙을 무시하고 실험 결과를 부풀리기도 한다. 하지만 이런 상황에서 임상시험 심사위원회는 충분한 감시를 하지 못하고, 연구자들은 경제적으로 후원자에게 얽매인다.

사람을 대상으로 하는 연구에는 경제적 이익보다는 윤리적인 고민이 동반되어야 한다. 그렇지 않을 경우 인간을 존엄한 존재로 바라보는 것이 아니라 이윤 추구의 대상으로만 취급하게 된다. 과학자들은 본인들의 연구 결과뿐 아니라 과정에서도 인간에게 미치는 영향을 고민해야 한다.

과학 토론 개요서

참가번호	소속 교육지청명	학 교	학 년	성명

토론논제

과학기술이 인류에게 재앙을 초래했던 사례를 제시하고 이를 극복할 수 있는 창의적인 대안을 제시하시오.

관련 영화

〈연가시〉 2012년, 감독 박정우

어느 고요한 새벽녘, 한강에 뼈와 살가죽만 남은 참혹한 몰골의 시체들이 떠오른다. 이것을 시작으로 전국 방방곡곡의 하천에 비슷한 형태의 변사체들이 줄지어 발견된다. 이러한 사건이 발생한 원인은 바로 '변종 연가시'인데, 짧은 잠복기간과 치사율 100%, 4대강을 타고 급속하게 번져나가는 '연가시 재난'은 대한민국을 초토화시키기에 이른다. 사망자들이 기하급수적으로 늘어나게 되자 정부는 비상대책본부를 가동해 감염자 전원을 격리시키는 국가적인 대응태세에 돌입하지만, 이성을 잃은 감염자들은 통제를 뚫고 물가로 뛰쳐나가려고 발악한다.

이 끔찍한 사건은 한 제약회사의 사리사욕 때문에 벌어진 일이었다. 이러한 사태가 벌어지기 5년 전, 한 제약회사는 연가시가 숙주인 뇌를 조종한다는 것에 착안해서 뇌 계통 질환을 치료할 수 있는 신약을 개발하고 있었다. 그런데 회사가 파산하여 이사진이 바뀌고 연구는 중단되었다. 이에 앙심을 품은 연구원들이 실험용 개들을 계곡에 풀었고 결국 재앙이 시작된 것이었다.

과학이 경제적 이익에 이용되었을 때 얼마나 무서운 결과를 초래하는지 알 수 있는 영화다. 많은 이들을 희생시키고 그 대가로 자기의 이익을 챙기려고 하는 모습을 보며 과학자들이 가져야 하는 윤리의식은 무엇인지 생각해보게 된다.

참고도서 및 동영상

『과학 리플레이』 가치를 꿈꾸는 과학교사 모임 / 양철북

『과학, 일시정지』 가치를 꿈꾸는 과학교사 모임 / 양철북

『생명 윤리 이야기』 권복규 / 책세상

『세상을 바꾼 과학논쟁』 강윤재 / 궁리출판

『청소년이 꼭 알아야 할 과학이슈 11 SEASON 2』 강석기 외 / 동아엠앤비

11 지진

교과서 수록부분
초등 과학 3~4학년 11단원 화산과 지진
중등 과학 1~3학년 1단원 지권의 변화 / 16단원 재해·재난과 안전

학습목표

1 지구 내부 구조와 지진 발생 원인에 대해 알아본다.
2 지진학의 역사에 대해 알아보고, 세계적으로 역사상 피해가 컸던 지진의 사례에 대해 살펴본다.
3 재난·재해가 우리에게 미치는 영향과 안전한 대처 방법에 대해 알아본다.

논제

지진 발생에 대비한 안전교육을 강화해야 한다.

지진은 한순간에 우리 삶을 무너뜨리기도 한다.

논제성립배경

★ 이야기 하나

2017년 11월 포항 지진 발생 시 진앙에서 불과 3km 떨어진 곳에 위치한 A대학교 캠퍼스는 직격탄을 맞았다. 건물의 외벽이 우르르 무너져 내리고 유리창은 산산조각이 났다. 이날 현장에 있던 한 학생은 "마치 탱크가 지나가는 듯한 소리가 나고 건물 유리창이 심하게 흔들렸다"고 말했다. 하지만 건물 파손이 심각했던 것에 비해 인명 피해가 적었던 이유는 2016년 경주 지진 이후 자체적으로 대피 훈련을 실시했기 때문이다. 이 학교가 실시한 안전교육 매뉴얼에는 비상 상황 시 행동 요령이 자세히 나와 있다. 실제 지진이 발생하자, 미리 훈련을 받았던 학생들은 일사불란하게 운동장으로 대피했다. 지진이 발생하고 10분이 지나기도 전에 3,000여 명의 학생들은 모두 운동장에 집결했다. 그동안의 훈련으로 대피 경로를 잘 숙지하고 있었기 때문에 가능한 일이었다.

★ 이야기 둘

2010년 1월 12일 카리브해에 있는 섬나라 아이티 공화국에서 규모 7.0의 지진이 발생했다. 진원지는 인구 200만 명이 살고 있는 수도 포르토프랭스 인근으로 이 지진으로 인해 약 30만 명이 사망하였으며, 피해 규모도 매우 컸다.

이 지진은 포르토프랭스 남쪽에 위치한 단층에 주향이동 단층 운동이 일어나면서 지진이 발생한 것이다. 아이티 북동쪽은 북아메리카판과 카리브판이 만나는 경계이므로 지진 위험성이 매우 크다. 아이티 지진은 판 내부에 있는 엘리키요 단층 약 40km에 걸쳐서 발생하였다. 단층이 지하에서는 약 1.8m, 지표면에서는 약 70cm가 이동하였다. 이 지진으로 지진에 취약한 약한 건물이 무너졌고, 아이티 국회의사당과 대통령궁도 무너졌다.

지진이 잦은 일본의 사례를 보면, 정기적인 지진 대비 교육을 유치원 때부터 실시하고, 공원에서 마치 놀이처럼 즐기는 '어린이 지진체험 행사'를 실시한다. 이로 인해 지난 동일본 대지진 시 일사불란한 대피로 유치원생과 초등학생의 생존율을 높일 수 있었다. 위급한 상황에서 아이들이 스스로 대처할 수 있도록 하기 위해서는 체계적인 이론교육과 반복되는 체험 학습을 병행해야 한다.

같은 규모의 지진이 발생하더라도 체계적인 재난대응 시스템에 따라 안전교육을 받은 경우와 그렇지 않은 경우는 피해 발생 정도에 현격한 차이를 나타낸다. 우리나라는 과연 지진에 얼마나 안전한 나라인지 재난대응 시스템은 어느 정도인지 알아보고, 지진 발생 시 우리가 대처할 수 있는 방안이 무엇인지 고민해보아야 할 시점이다.

초등 중학년 추천도서

『흔들흔들 뒤흔드는 지진』 미셸 프란체스코니 / 개암나무

이 책은 지구 내부의 구조를 들여다보며 지진이 일어나는 원리와 지진에 대비하는 법에 대해 소개하고 있다. 간결한 문체와 따뜻한 그림으로 지진 발생의 과학적 원리를 쉽게 풀어냈다. 특히, 판구조론과 맨틀대류 현상을 각각 퍼즐과 뗏목에 빗대어 표현함으로써, 어린이들이 훨씬 쉽고 재미있게 지진에 대해 이해할 수 있도록 도와준다.

초등 고학년 추천도서

『지구를 깨우는 화산과 지진』 최원석 / 아이앤북

이 책은 '역사를 바꾼 세계의 화산', '지구를 창조하는 화산', '좋은 화산, 나쁜 화산, 이상한 화산', '지구를 흔드는 지진', '대륙이 이동한다', '지진과 해일로부터 살아남기'까지 총 6개의 장으로 구성되어 있다.
여러 세기 동안 과학자들은 엄청난 위력을 가진 지진의 정체를 알아내기 위해 노력해왔지만, 그것을 밝혀내는 것은 쉬운 일이 아니었다. 현재의 과학기술로 언제 어디서 지진이 발생할지 예측하는 것은 알기 어렵지만, 화산과 지진을 잘 연구하고 대비한다면 피해를 크게 줄일 수는 있다. 이 책은 지진에 대해 마냥 두려워하며 피하는 것보다는 대비책을 마련하는 것이 중요하다는 사실을 알려준다.

『재미있는 화산과 지진 이야기』 이충환 / 가나출판사

이 책은 엄청난 위력을 가진 화산 활동과 지진이 발생하는 원인에 대해 설명하

고 있다. 화산의 구조와 활동 원리, 세계에서 지금도 활발하게 활동하고 있는 화산들, 지진이 일어나는 원리와 대비책, 화산대와 지진대가 겹치는 '불의 고리'에 대한 내용에서부터 조륙 운동과 조산 운동처럼 천천히 일어나는 지각 변동에 대한 내용까지 담겨 있다.

중고등 추천도서

『모든 사람을 위한 지진 이야기』 이기화 / 사이언스북스

지진학의 역사는 1906년 발생한 샌프란시스코 지진과 1960년 칠레 지진에 대한 연구로 본격화되기 시작하였다. 그 후로부터 지진 발생의 원리를 밝혀내기 위한 지진학자들의 연구 과정, 지구의 내부 구조가 지각, 맨틀, 외핵, 내핵으로 이루어져 있음을 알아내기까지의 과정이 흥미진진하게 기술되어 있다. 또한 한반도의 지각구조와 단층이 생기게 된 이유, 그리고 우리나라는 지진으로부터 안전한지에 대해 역사 지진 자료와 그림, 표 등을 이용해서 자세하게 설명하고 있다. 아울러 많은 사람들이 관심을 가지고 있는 지진 예지, 지진 예방의 연구에 대한 역사도 상세하게 소개하고 있다.

• 용어 사전

지진 : 지구 내부 작용의 결과, 판과 판이 서로 부딪치고 밀면서 생기는 충격으로 인해 땅이 흔들리는 것. 지진은 발생 원인에 따라 다음과 같이 나눌 수 있다.

① **단층 지진** : 지표나 지하의 단층 운동에 따라 발생. 흔히 알고 있는 대표적인 지진.

② **화산 지진** : 마그마가 움직이거나 가스가 분출될 때 지각이 움직여 발생.

③ **함락 지진** : 땅속의 큰 공간이 무너질 때 발생.

④ **인공 지진** : 핵폭탄 실험 등의 인공적인 폭발물에 의해 발생.

응력 : 땅에 작용하는 힘.

화산 : 지하 깊은 곳에 있는 마그마가 지표 밖으로 분출하여 만들어진 산.

마그마 : 땅속 깊은 곳에서 지구 내부의 높은 열로 녹아 있는 암석. 마그마는 주위의 암석보다 가벼워서 서서히 상승한 뒤 지표로 분출한다.

볼케이노의 유래 : 화산을 영어로 볼케이노volcano라고 하는데, 이는 그리스 신화에 나오는 대장장이 신 헤파이스토스가 로마신화로 가서 바뀐 '불카누스'에서 유래된 것이다. 대장장이 신 헤파이스토는 에트나 화산 및 대장간에서 헤라클레스의 갑옷, 아레스의 무기, 제우스의 천둥과 번개 등 신의 물건을 만들었는데 그가 쇠를 힘껏 내리칠 때마다 불꽃과 연기가 산으로 피어올랐다고 한다. 이처럼 옛날 사람들은 화산 폭발을 신의 활동이라고 여겼다.

지열에너지 : 화산 주변의 온천이나 땅에서 나오는 열을 이용해 전기를 만드는 방법을 지열 발전이라고 하며, 지열 발전을 이용하여 전기 에너지를 얻는 방식이다. 화산 지대가 있는 아이슬란드, 일본, 미국, 이탈리아와 같은 나라에

서 활발하게 연구 중에 있다.

판 : 지각과 맨틀 윗부분을 합한 단단한 암석권. 판들은 1년에 1~12㎝ 정도로 아주 천천히 움직인다. 판들이 움직이면 판과 판의 경계에서 화산과 지진이 일어난다.

판구조론 : 지구 표면은 여러 개의 판으로 이루어져 있고 이들의 움직임으로 화산활동과 지진 등이 일어난다는 이론.

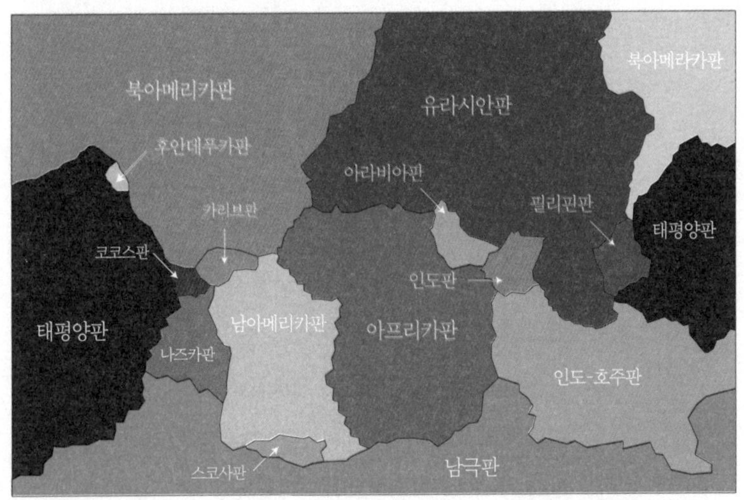

7개 주요 판 : ①유라시아판, ②태평양판, ③아프리카판, ④호주-인도판, ⑤북아메리카판, ⑥남아메리카판, ⑦남극판. 인도네시아는 유리시아판, 태평양판, 인도-호주판이 충돌하는 지역에서 지진이나 화산 활동이 가장 활발하다. 이웃나라 일본의 경우는 태평양판과 필리핀판이 각각 유라시아판 아래로 깔려 들어가고 있어 강진과 화산 활동이 자주 일어난다.

지진대 : 지진이 자주 발생하는 띠 모양의 지역.

환태평양 지진대 : 태평양을 빙 둘러싸면서 지진 활동이 가장 활발한 지진대

로서 '불의 고리(고리 모양)'라 불린다. 알프스-히말라야 지진대와 함께 세계 제2대 지진대 중 하나이다. 환태평양 지진대의 대부분은 태평양판, 나즈카판 등의 해양판과 그것을 둘러싼 대륙판과의 경계에 해당한다.

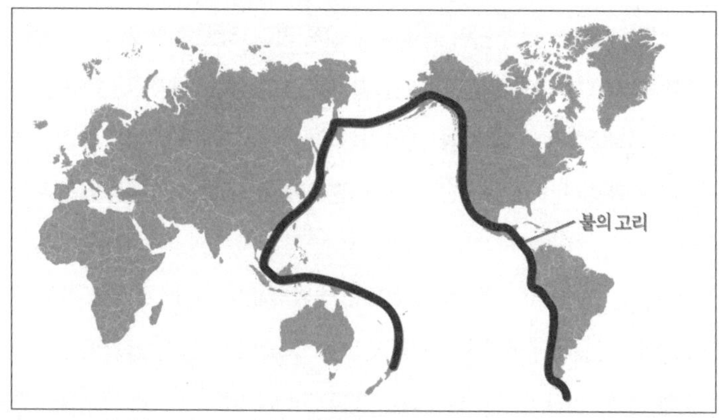

맨틀의 대류 : 물질이 위아래로 순환하면서 열이 골고루 퍼지는 대류 현상이 맨틀에서도 일어난다는 이론.

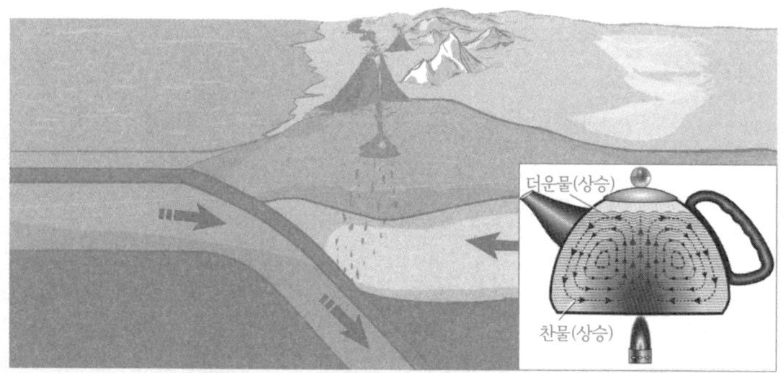

발산형 경계 : 판과 판이 멀어져 갈라지는 경계. 빈 공간을 채우기 위해 마그마가 상승하여 새로운 지각이 생성되는 곳이다. 대표적인 예로 대서양 중앙 해령(해저산맥)을 들 수 있다.

수렴형 경계(소멸경계) : 두 판이 만나 충돌하거나 섭입하는 곳으로 섭입형 경계와 충돌형 경계로 구분할 수 있다. 두 판이 부딪치는 과정에서 많은 지진이 발생한다.

① **섭입형 경계** : 판과 판이 충돌할 때 한쪽 판이 다른 쪽 판 밑으로 파고들어가는 것. 대륙판과 해양판이 충돌할 때 밀도가 높은 해양판이 대륙판 아래로 밀려들어간다. 이때 생기는 대표적인 지형이 해구다. 일본 해구는 해양판인 태평양판이 대륙판인 유라시아판 아래로 밀려들어가면서 생긴 지형이다.

② **충돌형 경계** : 두 대륙판이 충돌하면서 밀려 솟아오르는 것. 인도판과 유라시아판이 충돌해 세계에서 가장 높은 히말라야 산맥이 형성되었다.

보존형 경계 : 판과 판이 수평적으로 미끄러지면서 어긋나는 곳. 대표적인 것이 산안드레아스 단층이다. 이 단층은 대륙판인 북아메리카 판과 해양판인 태평양 판의 경계 부분이다.

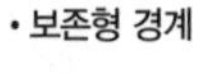

• 발산형 경계

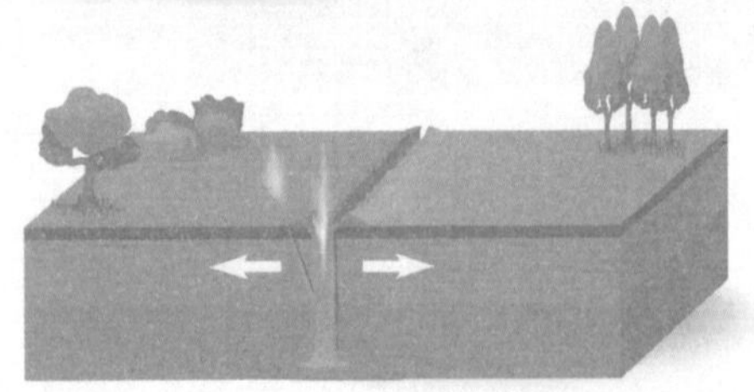

• 수렴형 경계

지구 내부의 구조

① **지각** : 암석으로 구성된 지구 껍데기. 대륙 지각의 두께는 평균 35km, 해양 지각은 약 7~8km로 대륙 지각이 더 두껍다(지구 전체 부피의 1%도 되지 않는다).

② **맨틀** : 지구 전체 부피의 약 84%를 차지하고 있으며 2,900km의 맨틀 중 약 50~200km 부근을 연약권이라 하는데, 이곳은 플라스틱처럼 부드럽고 조금 물렁하다. 맨틀 층 내의 상하 온도 차이로 대류 운동이 일어난다. 철과 마그네슘이 많은 암석으로 구성되어 있다.

③ **외핵** : 맨틀과의 경계면에서 약 5,100km까지의 층. 액체 상태이며 철이 주성분일 것으로 추정된다.

④ **내핵** : 고체 상태로 추정되며 성분 물질은 철과 니켈의 금속 화합물로 여겨진다. 중심부의 온도는 약 6,000도이다.

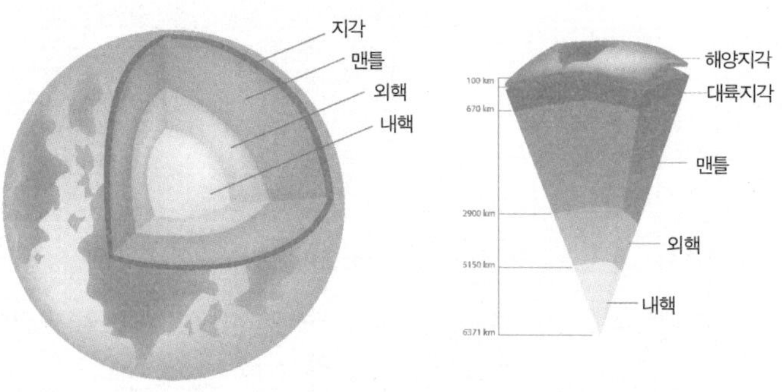

규모 : 지진이 일어날 때 발생하는 에너지의 총량. 미국의 지진학자 리히터가 제안한 단위로 M으로 표시한다(소수점 이하 한 자리까지 나타냄). 규모 1이 증가할 때마다 에너지 크기는 약 32배 증가한다.

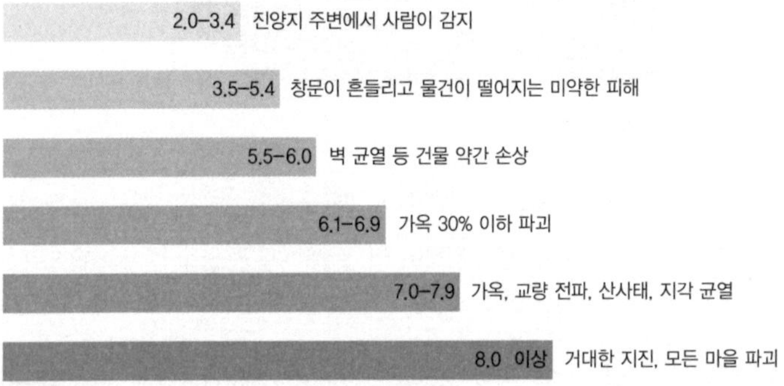

규모	내용
2.0–3.4	진양지 주변에서 사람이 감지
3.5–5.4	창문이 흔들리고 물건이 떨어지는 미약한 피해
5.5–6.0	벽 균열 등 건물 약간 손상
6.1–6.9	가옥 30% 이하 파괴
7.0–7.9	가옥, 교량 전파, 산사태, 지각 균열
8.0 이상	거대한 지진, 모든 마을 파괴

진도 : 지진에 의해 일어난 피해의 정도를 나타내는 척도. 같은 규모의 지진이라도 그 지진에 따른 피해 정도가 다르면 진도는 다를 수 있다.

수정 메르칼리 진도 계급 : 지진의 피해 정도에 따라 12등급으로 구분.(표기법 : 아라비아 숫자가 아닌 로마자로 표기) 예 진도 Ⅵ–현재 미국과 우리나라를 포함 세계 여러 지역에서 사용하고 있음.

진도	내용	진도	내용
Ⅰ	매우 소수의 사람들만 느낀다.	Ⅶ	보통의 건물들은 경미하거나 중간 정도의 손상을 입는다.
Ⅱ	빌딩의 상층에 정지해 있는 소수의 사람들만 느낄 수 있다.	Ⅷ	엉성한 건물들은 엄청난 손상을 입는다. 무거운 가구가 쓰러진다.
Ⅲ	많은 사람들이 지진으로 인식하지 못한다. 트럭이 지나갈 때 느끼는 진동과 비슷하다.	Ⅸ	발진설계가 잘된 건물도 손상을 입는다.
Ⅳ	실내에 있는 많은 사람들이 느낄 수 있고 창문과 문 소리를 들을 수 있다.	Ⅹ	대부분의 벽돌 건물과 철근 구조물이 파괴된다.
Ⅴ	거의 모든 사람들이 느낄 수 있고 접시와 창문이 깨진다.	Ⅺ	다리가 파괴되고 철길은 크게 휜다.
Ⅵ	모든 사람들이 느낄 수 있고 무거운 가구가 움직인다.	Ⅻ	모든 것들이 파괴되고 사물들은 공중으로 튀어 오른다.

진원 : 지구 내부에서 지진이 최초로 발생한 지점.

진앙 : 지진이 수직으로 연결된 가장 가까운 지표면. 지진이 일어났을 때 가장

큰 피해를 입는다.

단층 : 지각이 외부의 힘을 받아 끊어져 어긋난 지질구조.

① **정단층** : 판과 판이 멀어지면서 생긴다. 역단층 지진이 일어난 뒤에 다시 땅이 원래대로 되돌아가면서 생기기도 한다.

② **역단층** : 판과 판이 서로를 밀 때 생긴다. 이때 일본 대지진과 같은 큰 지진이 일어나는 경우가 많다.

③ **주향이동단층** : 판과 판이 수평으로 비껴 나가면서 생긴다.

활성 단층 : 200만 년 이내에 힘을 받았던 단층. 이곳은 지금도 힘을 받고 있을 가능성이 높고, 여기서 지진이 발생할 가능성이 높다.

양산 단층 : 부산에서 양산, 경주, 포항, 영해로 이어지는 경상 분지 내 대규모 단층. 한반도의 대표적인 활성 단층이다.

지진파 : 지진에 의해 지구 내부에서 멀리까지 전파되는 파장으로, 크게 실체파와 표면파로 나눈다.

① **실체파**Body wave : 진원에서 시작해 지각 내부를 통해 전달되는 지진파

- P파Primary wave : 시속 7~8km로 전달 물질이 파의 진행 방향으로 이동. 진폭이 작아 비교적 피해가 적음.
- S파Secondary Wave : 지구의 내부를 지나는 두 번째 실체파. 시속 3~4km로 전달 물질이 파의 진행방향과 수직 방향으로 이동한다. 진폭이 커 피해가 크다.

② **표면파**Surface wave : 지각의 표면을 따라 전달되는 지진파.

- 러브파Love wave : L파라도고 불림. 지진파들 중 파괴력이 가장 큼.
- 레일리파Rayleigh wave : R파로도 불림. 표면파 타원을 그리며 운동.

지진관측 : 1978년 홍성 지진 이후 기상청에서 시작했다. 1980년대 중반부터

한국지질자원연구원에서도 연구 목적의 지진 관측을 시작했다.

전국의 지진 관측소 : 기상청(145곳), 한국지질자원연구원(38곳), 한국전력연구원(13곳), 한국원자력안전기술원(4곳).

지진계 : 지진파를 기록하는 장치.

역사 지진 : 19세기까지의 역사 문헌에 기록되어 있는 지진 자료.

계기 지진 : 19세기 이후 아날로그 및 디지털 지진계에 기록된 지진 자료. 디지털 지진계의 기록은 대략 20년 정도.

본진 : 지진 발생 시 다수의 지진 중 가장 큰 규모의 지진.

여진 : 지진이 일어난 장소 주변에는 힘이 쌓이는데, 이 부분들이 자극을 받아 일어나는 작은 지진.

해구 : 해양판이 대륙판 아래로 밀려들어가는 섭입형 경계에서 생기는 대표적인 지형.

해령 : 바다 밑에 산맥 모양으로 솟아오른 부분. 해령은 판과 판이 멀어지는 경계이므로 빈 공간을 채우기 위해 마그마가 상승한다. 이렇게 흘러나온 용암이 굳으면 바다 속에 새로운 땅이 생긴다.

해일 : 바닷속이나 바다 근처에서 지진이나 화산 폭발과 같은 큰 충격이 일어날 때 생기는 거대한 파도. '쓰나미'라고도 한다.

내진설계 : 지진에 견딜 수 있는 구조물의 내구성. 지진 발생 시 좌우 진동이 발생하므로 수평 진동을 견딜 수 있게 건축물 내부의 가로축을 강화한다(1988년 내진설계법 시행).

필로티 : 건물에 벽면을 세우지 않고 하중을 견디는 기둥으로만 설치된 개방형 구조. 실제 지진 발생 시 큰 피해를 볼 수 있다.

지진 조기경보 : 지진 피해를 일으키는 지진파가 도달하기 전에 지진 발생 상

황을 경보하는 것으로, 지진파 중 P파가 S파에 비해 약 1.73배 빠르게 전파되며, S파의 큰 진동에 의해서 피해가 발생하는 특성을 이용한 방법(지진 경보 소요시간 : 우리나라 50초, 2020년도에 약 10초 이내로 단축 목표, 일본 5~10초, 대만 · 미국 20~30초). 지진으로 인한 큰 진동이 오기 전 5초 정도의 여유만 있어도 근거리 대피가 가능하며 사망자와 중상자를 줄일 수 있다. 지진이 발생했을 때 당황하지 않고 침착하게 대응하기 위해서는 평소 반복적인 교육과 훈련이 필요하다. 국내 지진의 규모별 순위는 다음과 같다.

No.	규모 (Ml)	발생연월일	진원시	진앙(Epicenter)		
				위도(°N)	경도(°E)	발생 지역
1	5.8	2016.9.12.	20:32:54	35.77	129.18	경북 경주시 남남서쪽 8km 지역
2	5.4	2017.11.15.	14:29:31	36.12	129.36	경북 포항시 북구 북쪽 9km 지역
3	5.3	1980.1.8.	08:44:13	40.2	125.0	평북 서부 의주-삭주-귀성 지역 (북한 평안북도 삭주 남남서쪽 20km 지역)
4	5.2	2004.5.29.	19:14:242.	36.8	130.2	경북 울진군 동남동쪽 74km 해역
4	5.2	1978.9.16.	02:07:05	36.6	127.9	충북 속리산 부근 지역 (경북 상주시 북서쪽 32km 지역)
6	5.1	2016.9.12.	19:44:32	35.76	129.19	경북 경주시 남남서쪽 9km 지역
6	5.1	2014.4.1.	04:48:35	36.95	124.50	충남 태안군 서격렬비도 서북서쪽 100km 해역
8	5.0	2016.7.5.	20:33:03	35.51	129.99	울산 동구 동쪽 52km 해역
8	5.0	2003.3.30.	20:10:52	37.8	123.7	인천 백령도 서남서쪽 88km 해역
8	5.0	1978.10.7.	18:19:52	36.6	126.7	충남 홍성군 동쪽 3km 지역
11	4.9	2013.5.18..	07:02:24	37.68	124.63	인천 백령동 남쪽 31km 해역
11	4.9	2013.4.21.	08:21:27	35.16	124.56	전남 신안군 흑산면 북서쪽 101km 해역
11	4.9	2003.3.23.	05:38:41	35.0	124.6	전남 신안군 흑산면 서북서쪽 88km 해역
11	4.9	1994.7.26.	02:41:46	34.9	124.1	전남 신안군 흑산면 서북서쪽 128km 해역

참고 자료 : 기상청

세계에서 일어난 역사상 중요한 지진			
지진 발생 지역	규모 (MI)	연도	연도
중국 산시	8.0	1556년	사망자만 83만 명에 이르는 역사상 인명 피해가 가장 컸던 지진. 당시 산시 지역 사람들이 대부분 지진에 취약한 동굴 집에 살고 있어서 피해가 더 컸다.
일본 미야기현 태평양 앞바다 (동일본 대지진)	9.0	2011년	역사상 가장 큰 재산 피해를 입힌 지진. 2만 5,000명이 넘는 사람이 죽고, 약 140조 원의 피해를 냈다.
인도네시아 수마트라	9.3	2004년	23만 명의 사망자를 기록한 사상 최악의 지진해일을 일으킨 지진. 이때 일어난 해일은 물결 높이가 최대 30미터로 동남아는 물론 아프리카까지 도달했다고 한다.
아이티 포르토프랭스	7.0	2010년	진앙이 수도와 가까웠고, 심도는 낮았으며, 내진 설계된 건물이 거의 없었던 탓에 피해가 컸던 지진. 대략 50만 명의 사상자와 180만 명의 이재민이 발생한 것으로 추정되고 있다.
미국 알래스카 프린스윌리엄사운드	9.2	1964년	미국과 북아메리카 역사에 있어서 가장 강력한 것으로 기록된 지진. 거의 5분 동안 지속된 이 지진은 당시 주변에 물결 높이 8미터의 지진해일을 일으켰다.
칠레 발디비아	9.5	1960년	역사상 가장 규모가 컸던 지진. 이때 일어난 지진해일의 높이는 25미터로, 칠레 해안을 강타하고 태평양을 건너 하와이까지 덮쳤다.

참고 자료 : 『재미있는 화산과 지진 이야기』(가나출판사)

앞으로 10년 동안 지켜봐야 할 세계 화산		
화산명(지역)	산 높이	화산 활동
베수비오 산 (이탈리아 나폴리)	1,281m	79년에 폭발해 로마 제국의 폼페이와 헤르쿨라네움을 파괴시켰고, 이후 40여 회 분화했다.
에트나 화산 (이탈리아 시칠리아 섬)	3,323m	지중해 화산대의 대표적인 활화산으로, 유럽의 화산 가운데 가장 높다.
사쿠라지마 산 (일본 가고시마 현)	1,117m	1914년 대분화 때 많은 사람이 죽었고, 2013년 분화 때에는 연기가 5km 높이까지 치솟았다.
니라공고 산 (콩고)	3,414m	1884년 이래 수십 번 분화했는데, 대규모로 폭발할 경우 아프리카 대륙의 5분의 2가 영향을 받을 것이라고 한다.
마우나로아 화산 (미국 하와이 섬)	4,169m	부피와 면적으로 따지면 세계에서 가장 큰 화산으로, 1832년 이래 32회 분화했다.
콜리마 화산 (멕시코)	4,330m	콜리마 시에서 북서쪽으로 40km 떨어져 있고, 1576년 이래 40회 이상 분화했다.
산타마리아 화산 (과테말라)	3,772m	1902년 대규모 폭발 때 5,000여 명이 죽고, 화산재가 4,000km 떨어진 미국 샌프란시스코까지 날아갔다.

참고 자료 : 『재미있는 화산과 지진 이야기』(가나출판사)

토론가능논제

1 지진 발생 지역에 인접한 원자력발전소는 폐쇄해야 한다.
2 지진에 대비한 방재 훈련을 실시해야 한다.
3 노후화된 공동주택, 방재대책을 마련해야 한다.
4 지진 발생으로 인한 국보급 문화재 및 건축물 피해 복구를 위한 예산을 확보해야 한다.

관련 과학자

알프레드 베게너

Alfred Lothar Wegener, 1880~1930, 독일

알프레드 베게너는 현재 지구상의 7대륙이 한 덩어리로 이루어진 거대한 '판게아(초대륙)'에서 갈라져 나와 이동한 것이라는 '대륙이동설'을 주장했다. 대륙이 맨틀 위를 떠다니며 움직인다는 의미에서 '대륙표리설'이라고도 한다. 베게너는 대륙이동설의 증거로 남아메리카 대륙의 동쪽 부분과 아프리카 대륙의 서쪽 해안선 모습이 비슷하다는 점, 현재 서로 떨어져 있는 대륙의 지질학적 특성이 비슷하다는 점, 또한 두 대륙에서 공통적인 생물 화석이 발견되었다는 점을 제시하였다. 베게너의 대륙이동설은 당시에는 대륙을 이동시키는 거대한 힘을 제대로 설명하지 못했기 때문에 많은 비판을 받았다. 그러다 1928년 영국의 학자 아서 홈스가 '맨틀대류설'을 내놓으며 대륙이 이동하는 원인을 설명하게 되었다.

마인드맵

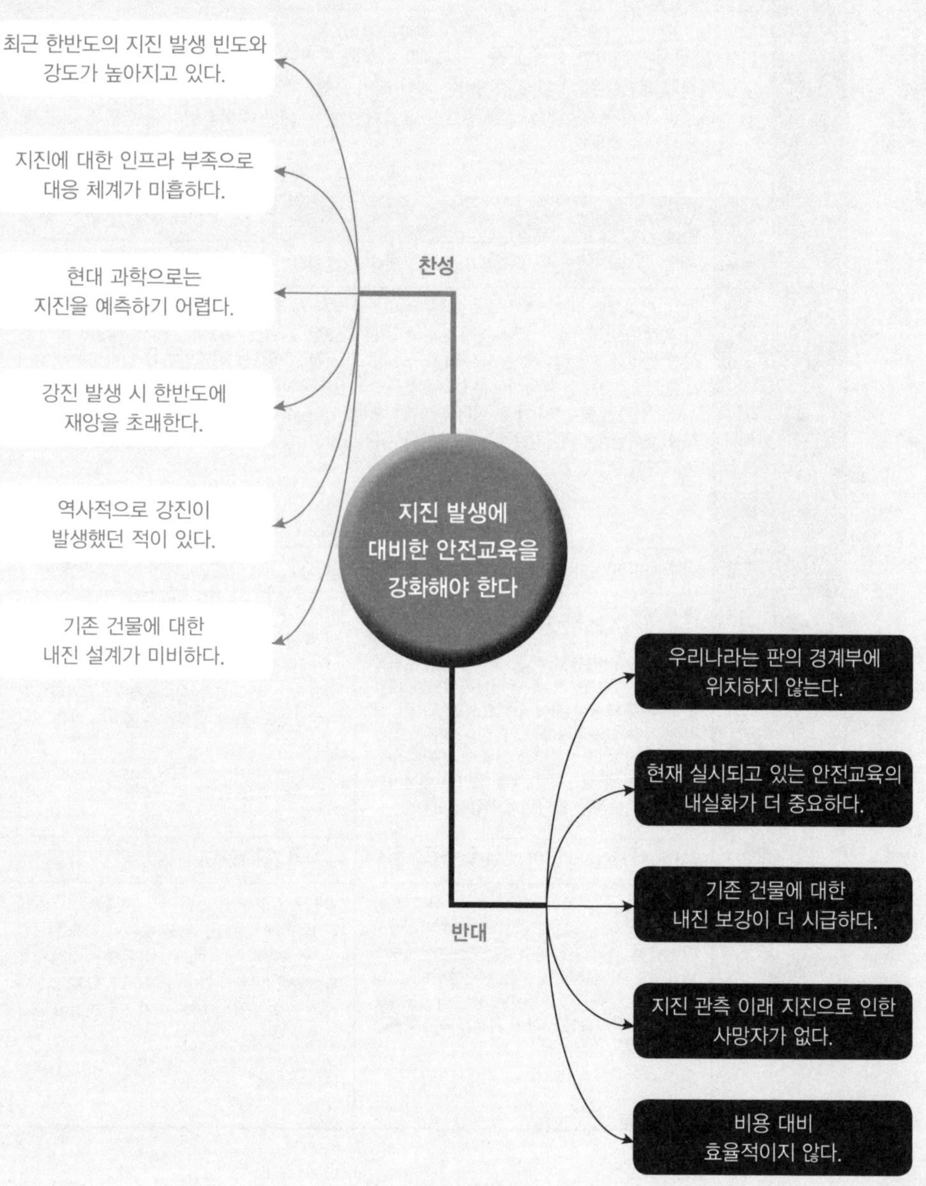
최근 한반도의 지진 발생 빈도와 강도가 높아지고 있다.
지진에 대한 인프라 부족으로 대응 체계가 미흡하다.
현대 과학으로는 지진을 예측하기 어렵다.
강진 발생 시 한반도에 재앙을 초래한다.
역사적으로 강진이 발생했던 적이 있다.
기존 건물에 대한 내진 설계가 미비하다.
찬성
지진 발생에 대비한 안전교육을 강화해야 한다
반대
우리나라는 판의 경계부에 위치하지 않는다.
현재 실시되고 있는 안전교육의 내실화가 더 중요하다.
기존 건물에 대한 내진 보강이 더 시급하다.
지진 관측 이래 지진으로 인한 사망자가 없다.
비용 대비 효율적이지 않다.

토론 요약서

<table>
<tr><td>논 제</td><td colspan="3">지진 발생에 대비한 안전교육을 강화해야 한다.</td></tr>
<tr><td>용 어
정 의</td><td colspan="3">1) 지진 발생에 대비한 안전 교육 : 규모 6.0 이상의 지진을 대비하여 교원과 학생을 대상으로 효과적인 대피를 하기 위해 실시하는 재난 대비 훈련.
2) 강화 : 현재 학생과 교직원에게 연 2회 실시되고 있는 재난 대비훈련의 횟수를 늘리고 체계화함.</td></tr>
<tr><td></td><td></td><td>찬성측</td><td>반대측</td></tr>
<tr><td rowspan="2">주 장
1</td><td>주장</td><td>한반도의 지진 발생의 빈도와 강도가 높아지고 있다.</td><td>우리나라는 판의 경계부에 위치하지 않는다.</td></tr>
<tr><td>근거</td><td>2016년 발생한 규모 5.8의 경주 지진과 2017년 발생한 규모 5.4의 포항 지진은 한반도가 지진 안전국가가 아니라는 사실을 보여준다. 또한 기상청 자료를 보면, 2000년대 들어 규모 3.0 이상 지진 발생횟수가 그 이전에 비해 2배 이상 늘어났다. 작은 지진이 자주 발생할수록 큰 지진이 발생할 가능성은 높아진다.</td><td>지진의 98%는 판과 판 사이의 경계에서 발생한다. 이웃 나라 일본에서 지진이 많이 발생하는 이유는 태평양판과 필리핀판이 각각 유라시아판 아래로 끌려 들어가고 있기 때문이다. 우리나라는 유라시아판의 내부에 자리하고 있어 대규모 지진이 발생할 가능성은 낮다.</td></tr>
<tr><td rowspan="2">주 장
2</td><td>주장</td><td>지진에 대한 인프라 부족으로 대응 체계가 미흡하다.</td><td>실시되고 있는 안전교육의 내실화가 더 중요하다.</td></tr>
<tr><td>근거</td><td>과거 역사에 기록된 대규모 지진을 현재 측정 방법으로 추정할 경우 규모 6.5나 7.0에 육박하는 지진이 우리나라에서도 다수 발생한 것으로 나타났다. 하지만 그 후 우리나라에서는 대규모 지진이 발생한 적이 없었으므로 국민들 사이에 지진 안전국가라는 인식이 자리 잡고 있었다. 이에 따라 선진국에 비해서 지진에 대한 연구 및 방재 시스템이 크게 미비한 실정이므로 이에 대한 대응책 마련이 시급하다.</td><td>현재도 학생과 교직원들은 화재, 지진, 태풍 등의 재난 대비훈련을 의무적으로 실시하고 있다. 새롭게 제도를 강화하는 것보다 현재 실시되고 있는 안전교육에 내실을 더욱 기한다면, 지진으로 인한 큰 피해는 발생하지 않을 것이다.</td></tr>
<tr><td rowspan="2">주 장
3</td><td>주장</td><td>현대 과학으로는 지진을 예측하기 어렵다.</td><td>기존 건물에 대한 내진보강이 더 시급하다.</td></tr>
<tr><td>근거</td><td>지진학자들은 지진의 발생 과정이 아주 복잡하게 진행되기 때문에 지진이 언제 어디에서 일어날지 정확하게 판단하는 것은 현재에도 미래에도 불가능할 것이라고 전망한다. 그렇다면 예보가 불가능한 상황에서는 안전교육을 철저하게 실시하는 것만이 피해를 최소화하는 방법이다.</td><td>지진으로 인한 인명 및 재산 피해는 대부분 지진 발생 자체보다는 건물 붕괴로 인해 발생한다. 현재 우리나라 학교시설의 경우 내진 성능 확보율이 23% 수준에 불과하다. 학교 건물과 기존 노후 건물에 대한 내진보강 작업이 시급하다.</td></tr>
</table>

◐ 찬성측 입론서

• 논의 배경

2016년 9월 12일 경주에서 규모 5.8의 지진이 발생했다. 뒤이어 2017년 포항에서 규모 5.4의 지진이 또 다시 발생해 사람들에게 공포와 불안감을 안겨주었다. 특히 수능 하루 전에 발생한 포항 지진으로 인해 역사상 처음으로 수능 시험이 일주일 연기되어 59만 수험생들이 대혼란 상황에 빠지는 사건이 발생했다. 이처럼 잇따라 일어난 두 지진은 한반도가 지진 안전국가라는 고정관념을 깨기에 충분했다. 대규모 지진이 발생할 경우, 면적이 좁은 한반도 전체가 치명적인 피해를 입을 가능성이 높다. 이제부터라도 국민들에게 지진의 위험성을 알리고 체계적인 안전대책 마련이 시급하다는 것을 알리고자 한다.

• 용어 정의

1_ **지진 발생에 대비한 안전 교육** 규모 6.0 이상의 지진을 대비하여 교원과 학생을 대상으로 효과적인 대피를 하기 위해 실시하는 재난 대비 훈련.

2_ **강화** 현재 학생과 교직원에게 연 2회 실시되고 있는 재난 대비 훈련의 횟수를 늘리고 체계화함.

주장 1 최근 한반도의 지진 발생 빈도와 강도가 높아지고 있다.

판구조론으로 볼 때 한반도는 유라시아판 내부에 위치하며, 태평양판이 북아메리카판과 유라시아판 밑으로 섭입하는 일본 해구에 가깝다. 한반도의 지진 활동은 유라시아판과 충돌하는 인도판과 태평양판에 의해 작용하는 대규모 압축력이 한반도 내 활동 단층의 암석을 파열해 발생한다. 그리고 한반도의 지진 활동은 판 내부 지진 활동의 전형인 매우 불규칙한 특징을 보인다. 지난 20세기 동안의 역사 지진 자료를 살펴보면, 1~14세기까지 낮은 활동이 지속되다가 15~18세기에 이례적으로 높은 지진 활동이 발생하였다. 그러다가 19세기에 들어와 다시 낮은 지진 활동의 양상을 보여주다가 최근 들어 빈도와 강도가 높아지고 있다.

기상청 자료에 따르면, 1976~1998년에는 규모 3.0 이상의 지진 발생횟수가 연평균 19.21회, 1999~2016년에는 58.9회로 3배 넘게 치솟았다. 작은 지진이 자주 일어날수록 큰 지진이 일어날 가능성은 커진다. 2016년 경주 지역에서 발생한 규모 5.8, 2017년 포항 지역에서 발생한 규모 5.4의 지진은 한반도에서도 대규모 지진이 발생할 수 있다는 사실을 알려주고 있다.

주장 2 지진에 대한 인프라 부족으로 대응 체계가 미흡하다.

최근 규모 5.0 이상의 지진이 잇달아 발생하면서 추가로 대규모 지진이 발생할 수 있다는 우려가 커지고 있다. 과거 『삼국사기』, 『조선왕조실록』 등에 기록된 대규모 지진을 현재의 측정 방법으로 추정할 경우 규모 6.5나 7.0에 육박하는 지진이 발생했음을 알 수 있다. 하지만 그 후 수백 년 동안 우리나라에서는 대규모 지진이 발생한 적이 없었기 때문에 국민들 사이에 지진 안전국가라는 인식이 자리 잡고 있었으며 그로 인해 지진에 대한 제대로 된 대비책도 마련되어 있지 않다. 특히 일본 등 선진국과 비교하면 지진에 대한 연구 및 방재 시스템은 크게 미비한 실정이다. 지진으로 인한 큰 진동이 오기 전 근거리 대비가 가능한 지진 조기경보 시스템의 경우도 소요 시간이 일본 5~10초, 대만과 미국이 20~30초인데 반해, 우리나라는 50초나 된다. 지진의 규모가 1씩 커질 때마다 그 에너지는 32배가 늘어난다. 작은 지진은 자주 발생하는 데 반해 피해가 미미하지만, 큰 지진은 자주 발생하지는 않지만 단 1번 발생으로도 규모가 커 가공할 만한 피해가 발생한다.

주장 3 현대 과학으로는 지진을 예측하기 어렵다.

세계의 지진학자들이 지진예보를 위해 많은 노력을 기울이고 있지만 아쉽게도 아직까지 세계 어느 나라도 지진을 정확하게 예측할 수 있는 기술을 확보하지는 못하였다.

지진이 발생하기 전 우물이나 지하수의 물 높이가 변하거나, 지표면이 조금씩 기울어지고 솟아오르는 등의 변화가 감지되기도 한다. 하지만 문제는 이러한 전조 현상들이 몇 시간 전에서부터 몇 년까지에 걸쳐 다양하게 나타난다는 것이다. 따라서 전조현상으로 지진이 언제 일어날지 판단하기는 쉽지 않다.

실제로 해외에서 발생한 지진의 피해 정도를 살펴보면, 적절한 대응시스템을 갖춘 일본의 경우 규모 7.3(2016년, 구마모토) 지진에 169명이 사망한 반면, 그렇지 못한 아이티의 경우에는 규모 7.0의 지진(2010년)에서 약 30만 명의 사망자가 발생한 것으로 나타났다. 이러한 사실을 볼 때, 예측하기 힘든 지진에 대해 체계적으로 대비하는 것만이 아이티와 같은 상황을 막는 일일 것이다.

◐ 반대측 입론서

• **논의 배경**

1978년 기상청이 지진 관측을 시작한 이래 한반도에서 가장 큰 규모 5.8의 지진이 2016년 9월 12일 경상북도 경주시에서 발생했다. 지진 발생 후 이틀 뒤인 9월 14일 국민안전처는 경주 지진으로 인한 부상자가 23명, 재산상 피해는 1,118건이라고 발표했다. 하지만 단 한명의 사망자도 발생하지 않았다.

지진의 98%는 판의 경계에서 발생한다. 2017년 9월 발생한 멕시코 지진도 코코스판이 북아메리카 판 아래로 깔려 들어가는 판의 경계 지역에서 발생했다. 우리나라는 판과 판의 경계가 아닌 유라시아판 내부에 위치해 있어 대규모 지진이 발생할 가능성이 낮다. 지진은 지구의 탄생과 함께 수십억 년 전부터 지구에 있었던 자연 현상이고, 지구 에너지가 바깥으로 방출되는 자연스러운 현상이다. 지진을 지나치게 두려움의 대상으로 여기기보다 자연현상으로 이해하고 올바른 대처방법에 대해 논의해보는 시간을 갖고자 한다.

• **용어 정의**

1_ **지진 발생에 대비한 안전 교육** 규모 6.0 이상의 지진을 대비하여 교원과 학생을 대상으로 효과적인 대피를 하기 위해 실시하

는 재난 대비 훈련.

2_ 강화 현재 학생과 교직원에게 연 2회 실시되고 있는 재난 대비 훈련의 횟수를 늘리고 체계화함.

주장 1 우리나라는 판의 경계부에 위치하지 않는다.

지진의 98%는 판과 판의 경계에서 발생한다. 환태평양 지진대에서 현재 지구상에서 지진으로 방출되는 에너지의 대략 80% 정도가, 알파이드 지진대에서 15% 정도가 방출된다. 칠레 대지진, 캘리포니아 대지진, 동일본 대지진 등 세계적으로 치명적인 피해를 안긴 지진들은 모두 '불의 고리'로 불리는 환태평양 지진대에서 발생했다.

일본에 엄청난 피해를 끼친 동일본 대지진도 태평양판의 암반이 유라시아판과의 사이에 끼어 있는 북미판의 암반 밑으로 파고들면서 경계 지점(섭입대)에서 발생한 역단층형 지진이다. 우리나라는 판과 판의 경계에서 비교적 멀리 떨어져 있는 유라시아판의 내부에 자리하고 있어, 판과 판의 경계에서 일어나는 대규모 지진은 일어날 확률이 거의 없다.

과거 삼국시대나 조선시대 규모 7.0 이상의 지진이 발생한 적이 있다는 주장도 있지만 그것은 본격적으로 지진을 관측하기 이전의 일이므로 정확한 지진 규모를 밝혀내기는 어렵다. 그 당시 가옥 구조나 도로의 상태가 지금보다는 훨씬 취약한 상태였기 때문에 작은 규모의 지진으로도 큰 피해가 발생할 수 있다. 따라서 판의 경계부에 위치한 나라들에 비해 우리나라는 강한 지진이 일어날 가능성이 매우 희박하다고 볼 수 있다.

주장 2 현재 실시되고 있는 안전교육의 내실화가 더 중요하다.

일본은 동일본 대지진으로 인해 사망자 1만 5,000명, 실종자 2,700여 명, 경제적 피해규모 200조 원이 발생했다. 사람이 감지할 수 있는 지진만 해도 1년에 1,000여 건이 발생할 정도로 지진이 일상이 되어버린 나라다. 따라서 일본은 많은 비용을 들여서라도 지진에 대비하기 위한 방재 시스템 및 안전교육을 철저히 해야 한다. 하지만 우리나라의 경우 지진 관측이 시작된 이후로 지진으로 인한 사망자는 보고되지 않았다. 지진으로 인한 피해가 심각하지도 않은 상황에서 비용을 많이 지출한다는 것은 비효율적이다.

또한 2017년부터 학생과 교직원들은 화재, 지진, 태풍 등의 재난 대비훈련을 의무적으로 받고 훈련 결과는 교육감에게 보고해야 한다. 또한 세월호 참사 이후 안전교육에 대한 필요성이 많이 높아진 상태이다. 새롭게 제도를 강화하는 것보다 현재 실시되고 있는 안전교육만 제대로 이루어져도 우리나라에서 지진 발생으로 인한 피해는 최소화할 수 있다.

주장 3 기존 건물에 대한 내진보강이 더 시급하다.

지진으로 인해 매년 전 세계에서 막대한 인명 및 재산 피해가 발생하는데, 사실 지진 자체로 희생되는 사람은 적다. "사람을 죽이는 것은 지진이 아니고 건물이다"라는 말이 나올 정도로 대부분의 사상자는 약한 집이나 건물이 무너져 발생한다.

2016년을 기점으로 우리나라의 지진 발생 빈도가 높아지면서 이에 대한 경각심도 커지고 있다. 그러나 전국 건축물 중 3분의 2 이상은 내진율을 충족시키지 못하고 있다. 특히 유치원이나 학교 건물은 더 심각한 것으로 나타났다. 행정안전부 자료에 따르면, 학교 시설의 내진율(2016년 기준)은 23.1%로 공공시설물 가운데 가장 낮았다. 지진 발생초기 일시 대피장소로 지정한 장소 7,486곳 중 71.3%에 해당하는 5,334곳이 학교이다. 내진율이 가장 취약한 학교 건물을 지진 대피장소로 지정한 것은 위험천만한 일이다.

실제로 2017년 발생한 규모 5.4의 포항 지진에서도 지진에 취약하게 시공된 기존 건물과 학교 건물의 피해가 잇따랐다. 따라서 소규모 건축물에 대한 지진설계 기준을 강화하고, 학교 건물을 비롯한 기존 건물에 대한 내진보강을 확대해야 한다.

과학 토론 개요서

참가번호	소속 교육지청명	학 교	학 년	성 명

토론논제

우리나라 지진 관측 사상 역대 최대 규모인 5.8의 지진이 2016년 9월 경주에서 발생했다. 그리고 1년 만에 또 규모 5.4의 지진이 포항 지역을 강타했다. 최근 들어 우리나라에서도 5.0 이상의 지진이 여러 차례 발생하는 등 더 이상 한반도를 지진의 안전지대로 볼 수 없다. 우리나라에 지진이 자주 발생하는 원인을 과학적으로 분석하고, 이에 따른 대응책을 제시하시오.

관련 영화

〈해운대〉 2009년, 감독 윤제균

유례없는 최대의 사상자를 내며 전 세계에 엄청난 충격을 안겨준 '인도네시아 쓰나미'가 발생한다. 당시 인도양에 원양어선을 타고 나갔던 해운대 토박이 만식은 예기치 못한 쓰나미에 휩쓸리게 되고, 단 한순간의 실수로 그가 믿고 의지했던 연희 아버지를 잃게 된다.

5년이라는 시간이 흐르고, 국제해양연구소의 지질학자 김휘 박사는 대마도와 해운대를 둘러싼 동해의 상황이 5년 전 발생했던 인도네시아 쓰나미와 매우 닮아 있다는 사실을 발견하게 된다. 그는 대한민국도 쓰나미에 안전하지 않다고 수차례 강조하였지만, 재난방재청은 지질학적·통계적으로 쓰나미가 한반도를 덮칠 확률은 없다고 단언한다. 그 순간에도 바다의 상황은 시시각각으로 변해가고, 마침내 김휘 박사의 주장대로 일본 대마도에서 큰 지진이 일어나면서 초대형 쓰나미가 발생한다.

이제 지진이 우리와 무관하다는 인식을 바꿔야 할 때라고 경고하는 영화다. 해외에서 수많은 인명과 재산 피해를 입혔던 지진과 해일(쓰나미)에 대비하지 않으면 우리나라에서도 언제 현실이 될지 모른다.

참고도서

『지진의 정체를 밝혀라』 박지은 / 키위북스

『해운대에 지진이 일어난다면?』 최영준 / 살림어린이

『부글부글 땅속의 비밀, 화산과 지진』 함석진 외 / 웅진 주니어

『리히터가 들려주는 지진 이야기』 좌용주 / ㈜자음과모음

『베게너가 들려주는 대륙 이동 이야기』 좌용주 / ㈜자음과모음

12 바이러스

교과서 수록부분
초등 과학 5~6학년 4단원 다양한 생물과 우리 생활 / 5단원 생물과 환경
중등 과학 1~3학년 3단원 생물의 다양성

학습목표

1 세균과 바이러스의 특징을 설명할 수 있다.
2 신종 바이러스 출현 이유를 알아보고 환경적인 요인을 분석할 수 있다.
3 바이러스 극복에 이용된 여러 과학기술의 사례를 알아본다.

논제 인류의 생존을 위협하는 바이러스는 극복 가능하다.

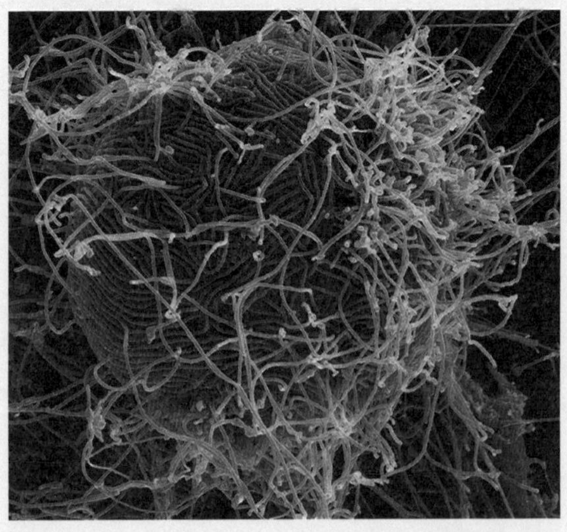

변종이 만들어지는 바이러스는 인류의 건강과 생존에 위협이 되기도 한다.

논제성립배경

★ 이야기 하나

바이러스 감염병 환자를 진료한 의사 이모 씨는 감염 우려 때문에 2주간 격리 생활을 해야 했다. 다시 일상으로 돌아온 지 며칠 지나지 않아 이 씨는 아들의 학교로부터 갑작스런 문자를 받고 깜짝 놀랐다. 문자 내용은 "아들을 학교에 당분간 보내지 말아 달라"는 것이었다. 학교뿐만이 아니라 아들 친구 부모로부터 "학원도 당분간 쉬는 게 어떠냐"는 이야기를 듣고 이씨 부부는 황당해했다.

심지어 아들이 주변 친구들로부터 '바이러스'라며 은근히 따돌림을 당한다는 이야기를 듣고 분통이 터졌다. 감염되지 않았다고 확인받은 후에도 계속 가족이 따돌림을 당하는 현실에 이씨는 "위험을 무릅쓰고 환자들을 진료했음에도 온 가족을 바이러스 취급하는 주위의 시선 때문에 상처가 크다"라며 하소연했다.

★ 이야기 둘

바이러스 감염병 확진 판정을 받은 부부가 잇달아 사망했다. 82세의 남편이 사망하고 그 보름 후에 81세였던 아내가 사망했다. 천식으로 입원했던 병실에 바이러스 감염을 몰랐던 다른 환자가 있어서 입원한 남편과 간호하던 아내 모두 감염되어 결국 사망에 이른 것이다.

부부의 3남 1녀의 자녀들은 부모님의 임종도 지키지 못했다. 부부가 감염병 확진 판정을 받은 후 자녀들은 자택격리 조치되었고, 보건당국의 제지 때문에 장례에도 참석하지 못했다. 감염을 우려하여 사망자의 시신은 장례식도 없이 사망 즉시 비닐로 감싼 후 이중으로 된 바이러스 누출 방지용 백에 담아 곧바로 화장터로 보내졌다. 부모의 임종도, 장례도 지키지 못한 자녀들의 상심은 매우 컸지만 할 수 있는 것은 아무것도 없었다.

★ 이야기 셋

확산 중인 바이러스 감염병 양성 환자가 나온 전북 순창군 한 마을 입구. 경찰들과 방역요원들이 나와서 2주 동안 마을 출입을 전면 통제했다. 이 마을에 사는 72세 여성이 바이러스 감염병에 걸린 환자와 같은 병동을 쓰고 퇴원 후, 14일 동안 마을 안에서 생활한 후 감염병이 걸린 것이 밝혀졌기 때문이다. 결국 이 여성은 사망했고 마을 주민 70가구, 126명은 2주간 외부와의 접촉을 일체 차단한 채 마을 안에서만 생활해야 했다.

마을 안에서도 서로 간의 접촉을 피한 채 각자 집에서 머물렀으며 생필품은 공무원이 공급해주었다. 필요한 물품을 종이에 써오면 그 종이까지 소독을 한 뒤 가게에서 구입한 후 전해주는 생활이 계속됐다. 이 마을에 살고 있는 한 주민은 "창살 없는 감옥 생활이 따로 없다"며 "외지에 사는 자녀들도 전화 연락 외에는 일체 만날 수 없어 많이 답답하다"고 전했다.

알 수 없는 바이러스가 퍼져 인류가 위기에 처하는 것은 재난영화에서 볼 수 있는 단골 소재다. 하지만 위의 이야기는 영화가 아니라 2015년 바이러스 전염병 '메르스'가 우리나라를 휩쓸었을 당시 바로 우리 이웃들의 모습이다. 2015년 5월 20일 국내에서 처음으로 확진 환자가 발생해 마지막 환자가 발생한 7월 5일까지 총 47일간 감염자 186명, 사망자 38명, 약 1만 7,000여 명에 가까운 격리대상자를 만든 메르스 사태는 영화 속이나 먼 나라의 이야기가 아니다. 우리 옆에서 언제 어디서나 일어날 수 있는 일이다.

초등 저학년 추천도서

『미생물투성이책, 바이러스』 백명식 / 파랑새

바이러스를 처음 접하는 초등학생들에게 추천하고 싶은 책이다. 다소 낯설게 여겨지는 바이러스에 대해 꼭 알아야 할 기본 내용들을 쉽고 재미있게 설명하고 있기 때문이다.
바이러스의 종류에서부터 바이러스는 어떻게 감염병을 일으키는지, 바이러스로부터 건강을 지키려면 어떻게 해야 하는지 등 바이러스에 대해 제대로 알고 대처하는 방법을 꼼꼼하고 친절하게 알려준다. 이해를 도와주는 재미있는 그림 덕분에 책을 읽고 나면 바이러스가 왠지 친근하게 여겨진다.

초등 중학년 추천도서

『끝없이 진화하는 무서운 전염병』 이화영 / 동화엠엔비

"메르스와 같은 변종 바이러스가 위험한 이유는 무엇일까?", "전염병으로부터 우리를 지키기 위해서는 어떻게 해야 할까?" 첫 장에 나오는 이 질문에 자신있게 대답할 수 있는 어린이들이 얼마나 될까? 사실 어른들도 제대로 아는 사람은 많지 않다.
이 책의 주인공 민준이와 나백신 박사는 바이러스에 전염된 동생과 친구들을 구하기 위해 동생의 몸속으로 들어간다. 그곳에서 만난 바이러스, 세균과 함께 로마시대부터 오늘날에 이르는 시간 여행을 통해 전염병에 대한 다양한 정보와 특성을 이해하고, 그 과정에서 나타나는 여러 가지 사회 현상을 파악하게 된다. 그 시간 여행이 끝나고 나면 책 첫 장에서 만났던 질문에 답하는 것쯤이야 쉬운 일이 될 것이다.

초등 고학년 추천도서

『재미있는 미생물과 감염병 이야기』 천명선 / 가나출판사

미생물의 세계를 쉽고 재미있게 접해볼 수 있는 안내서. 천명선 서울대학교 수의학과 교수가 미생물학의 역사, 과학과 의학의 발전사, 인류 역사를 바꾼 감염병, 최신 감염병 관련 뉴스, 질병의 예방과 관리 등 7개의 분야에 관해 어린이의 눈높이에 맞게 자세히 설명하고 있다. 그리고 무균박사라는 생쥐 캐릭터를 등장시켜 미생물이라는 주제를 역사, 사회, 문화, 과학, 경제 등 다양한 시각으로 재미있게 풀어간다.

"신문이 들리고 뉴스가 들리는"이란 부제목처럼 정말 이 책을 읽고 나면 무심코 흘려듣던 미생물 관련 기사와 뉴스 내용이 귀에 들어오게 되는 경험을 하게 될 것이다. 초등학생용으로 나온 책이지만 미생물에 대한 지식이 많지 않은 대부분의 청소년부터 어른들까지 미생물 입문용으로 읽기 좋은 책이다.

중고등 추천도서

『바이러스 쇼크』 최강석 / 매일경제신문

현재 세계동물보건기구 감염병 전문가로 동물 바이러스 감염병의 국제적 확산 방지를 위해 활동하고 있는 농림축산검역본부 최강석 연구원이 쓴 책이다. 바이러스에 대한 막연한 공포를 극복하려면 바이러스에 대해 정확하게 알아야 한다는 것이 저자의 주장이다. 바이러스의 정체와 신종 바이러스의 탄생 계기, 바이러스의 역사, 그리고 인류를 위협하는 신종 바이러스에 대한 대처법부터 예방법까지 바이러스에 대한 체계적인 지식과 함께 대처 방안까지 함께 고민해볼 수 있는 시간을 마련해준다.

• **용어 사전**

미생물 : 눈에 보이지 않는 아주 작은 생물로 세균(박테리아), 원생동물, 곰팡이 바이러스 등이 있다.

바이러스와 세균의 차이

	바이러스	세균
구조	핵산을 둘러싼 단백질. 동물, 식물, 세균(박테리아)과 같은 살아 있는 세포 내에 기생한다.	단세포. 혼자 살아갈 수 있다.
증식	숙주인 세포내에서만 수를 늘릴 수 있다.	세포분열로 스스로 수를 늘릴 수 있다. (이분법)
관찰	전자 현미경으로만 관찰 가능	광학 현미경으로도 관찰 가능
감염병 종류	감기, 인플루엔자, 뇌염, 홍역, 수두, 천연두, 사스, 에볼라, 에이즈, 메르스 등	장티푸스, 이질, 폐렴, 결핵, 콜레라, 탄저병, 디프테리아, 비브리오증 등
치료약품	항바이러스제 (변이속도가 빨라 개발이 어렵다.)	항생제 (개발이 비교적 쉽다.)

핵산 : 세포 내 핵에 존재하는 산성 물질이라는 뜻으로 구성 성분에 따라 RNA와 DNA라는 유전물질로 나뉜다.

숙주 : 기생하는 대상에게 영양분을 빼앗기는 집주인인 생물.

기생 : 다른 생물의 몸속에 침입하여 영양분을 빼앗으며 살아가는 것.

이분법 : 한 세포 안에서 유전물질인 DNA를 똑같이 복제한 후 세포를 둘로 갈라 복제한 DNA를 나누어 갖는 가장 간단하고 원시적인 번식방법.

바이러스는 생물일까, 무생물일까? : 생물과 무생물은 스스로 자손을 번식할 수 있는지, 주변 환경에 적응 · 진화하는지, 스스로 양분을 먹고 에너지를 만들 수 있는지 등에 따라 구분된다. 세균은 이러한 조건에 모두 해당되어 생물로 분류되지만 바이러스는 다른 생물의 조건은 충족하지만 숙주가 없으면 살 수 없기 때문에 생물과 무생물의 중간에 있다고 본다.

바이러스의 종류

① **핵산의 종류로 구분 :** DNA바이러스, RNA바이러스

② **숙주의 종류로 구분 :** 동물바이러스, 식물바이러스, 박테리오파지

	DNA 바이러스	RNA 바이러스
대표 바이러스	B형간염	독감
특징	안정적이고 변이가 적어 백신 제작이 쉽다.	변이가 심해 백신 효력이 오래 지속되지 못한다. 독감도 변이가 자주 일어나 유행 바이러스 구조가 자주 바뀌기 때문에 해마다 접종해야 한다.

박테리오 파지 : '파지'는 먹는다는 뜻으로 박테리아(세균)를 숙주로 삼은 후 잡아먹는 바이러스. 최근 항생제를 대신할 수 있는 수단으로 주목받고 있다.

현미경

① **광학 현미경** : 물체에 빛을 비추어 볼록렌즈로 확대시키는 현미경.

② **전자 현미경** : 광학 현미경으로 볼 수 없는 아주 작은 바이러스까지 볼 수 있는 현미경.

바이러스의 발견 : 1890년대 러시아의 미생물학자 이바노프스키가 담뱃잎에 발생하는 모자이크병을 연구하다 세균여과기를 통과하는 세균보다 작은 존재를 발견했다. 그 뒤 전자 현미경의 발견으로 바이러스에 대한 연구가 활발해졌다.

20세기에 출현한 주요 바이러스 감염병

병명	바이러스 명	증상	피해	기원동물	출현지	출현시기
스페인독감	인플루엔자 (H1N1)	고열, 오한, 근육통, 호흡기증상 등	2000~5000만 명 사망(추정)	야생조류 (추정)	미국(추정)	1918
아시아독감	인플루엔자 (H2N2)	고열, 오한, 근육통, 호흡기 증상 등	200만 명 사망 (추정)	믹서기 동물 돼지 (조류 바이러스+ 사람바이러스)	중국 남부지방	1957

홍콩독감	인플루엔자 (H3N2)	고열, 오한, 근육통, 호흡기 증상 등	100만 명 사망 (추정)	믹서기 동물 돼지 (조류 바이러스+ 사람바이러스)	중국 남부지방	1968
아프리카 에볼라	에볼라 바이러스	고열, 두통, 복통, 설사 토혈 등	602명 감염자 중 431명 사망	과일박쥐 (추정)	수단 남부지역 콩고민주공화국	1976
에이즈	HIV	면역력 저하에 의한 각종 질병 발생	약 3600만 명 사망(추정)	침팬지(추정)	미국에서 첫 보고	1981
사스	사스 코로나 바이러스	심한 독감과 폐렴 증상	8,273명 감염자 중 775명 사망	중국관박쥐 (추정)	중국 광동	2002
메르스	중동 메르스	심한 독감과 폐렴 증상	1,475명 감염자 중 515명 사망	박쥐(추정)	사우디아라비아	2012
서아프리카 에볼라	에볼라 바이러스	고열, 두통, 복통, 설사 토혈	2만 807명 감염자 중 1만 1,129명 사망	과일박쥐 (추정)	기니	2013

참고 자료 : 바이러스 쇼크

박쥐로부터 감염병 바이러스가 자주 출현하는 이유

① **집단생활** : 박쥐는 동굴이나 폐광 등에서 많게는 수백만 마리까지 같이 살기 때문에 바이러스가 쉽게 전파된다.

② **긴 수명** : 비교적 긴 수명을 가지고 있어 집단 내 바이러스 감염 위험이 많은 편이다.

③ **비행 능력** : 포유류 중에 유일하게 날 수 있어 넓은 지역에 바이러스를 퍼트릴 수 있다.

④ **포유류** : 같은 포유동물이기 때문에 박쥐가 가진 바이러스가 인간에게 비교적 쉽게 감염된다.

주요 바이러스 감염병

종류	전염경로	특징
인플루엔자 (독감)	환자의 기침, 콧물 등 분비물을 통해 감염되는 급성호흡기 감염병.	A형, B형, C형 중 특히 A형이 종류가 많고 유행 가능성도 높다. A형 인플루엔자 바이러스의 표면에는 HA(Hemagglutinin)와 NA(Neuraminidase)라는 항원 단백질이 존재한다. HA의 경우 18가지(H1~H18), NA는 11가지(N1~N11) 종류가 있으며 HA와 NA의 조합에 따라 모두 198가지 형태로 나타난다. 예를 들어, H5N1형의 경우 H5형 HA와 N1형 NA가 조합된 것이다.
조류인플루엔자 (AI)	조류인플루엔자 바이러스의 인체 감염에 의한 급성호흡기 감염병.	닭·칠면조·오리·야생조류 등을 감염시키는 바이러스로 최근 종간 장벽을 넘어 사람이 감염되는 경우도 발생하고 있다.
에볼라	인간과 원숭이, 고릴라, 침팬지 등 유인원이 감염되는 바이러스 감염병이다.	치사율이 높고 독감처럼 고열과 두통에서 시작해 설사와 구토, 온몸에서 출혈까지 일어나 공포의 바이러스로 불리지만 전염성이 그다지 높지는 않다.
에이즈 (후천성 면역결핍 증후군)	HIV 바이러스로 인해 발병하며 성관계, 수혈, 주삿바늘, 감염 산모의 임신 · 출산 등을 통해 전파된다.	면역세포를 파괴하는 HIV에 감염되면 면역세포가 기능을 하지 못해 사소한 병도 회복하지 못하고 죽게 된다. 초반에는 치사율이 높았지만 현재는 면역력을 유지하는 약물이 개발되어 환자들의 평균 수명은 꾸준히 연장되고 있다.
사스 (중증급성호흡기 증후군)	사스코로바이러스로 인해 감염된다.	2002년 겨울 중국에서 발생, 수개월 만에 홍콩, 싱가포르, 캐나다 등 세계적으로 확산된 감염병으로 발열, 기침, 호흡곤란이 나타나며 폐렴으로 진행되면 죽음에 이를 수도 있다.
메르스	메르스코로나바이러스에 의한 호흡기감염증.	최근 중동 지역을 중심으로 주로 감염 환자가 발생하여 '중동 호흡기 증후군'으로 불린다. 명확한 감염경로는 밝혀지지 않았지만 낙타와의 접촉이 주요 원인으로 알려져 있다.
천연두	두창바이러스 감염으로 발생하는 급성감염증.	고열과 심한 피부 발진이 특징이다. 치사율이 매우 높아 남아메리카 잉카, 아스텍 제국의 멸망원인이 되었으며, 우리나라에서도 마마라고 불릴 정도로 두려움의 대상이었다. 제너의 종두법 발견 이후 지속적인 예방접종으로 현재 박멸되었다.
광견병	광견병 바이러스를 가지고 있는 동물이 사람을 물었을 때 발생하는 급성 뇌척수염.	너구리, 여우, 오소리, 스컹크, 박쥐 등 야생동물이나 광견병에 걸린 개, 고양이에게 물려 바이러스가 들어 있는 타액이 묻게 되면, 바이러스가 뇌나 척수에 침투하게 된다. 환자의 80%가 물을 두려워하는 증상이 나타난 후 사망한다.

참고 자료 : 질병관리본부 용어 사전

잠복기 : 병원미생물이 사람 또는 동물의 체내에 침입하여 병을 일으킬 때까지의 기간.

감기와 독감의 차이

	독감	감기
원인	인플루엔자 바이러스	리노바이러스 등 200여 가지
증상	발열(38도 이상), 두통, 오한, 심한 전신피로감, 근육통, 관절통 등	콧물, 코막힘, 재채기, 두통 등
합병증	폐렴 등 호흡기 합병증, 심폐질환 악화	드물다
예방 및 치료	인플루엔자 백신, 항바이러스제	대증요법

대증요법 : 병의 원인이 아닌 증세에 대해서만 실시하는 치료법. 예를 들어 감기에 걸려 열이 나도 원인이 되는 감기바이러스를 없애는 약은 없기 때문에 열을 낮추는 치료만 한다.

면역 : 우리 몸이 병균에 대항하여 스스로 보호하는 방어체계. 태어날 때부터 가지고 있는 선천면역과 한번 걸린 병에 대한 항체가 생겨 다시 걸리지 않는 후천면역으로 나뉜다.

백혈구 : 혈액세포의 한 종류로 면역의 핵심 역할을 한다. 주로 골수에서 만들어지며 세균이나 바이러스를 잡아먹거나 항체를 형성한다. 미성숙한 백혈구가 비정상적으로 증가하면 백혈병에 걸린다.

대표적인 백혈구 종류

종류	역할
대식세포	세균과 바이러스, 노폐물을 없애는 역할을 한다.
NK세포	암세포나 바이러스 등을 파괴하기 때문에 '자연 살해 세포'라고도 불린다.
B세포	외부로부터 침입하는 항원에 대항하여 항체를 만들어내는 역할을 한다.
T세포	B세포가 항체를 생산할 수 있도록 도와주는 역할을 한다. 에이즈에 감염되면 T세포가 파괴돼 면역력이 떨어진다.

항원 : 바이러스나 세균과 같은 병원체가 가지고 있는 단백질. 몸속으로 들어와서 항체를 형성하게 하는 물질로 각각의 병원체에 따라 다르게 생겼다.

항체 : 항원이 들어왔을 때 혈액에서 만들어지는 단백질로 항원을 제거하는 역할을 한다. 한번 항체를 만들고 나면 같은 병원균에 다시 노출되었을 때 항체를 더 빨리 만들어 병원균을 손쉽게 제거할 수 있다.

백신 : 감염병에 대한 인공 면역을 얻기 위해 몸에 투여하는 항원. 여러 가지 처리를 통해 약화시킨 세균이나 바이러스로 만든 백신을 접종하면 몸에 항체가 형성되어 실제 감염 시 쉽게 이겨낼 수 있다.

내성 : 같은 약물을 반복 복용했을 때 약물에 대한 저항하는 힘이 생기는 것. 세균이나 바이러스에 내성이 생기면 더 많은 약물이 필요해진다.

항생제 : 질병의 원인이 되는 미생물을 억제하거나 죽이는 물질이다. 최초의 항생제는 페니실린으로 세균학자 플레밍이 포도상구균의 생장을 방해하는 푸른곰팡이로부터 발견했다.

항바이러스제 : 몸속에 침입한 바이러스가 늘어나는 것을 막는 물질. 바이러스 질병에 대해서는 백신 외에는 약이 없어 치료에 어려움을 겪었으나, 점차 항바이러스제가 개발되고 있다. 타미플루, 리렌자 등이 대표적이다.

전염 : 병원체가 다른 사람으로 옮겨가는 것.

감염병 : 세균이나 바이러스 등이 몸에 들어와서 증식하는 것을 '감염'이라고 하고 감염으로 인한 질병을 '감염병'이라고 한다. 감염병은 전염성 질환(전염병)과 비전염성 질환 모두 포함한다. '전염병'과 '감염병'은 혼용되어 사용되었으나 2010년 12월 보건복지부에서 '감염병'을 공식용어로 지정한다.

나노미터(nm) : 1mm의 100만분의 1이다. 1nm는 성인 머리카락의 10만분의 1에 해당된다. 바이러스 평균크기는 10~300nm이며 세균은 0.5~5μm이다. 1마이크로미터(μm)는 1000nm이다.

종간 장벽 : 생물을 분류하는 종과 종 사이를 구분 짓는 벽. 바이러스는 다른

종류의 생물은 쉽게 감염시키지 못한다. 바이러스가 달라붙는 숙주세포의 수용체 구조가 종별로 다르기 때문이다. 열쇠와 열쇠구멍처럼 보통 자신의 수용체를 갖고 있는 상대만 감염시킬 수 있다.

스필오버spillover : 물이 넘쳐흐르듯이 어떤 바이러스가 여러 가지 요인에 의해 종간 장벽을 넘어 다른 숙주 종으로 침투하는 것. 특히 유전적으로 가까운 동물일수록 스필오버가 쉽게 일어난다.

믹서기 동물 : 종간장벽을 넘어서 서로 다른 바이러스의 유전자를 섞을 수 있는 동물. 일반적으로 조류 인플루엔자는 사람이 감염되지 않고, 사람 인플루엔자는 조류가 감염되지 않지만 돼지는 사람과 조류의 세포 수용체를 모두 가지고 있어서 두 바이러스를 섞어 재조합한 바이러스로 만들어낼 수 있다.

바이러스가 종간장벽을 넘는 순서

질병	감염단계
메르스	박쥐 → 낙타 → 사람
사스	박쥐 → 사향고양이→ 사람
광견병	박쥐 → 야생동물(너구리, 오소리, 여우 등) → 개나 고양이 → 사람
니파	박쥐 → 돼지 → 사람

신종 바이러스 대량 유입 시기

① **인류가 유목생활을 접고 농업정착 생활을 시작한 시기** : 야생동물을 가축화시키면서 바이러스가 동물로부터 사람에게 옮겨졌다.

예 홍역, 천연두, 소아마비 바이러스.

② **인구가 폭발적으로 증가하는 오늘날 대도시화 현대문명 시기** : 인구 급증으로 인한 환경파괴로 상대적으로 접촉이 없었던 야생동물들로부터 바이러스가 유입되었다.

예 사스, 메르스, 니파, 에볼라 등.

인수공통 감염병 : 인간과 동물이 함께 걸리는 병.

예 광견병, 결핵, 일본뇌염 등.

역학조사 : 감염병이 어떤 병원체 때문에 발생했는지, 어디로부터 병원체가 감염되었는지 알아내는 것.

질병관리본부 : 국가 감염병 연구 및 관리를 수행하는 보건복지부 소속 연구 기관이다.

풍토병 : 특정 지역에 사는 주민들에게 지속적으로 발생하는 질병. 그 지역 사람들은 오랜 기간 적응해왔기 때문에 어느 정도 면역력을 가지고 있지만 다른 지역 사람은 면역력을 가지고 있지 않은 경우가 많으므로 해외여행 시 주의해야 한다.

WHO(세계보건기구)가 분류하는 감염병 등급

1단계 : 동물 사이에서만 감염되며 사람은 안전한 상태.

2단계 : 종간 장벽을 넘어 소수의 사람들이 감염된 상태.

3단계 : 사람들 사이에서 감염이 증가한 상태.

4단계 : 사람들 사이에서 감염병이 급속히 확산되는 초기 상태.

5단계 : 같은 대륙 2개국 이상에서 감염병이 퍼져 대유행이 임박한 상태.

6단계 : 다른 대륙의 국가에서도 감염병이 대유행하는 상태로 판데믹이라고도 불린다.

판데믹 : 그리스어로 'pan'은 모두, 'demic'은 사람이라는 뜻으로, 감염병이 세계적으로 전파돼 모든 사람이 감염된다는 의미다. 역사적으로 전 세계 인구의 30%가 감염된 1918년 스페인독감, 가장 최근에는 2009년 6월 신종플루 등이 판데믹 상황이었다.

토론가능논제

1 바이러스 감염병 대응 훈련을 강화해야 한다.
2 바이러스 감염병은 국가재난에 포함시켜야 한다.
3 바이러스 확산 시기에 정부는 무상으로 마스크를 지급해야 한다.

관련 과학자

에드워드 제너

Edward Jenner, 1749 ~ 1823, 영국

인류를 가장 두려움에 떨게 만들었던 바이러스 감염병은 전염성과 치사율이 높은 데다 회복 후에도 평생 흉터가 남는 천연두였다. 영국의 의사 제너는 그 두려움과 공포에서 벗어나게 해주었다. 소젖 짜는 일을 하는 여자들이 천연두에 안 걸린다는 소문에 관심을 가진 제너는 소와 접촉해 우두를 앓은 사람은 천연두에도 면역력을 갖게 된다고 추측했다. 1796년 5월 14일, 그는 이런 가설을 입증하기 위해 제임스 피프스라는 8세 소년에게 우두 걸린 소의 물집에서 뽑은 고름을 주입했다. 얼마 후에 우두를 앓고 회복된 피프스에게 다시 천연두 균을 주입했지만 발병하지 않자 제너는 천연두 예방에 효과가 있음을 확신했다.
이후 제너는 엄청난 부를 쌓을 수 있는 우두 접종 특허를 거부하고 많은 이들에게 무료로 접종을 실시하며 천연두로부터 고통받는 사람들을 돕는 데 앞장섰으며 제너의 우두접종은 그 후 백신 개발의 기초가 되었다.

마인드맵

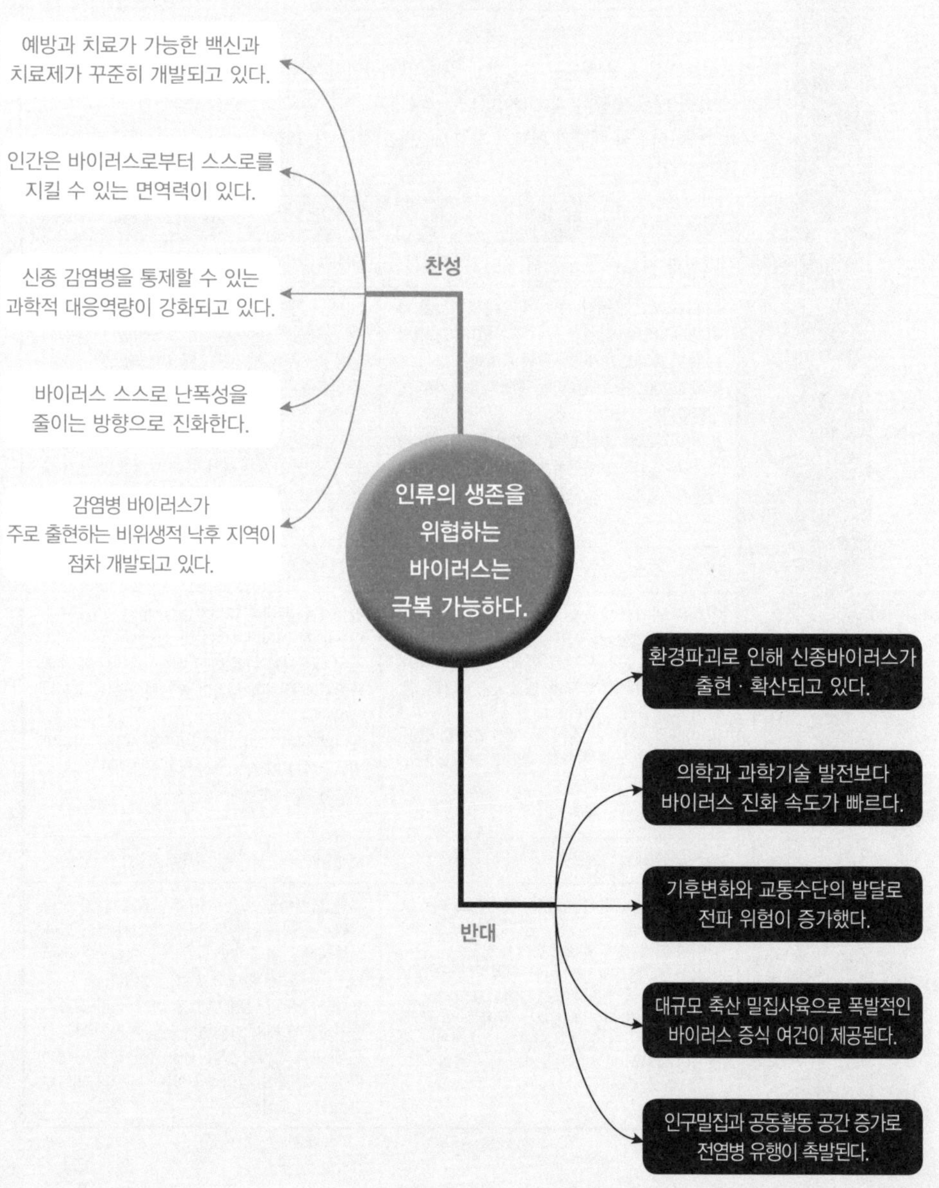
예방과 치료가 가능한 백신과
치료제가 꾸준히 개발되고 있다.
인간은 바이러스로부터 스스로를
지킬 수 있는 면역력이 있다.
찬성
신종 감염병을 통제할 수 있는
과학적 대응역량이 강화되고 있다.
바이러스 스스로 난폭성을
줄이는 방향으로 진화한다.
감염병 바이러스가
주로 출현하는 비위생적 낙후 지역이
점차 개발되고 있다.
인류의 생존을
위협하는
바이러스는
극복 가능하다.
환경파괴로 인해 신종바이러스가
출현 · 확산되고 있다.
의학과 과학기술 발전보다
바이러스 진화 속도가 빠르다.
기후변화와 교통수단의 발달로
전파 위험이 증가했다.
반대
대규모 축산 밀집사육으로 폭발적인
바이러스 증식 여건이 제공된다.
인구밀집과 공동활동 공간 증가로
전염병 유행이 촉발된다.

토론 요약서

<table>
<tr><td>논 제</td><td colspan="3">인류의 생존을 위협하는 바이러스는 극복 가능하다.</td></tr>
<tr><td>용 어
정 의</td><td colspan="3">1) 바이러스 : 본 토론에서는 감염병을 일으키는 바이러스에 한정한다(사스, 에볼라, 인플루엔자, 에이즈, 메르스 등이 대표적이다).
2) 극복 : 바이러스의 예방과 치료가 가능해진다는 것을 의미한다.</td></tr>
<tr><td></td><td></td><td>찬성측</td><td>반대측</td></tr>
<tr><td rowspan="2">주 장
1</td><td>주장</td><td>백신과 치료제가 꾸준히 개발되고 있다.</td><td>환경파괴로 인해 신종바이러스가 출현, 확산되고 있다.</td></tr>
<tr><td>근거</td><td>1796년 제너의 백신 개발 이후 예방 가능한 바이러스 감염병이 계속 늘어나고 있다. 그 결과 1980년 세계보건기구가 천연두 박멸을 공식 선언했고 2006년 우리나라는 홍역퇴치 국가로 인정받았다.
또 바이러스의 증식 방법이 밝혀지면서 바이러스 복제의 길목을 차단하는 타미플루 같은 항바이러스제들도 속속 개발되고 있다.</td><td>2015년 세계보건기구에서 지정한 '심각한 유행 가능성이 높은 감염병' 8종의 공통점은 야생동물로부터 넘어온 신종 바이러스였다.
유엔환경계획은 "동물이 인간에게 옮기는 감염병이 늘어나는 것은 삼림 벌채와 무분별한 도시 확장, 부실한 폐기물 처리, 도로·댐 건설 등이 질병으로 번지기 쉬운 환경을 만들기 때문"이라고 지목했다.</td></tr>
<tr><td rowspan="2">주 장
2</td><td>주장</td><td>인간은 스스로를 지킬 수 있는 면역력이 있다.</td><td>바이러스 진화 속도가 의학과 과학기술 발전보다 빠르다.</td></tr>
<tr><td>근거</td><td>인간은 병원균이 침입했을 때 대항해서 싸우는 방어 체계를 가지고 있는데 이를 면역이라고 한다. 백혈구와 같은 면역 세포들은 한번 싸워본 바이러스에 대해 대응하는 항체를 만들어 스스로를 지킨다.
또 마스크 착용, 손 씻기 등 개인 위생을 잘 지켜 바이러스 노출 확률을 줄이면 감염병 예방율은 더 높아진다.</td><td>인류가 한 세대를 교체하는 동안 바이러스는 수만 세대를 거치며 진화한다. 그러다 보니 바이러스에 대항하기 위해 만든 백신이나 약제에 대해 단기간에 내성이 생기고 빠르게 돌연변이를 만들어낸다.
게다가 신종 바이러스 감염병은 새롭게 나타난 병원균이기 때문에 백신이나 치료제가 전혀 준비되어 있지 않다.</td></tr>
<tr><td rowspan="2">주 장
3</td><td>주장</td><td>신종 감염병에 대한 과학적 대응역량이 강화되고 있다.</td><td>기후변화와 교통수단의 발달로 전파 위험이 증가했다.</td></tr>
<tr><td>근거</td><td>새로운 유전자 검사법(PCR), 바이러스 리스트, 빅데이터를 활용한 가상 시뮬레이션 프로그램, 감염병 조기 경보 시스템 등에서 보듯이 신종바이러스의 확산 저지를 위한 세계 각국의 정보 공유와 과학적 대응 역량이 강화되고 있다.
이로 인해 더 이상 과거 사례들처럼 바이러스 감염병으로 인해 수많은 사람들이 죽어가는 치명적인 상황이 발생할 가능성은 높지 않다.</td><td>최근 발생하고 있는 지구온난화는 감염병 바이러스를 더욱 급성장시키는 요인이 되고 있다. 기후변화로 열대지방 사람들을 괴롭히던 바이러스들이 크게 확대되고 있는 것이다.
게다가 교통수단의 발달로 국가 간의 교류가 증가하면서 해외 감염병의 유입과 확산 가능성은 갈수록 커지고 있다. 사스, 신종플루 사태는 항공기 발달이 감염병을 얼마나 빨리 퍼트릴 수 있는지 보여준다.</td></tr>
</table>

◐ 찬성측 입론서

• 논의 배경

2015년 메르스가 유행하면서 대한민국은 멈춰 섰다. 메르스 감염 우려 때문에 행사나 모임은 사라졌고 사람이 많이 모이는 대형마트, 영화관, 식당 등을 찾는 발길도 끊겼다. "수용성 바이러스가 코 안으로 침투하는 것을 지용성인 바셀린이 막아준다", "양파가 바이러스를 흡수해 감염을 막아준다"는 근거 없는 유언비어가 SNS를 통해 확산되기도 했다. 심지어 메르스 환자를 치료한 의료진 가족을 왕따시키는 일까지 발생했다.

이러한 메르스 사태를 통해 이제 신종 바이러스 출현은 먼 나라 일이 아니라 언제든지 우리 생명을 위협할 수 있는 현실이 될 수 있음을 경험했다. 이에 메르스와 같은 바이러스는 과연 극복할 수 있는 대상인지, 아니면 불가능한 대상인지에 대해 논의해보고자 한다.

• 용어 정의

1_ **바이러스** 본 토론에서는 감염병을 일으키는 바이러스에 한정한다. (사스, 에볼라, 인플루엔자, 에이즈, 메르스 등이 대표적이다).

2_ **극복** 바이러스의 예방과 치료가 가능해진다는 것을 의미한다.

주장 1 예방과 치료가 가능한 백신과 치료제가 꾸준히 개발되고 있다.

1796년 영국의 의사 제너가 당시 유행하던 천연두 예방을 위해 실시한 우두 접종에서 시작된 백신은 인류를 괴롭히는 다양한 감염병에 대항하는 무기가 되고 있다. 1980년 세계보건기구는 천연두 박멸을 공식 선언했다. 20세기에만 최소 3억여 명의 사망자를 낼 정도로 치명적인 바이러스였던 천연두는 백신 접종으로 완전히 사라지게 되었다. 천연두뿐만 아니라 우리나라가 2014년 세계보건기구로부터 홍역 퇴치 국가로 인정받은 것도 바로 백신의 힘이었다.

백신뿐만 아니라 치료제도 속속 개발되고 있다. 항생제를 이용해 직접 죽일 수 있는 세균과 달리 숙주세포 속에서 기생하는 바이러스를 숙주가 다치지 않게 제거하는 것은 1990년대까지만 해도 불가능하다고 여겨졌다. 하지만 바이러스가 세포 속에서 어떻게 증식하는지 밝혀지면서 바이러스 복제의 길목을 차단하는 항바이러스제들이 속속 개발되고 있다. 독감 치료제로 잘 알려진 타미플루도 항바이러스제다. 때문에 바이러스는 과거처럼 공포의 대상만은 아니다. 감염을 예방하는 백신을 만들 수 있고 감염되더라도 치료할 수 있는 치료제 개발도 계속되고 있기 때문이다.

주장 2 인간은 바이러스로부터 스스로를 지킬 수 있는 면역력이 있다.

인플루엔자나 메르스 같은 바이러스가 몸에 들어온다고 해서 바로 병에 걸리는 것은 아니다. 병원균이 침입했을 때 우리 몸에 있는 다양한 종류의 백혈구가 이를 제거하기 때문이다. 또 우리 몸은 한 번 싸워본 경험이 있는 병원균에 대항할 수 있는 항체를 만드는 능력도 있다. 인간은 무려 1조 개에 달하는 이물질에 대응하는 항체를 만들어낼 수 있어 한 번 침입했던 병원균이 다시 들어오면 신속한 면역반응을 일으켜 쫓아버린다. 백신도 이 원리를 이용해 바이러스나 세균을 우리 면역계가 기억하도록 만들어주는 것이다. 그러므로 평소 면역력을 잘 관리하는 것이 중요하다. 면역력이 좋으면 병원체가 몸속에 들어오더라도 효과적으로 물리칠 수 있기 때문이다.

또 마스크 착용, 손 씻기 등 개인위생을 잘 지키면 바이러스에 노출될 확률은 대폭 줄일 수 있다. 실제 독감 등 호흡기 질병은 손 씻기만 잘해도 60~70%는 예방할 수 있다. 신종플루 유행 때 손 씻기를 강조하면서 다른 감염병 발생까지 많이 감소했다는 사실은 개인위생관리가 감염병 예방에 큰 영향을 끼친다는 것을 보여준다.

주장 3 신종 감염병을 통제할 수 있는 과학적 대응역량이 강화되고 있다.

과거 많은 시간이 소요되던 바이러스 검사는 새로운 유전자 검사법(PCR : DNA 중 필요한 일부분만 대량으로 증폭시키는 방법)의 개발로 하루면 가능해졌다. 또 국가에서도 체계적인 감염병 관리를 하고 있기 때문 감염병이 발생하면 빠른 방역과 검역통제를 통해 초기에 확산을 방지할 수 있다. 현재 우리나라에서는 감염병을 6종류로 구분해 법으로 관리하고 있다. 또 박쥐 바이러스 위험지도, 조류 인플루엔자 발생예측 위험지도, 감염병 확산예측 가상 시뮬레이션 등 전염병을 조기에 발견할 수 있는 경보 시스템까지 세계 곳곳에서 만들어지고 있어 바이러스로 인한 신종 감염병을 통제할 수 있는 과학적 역량은 갈수록 커지고 있다.

최근 세계 각국에서 발생한 감염병의 피해가 천연두나 스페인독감처럼 크게 확산되지 않은 것은 세계 각국이 검역 체계를 강화하고 정보를 공유한 덕분이었다. 이 같은 국제협력과 네트워크 구축강화, 각종 보건기술 발달 등으로 더 이상 과거의 사례들처럼 수많은 사람들이 죽어가는 치명적인 상황이 발생할 가능성은 그리 높지 않다.

◐ 반대측 입론서

• 논의 배경

2013년 중국 조류인플루엔자, 2014년 에볼라, 2015년 메르스, 2016년 지카 바이러스, 2017년 황열 등 이제 신종 바이러스 감염병으로 인해 전 세계가 몸살을 앓는 것은 연례행사가 됐다. 게다가 신종플루나 메르스 사태에서 보듯이 더 이상 우리나라도 안전 지역은 아니다.

빌 게이츠는 2017년 2월 '헨 안보 컨퍼런스'에서 "글로벌 감염병이 핵폭탄이나 기후변화보다 훨씬 위험할 수 있다"면서 "세계 국가들이 전쟁 준비처럼 대비하지 않으면 바이러스 대유행이 가까운 장래에 수천만 명의 생명을 앗아갈 수 있다"고 경고했다. 이처럼 인류의 건강을 위협하고 있는 바이러스의 출현과 확산 이유에 이번 토론을 통해 논의해보고자 한다.

• 용어정의

1_ **바이러스** 본 토론에서는 감염병을 일으키는 바이러스에 한정한다(사스, 에볼라, 인플루엔자, 에이즈, 메르스 등이 대표적이다).

2_ **극복** 바이러스의 예방과 치료가 가능해진다는 것을 의미한다.

주장 1 환경파괴로 인해 신종바이러스가 출현, 확산되고 있다.

2015년 세계보건기구는 가까운 미래에 심각한 유행 사태를 초래할 가능성이 높은 감염병으로 에볼라, 마버그, 사스, 메르스, 니파, 라사열, 리프트밸리열, 크림-콩고 출혈열 등 8종을 지정했다. 이 8가지 감염병의 공통점은 야생동물로부터 인간에게 넘어온 신종 바이러스이다.

유엔환경계획은 보고서에서 "동물이 인간에게 옮기는 감염병이 늘어나는 것은 삼림 벌채나 무분별한 도시 확장, 부실한 폐기물 처리, 도로·댐 건설 등이 질병이 번지기 쉬운 환경을 만들기 때문"이라고 지적했다.

최근 소두증 아이 출산의 원인으로 밝혀진 지카 바이러스도 환경파괴가 원인으로 밝혀졌다. 경작지를 늘리기 위한 숲 파괴와 인구급증으로 인한 도시 환경오염으로 지카 바이러스의 매개체가 되는 이집트숲모기가 급속히 퍼진 것이 원인이 되었던 것이다. 말레이시아 니파 바이러스도 인도네시아 수마트라 섬에서 화전민들이 개간을 위해 정글에 불을 지르면서 이동한 과일박쥐들이 인근 양돈장 내 과수원으로 이동해 양돈장 인부들을 감염시키면서 출현한 것으로 알려지고 있다. 에이즈, 에볼라 등도 비슷한 과정을 통해 나타났다.

주장 2 의학과 과학기술 발전보다 바이러스 진화 속도가 빠르다.

고등동물은 수백만 년에 걸쳐 종의 진화가 나타나지만 바이러스의 경우는 다르다. 인류가 한 세대를 교체하는 동안 바이러스는 수만 세대를 거치며 진화한다. 그러다 보니 바이러스에 대항하기 위해 만든 치료제에 대해서도 얼마 지나지 않아 돌연변이를 만들어 내거나 내성을 가지게 된다. 원래 있던 바이러스에 대한 치료제를 제대로 개발하기도 전에 새로운 변종들이 계속 출현하는 것이다. 50년 전부터 수많은 제약회사에서 감기약을 개발하기 위해 노력했지만 실패한 원인도 바로 이 바이러스의 변이 때문이었다.

게다가 신종 감염병은 새롭게 나타난 병원균이기 때문에 백신이나 치료제가 전혀 준비되어 있지 않다. 모든 병원균을 알아내 백신을 만들 수도 없고 모든 돌연변이에 대처하는 것도 불가능하다. 또한 백신을 만들어내도 돌연변이를 거듭해 새로운 모습으로 다시 나타난다. 독감 바이러스 경우도 돌연변이가 일어나 구조가 쉽게 변하기 때문에 해마다 새 백신을 접종받아야 한다. 이러한 특징 때문에 바이러스를 모두 극복한다는 것은 현실적으로 불가능하다.

주장 3 기후변화와 교통수단의 발달로 전파 위험이 증가했다.

지구온난화는 바이러스가 더욱 급성장하는 요인이 되고 있다. 말라리아의 경우 열대지역을 중심으로 저지대 늪에서 모기를 통해 전염되는 감염병이다. 그러나 최근 지구온난화로 수온이 상승하면서 모기 서식지가 500% 정도 증가했고 이에 따라 말라리아 발생 지역은 대폭 확대되고 있다. 온도가 올라가면 번식률이 높아지고, 그에 따라 모기의 흡혈 빈도가 높아지기 때문이다. 2016년 세계보건기구는 지카 바이러스의 확산 원인 중 하나도 기후변화로 비가 많이 오면서 모기 개체수가 늘어났기 때문이며 기후변화가 심해질 경우 지카 바이러스가 더욱 확산될 수 있다고 지적했다.

게다가 항공기와 같은 빠른 교통수단의 발달로 국가 간의 인적 · 물적 교류가 증가하면서 해외 감염병의 유입과 확산의 가능성이 커지고 있다. 이제 비행기를 타면 지구 반대편에 반나절이면 도착한다. 인류의 생존을 위협할 수 있는 감염병 바이러스가 순식간에 지구 전역으로 확산될 수 있는 것이다.

과학 토론 개요서

참가번호	소속 교육지청명	학 교	학 년	성명

토론논제

2015년 5월 발생했던 메르스사태 때 우리나라에서는 186명의 확진환자와 36명의 사망자가 발생했으며 1만 6,752명이 격리생활을 했다. 메르스가 전파된 26개국 중에서 우리나라는 사우디아라비아 다음으로 많은 확진자와 사망자를 경험했다. 중동 지역을 제외하면 모두 5명 이내의 감염자가 발생한 것에 비해 매우 이례적이었다. 메르스사태를 통해 우리나라의 감염병 대응 방식의 문제점을 분석하고 이를 개선하기 위한 방안을 제시하시오.

관련 영화

〈감기〉 2013년, 감독 김성수

컨테이너에 숨어 있던 30명의 밀입국자들은 'H5N1'이라는 변종 인플루엔자 바이러스에 걸려 순식간에 죽음을 맞이한다. 이 컨테이너에서 생존한 단 1명의 밀입국자와 그와 접촉한 사람들을 통해 바이러스는 순식간에 퍼져나간다. 호흡기 감염, 감염속도 초당 3.4명, 치사율 100% 바이러스가 대한민국에 발병하고, 정부는 확산을 막기 위해 국가재난사태를 발령해 도시를 폐쇄해버린다. 피할 새도 없이 격리된 사람들은 일대혼란에 휩싸이게 된다.

이 영화가 현실적으로 다가오는 것은 'H5N1'가 실제 존재하는 바이러스이기 때문이다. 그러나 바이러스의 특징은 영화와 다르다. 1997년 6명이 사망한 홍콩조류독감으로 알려진 'H5N1'는 조류와 직접 접촉을 통해 전염되며 사람 간에는 전염되지 않기 때문에 전염력은 높지 않다. 영화를 보고 나면 그 사실이 다행스러울 뿐이다.

〈컨테이젼〉 2011년, 감독 스티븐 소더버그

홍콩에서 시작된 전 세계적인 신종 바이러스의 대유행을 사실적으로 묘사하고 있는 영화이다. 감염을 뜻하는 제목 그대로 이 영화는 바이러스가 세계에 급속도로 퍼져나가는 과정을 그리고 있다.

접촉한 이들을 차례대로 감염시킨 변종바이러스는 도시로 급속히 퍼져나간다. 치료법도 백신도 없어 사망자는 속출하고, 사회는 마비된다. 공항은 폐쇄되고, 약탈과 사재기, 방화로 도시는 혼란에 빠진다. 결국 대혼란을 피해 대통령은 지하 벙커로 피신하고 국회는 인터넷을 통해 운영된다.

컨테이젼은 감염병이 퍼지는 과정을 역추적하며 벌어지는 사건을 다루는 영화이다. 발병 과정을 현실적으로 보여주면서 바이러스 감염병의 위험성을 직접 느낄 수 있도록 해준다.

참고도서 및 동영상

『꼬물꼬물 세균대왕 미생물이 지구를 지켜요』 김성화, 권수진 / 풀빛

『바이러스와 감염증』 아이뉴턴 편집부 엮음 / (주)아이뉴턴

『바이러스는 과연 적인가』 이재열 / 경북대학교 출판부

『비상! 바이러스의 습격』 박상곤 / 다림

『정답을 넘어서는 토론학교 과학』 가치를 꿈꾸는 과학교사모임 / 우리학교

『청소년이 꼭 알아야할 과학이슈 시즌4』 박기혁 외 10명 / 동아 엠엔비

〈2017 카오스 봄 강연 –바이러스와 면역 반응〉 YTN 사이언스

사진 출처
29쪽 한울원자력발전소, 42쪽 98쪽 127쪽 142쪽 151쪽 175쪽 201쪽 227쪽 270쪽 299쪽 326쪽 위키백과, 56쪽 111쪽 pxhere, 85쪽 164쪽 188쪽 215쪽 262쪽 284쪽 pixabay, 241쪽 unsplash, 249쪽 로봇신문사, 290쪽 291쪽(위, 아래) 293쪽 294쪽 295쪽 shutterstock, 312쪽 https://www.flickr.com/photos/niaid/

파워풀한 교과서 과학 토론
- 인문학적 상상력과 과학기술 창조력을 배우다

초판 1쇄 발행일 | 2018년 10월 2일
초판 13쇄 발행일 | 2024년 7월 15일

지은이 | 남숙경, 이승경, 이은주, 안수영
펴낸이 | 사태희
편 집 | 조혜정
디자인 | 박소희
마케팅 | 장민영
제 작 | 이승욱, 이대성

펴낸곳 | (주)특별한서재
출판등록 | 제2018-000085호
주 소 | 08505 서울시 금천구 가산디지털2로 한라원앤원타워 B동 1503호
전 화 | 02-3273-7878
팩 스 | 0505-832-0042
e-mail | specialbooks@naver.com
ISBN | 979-11-88912-26-1 (43400)